普通高等教育"十二五"系列教材（高职高专教育）

电机运行技术

（第二版）

主　编　李滨波　李元庆

副主编　李春娴

编　写　韩　磊

主　审　熊永前　刘景峰

U0231671

中国电力出版社

CHINA ELECTRIC POWER PRESS

内 容 提 要

本书为模块式教材,共分为四部分十七单元 62 个模块,主要内容有三相异步电动机、电力变压器、同步发电机以及风力发电机、电动发电机等的工作原理、外特性和基本结构等内容,其中重点介绍了变压器和同步发电机的运行原理、运行特性、正常运行的监视、异常运行的现象及处理措施。每个模块末附有小结和思考与练习,以便学习。本书具有鲜明的职业教育特色,理论上本着"适度、够用"的原则,不片面追求电机电磁理论的系统性和完整性,加强了电机运行及常见故障分析的内容;在行文叙述中注重知识的应用,紧密结合生产岗位技能的需要,注意结合现行的国家标准、运行规程,特别是大型发电机与变压器的运行规程。

本书可作为高职高专院校电力技术类专业的教学用书,也可作为中职、函授教育等相关专业课程教材,同时可作为电力工程技术人员的参考书及培训用书。

图书在版编目(CIP)数据

电机运行技术/李滨波,李元庆主编. —2 版. —北京:中国电力出版社,2013.3(2024.12重印)
普通高等教育"十二五"规划教材.高职高专教育
ISBN 978 - 7 - 5123 - 3944 - 6

Ⅰ.①电… Ⅱ.①李…②李… Ⅲ.①电机运行特性-高等职业教育-教材 Ⅳ.①TM306

中国版本图书馆 CIP 数据核字(2012)第 315314 号

中国电力出版社出版、发行
(北京市东城区北京站西街 19 号 100005 http://www.cepp.sgcc.com.cn)
固安县铭成印刷有限公司印刷
各地新华书店经售
*
2007 年 8 月第一版
2013 年 3 月第二版 2024 年 12 月北京第十四次印刷
787 毫米×1092 毫米 16 开本 14.25 印张 346 千字
定价 **36.00** 元

前　言

本书前一版自付印五年来，受到各高职院校的支持和读者的关爱，2010 年被评为"电力行业精品教材"。为贯彻落实教育部 16 号文件精神，高职教育进行"工学结合"的改革在各高职院校不断深入，电机课程也不例外，精品课程建设和与之配套的教材建设也紧跟其后。

本版教材对原教材进行了较大的整合，编写思路和特点为：

（1）结合电机发展现状，以电机运行实用技术为重点并分以模块，以电机理论为支撑；

（2）按读者认知规律次序，由熟悉到不熟悉（电动机、变压器、发电机）、由浅入深；

（3）继续本着"适度、够用"的原则，继续简化电磁理论；

（4）加强异步电动机、电力变压器、同步发电机的运行维护内容，增加风力发电机、电动发电机和步进电动机等内容。

为学习贯彻落实党的二十大精神，本书根据《党的二十大报告学习辅导百问》《二十大党章修正案学习问答》，在数字资源中设置了"二十大报告及党章修正案学习辅导"栏目，以方便师生学习。

我们深知，在教学改革不断深入，科学技术日益进步的今天，编写教材是一项极具挑战性的工作。教材很难满足各种教学层次、方法和内容的要求。因此，我们建议教师、学生和读者一定要强化教材只是一本主要"学材"（教学参考书）的观念，教学内容的组织和学习模块的选取一定不要受到具体教材内容和顺序的束缚。

本书由武汉电力职业技术学院李滨波负责学习导论、异步电动机、电力变压器的编写及统稿工作，广西电力职业技术学院李元庆负责同步发电机的编写，李春娴负责其他电机的编写，武汉电力职业技术学院韩磊负责异步电动机和电力变压器维护内容的编写。

本书由华中科技大学熊永前教授担任主审。在本书的修订过程中，得到所有关心电机教学改革人士的大力支持，在此一并表示感谢。

限于编者学识水平，书中难免存在错误和缺陷，敬请读者批评指正。

编　者

2022 年 11 月

第一版前言

　　高职高专院校的目标是为现代化建设服务，培养面向生产、建设、服务和管理第一线需要的高素质技能型专门人才。本教材编写努力满足这个办学目标的要求，力图解决原相应课程电机学中包含的内容"偏多、偏深、偏难"的问题。本教材具有鲜明的职业教育特色，理论上本着"适度、够用"的原则，不片面追求电机电磁理论的系统性和完整性；注重知识的应用，紧密结合生产岗位技能的需要，结合现行的国家标准、运行规程，特别注意结合大型发电机与变压器的运行规程，加强电机运行及常见故障分析的内容。

　　本书分为变压器、同步电机、异步电动机和其他电动机四篇，变压器和同步电机是重点内容。在变压器篇，结合变压器的运行分析，较为详细地介绍了电机的三种基本分析方法——基本方程式、相量图、等效电路。在同步电机篇，主要应用这些方法对发电机的运行做分析。同时，加强了对变压器、同步发电机的有关运行规程的介绍。对异步电动机和其他电动机则重在介绍工作原理、外特性及应用，不做过多的理论分析。

　　本书由武汉电力职业技术学院魏涤非主编，并编写绪论及同步电机篇。由武汉电力职业技术学院李滨波编写变压器篇，由广西电力职业技术学院梁鸿飞编写异步电动机篇，广西电力职业技术学院李元庆编写其他电机篇。

　　本书由保定电力职业技术学院刘景峰主审。在本书编写过程中，得到许多同行和工程技术人员的关心和帮助，在此表示衷心的感谢。

　　由于编者学识水平有限，本书存在的错误和缺陷，敬请读者批评指正。

编　者

2007 年 7 月

目　　录

第三部分　同步发电机

第四部分　其他形式电机

学 习 导 论

电能已是当代社会最主要的能源。随着人类文明发展，电能在提高国民经济和人民生活水平中起到重要的作用，因而电机的应用越来越广泛。

电机是电力系统运行设备中最大和最重要的电气设备，主要包括同步发电机、电力变压器、异步电动机等。"电机运行技术"是电力系统中运行人员掌控电机运行技术的一门重要的实用技术和基础理论课程。

一、电机的定义、作用及类型

1. 电机的定义

电机是利用电磁感应原理和电磁力定律实现能量转换（或传输）的一种电气设备。

2. 电机的主要作用

（1）进行电能的生产、传输和分配。电能的生产集中在发电厂，主要有火电厂、水电厂、核电厂、风电场等。各种电厂将不同形式的能量转换成机械能，同步发电机将机械能转换成电能，电力变压器将电压升高进行远距离传输，在用电地区分级降压，将电能传送和分配到电动机、照明等用电客户，如图 0-1 所示。

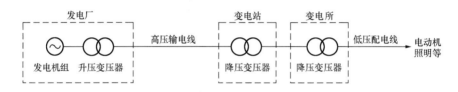

图 0-1　电机在电力系统中的应用示意图

我国的发电机装机容量和年发电量位居世界第二位，到 2011 年底，发电机总装机容量突破了 10.5 亿 kW，当年发电量达到 46 037 亿 kW·h。

（2）驱动各种生产机械。目前的生产机械大多数由电动机来拖动，如机械制造、冶金轧钢、矿山开采、卷扬起重、鼓风通风、电力排灌、机车牵引以及空调机、洗衣机、电冰箱等家用电器，广泛地采用电动机。简言之，电机在工农业生产、交通运输、国防建设和居民日常生活中的应用非常普遍。

（3）自动控制系统中的执行元件。随着科学技术的发展，各种各样的控制电机被用作执行、检测、放大和计算元件。例如智能变电站、雷达、卫星、自控机床、医疗设备等的运行控制、检测或记录显示等。

3. 电机的类型

电机的种类很多，可按照下列方法分类。

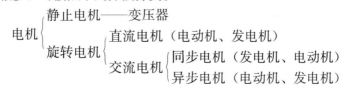

二、电机发展概况

电机产生于 19 世纪。1821 年，法拉第发现了电动机的作用原理，1831 年又提出了电磁感应定律，奠定了发电机的理论基础。1833 年，楞次证明了发电机、电动机的可逆原理。1889 年，多利夫·多布罗夫斯基提出了采用三相制的建议，并设计制造了第一台三相变压器和三相笼式异步电动机。进入 20 世纪后，电机技术不断发展和完善，电机的容量不断增大，应用日益广泛。

随着科学技术和电力工业的不断发展，电机制造工艺已经发展到相当完善的阶段。电磁材料、绝缘材料的不断改进和冷却技术的不断提高，电机的单机容量不断增大，效率不断提高。目前国外最大单机容量，汽轮发电机已超过 1600MW，水轮发电机已超过 740MW，同步电动机已超过 70MW，三相变压器已达到 1300MVA，最高电压等级已达 1150kV。20 世纪末以来，我国电机制造工业的发展突飞猛进，目前已制造出 900MW 汽轮发电机、700MW 水轮发电机和 840MVA 电力变压器等单体特大型电机，1000kV 特高压电力变压器也制造成功，上述电机均已投入运行。近年来，我国风力发电机制造技术发展迅猛，已能生产单机 3MW 级风力发电机；自动化技术引导的各种控制电机的发展也十分引人瞩目。随着我国国民经济和智能电网的快速发展，我国电机制造工业和电机运行管理水平即将进入世界先进行列。

三、铁磁材料的特性

电机是利用线圈电流产生磁场，进行电磁感应、电磁功率转换和传递的。为了使较小的电流能产生较强的磁场，电机中全部采用硅钢片、铸钢、铸铁等铁磁材料构成磁通的通路。铁磁物质放入通电线圈中会被磁化，铁磁物质磁化具有三个特性，即高导磁性、磁饱和性和磁滞性。

1. 铁磁材料的高导磁性

铁磁物质内部由许多排列杂乱的磁畴（相当于超微型的条形磁铁）构成，磁畴产生的磁场相互抵消，因此对外不显磁性。将铁磁物质放入通电线圈产生的磁场中，磁畴顺应该磁场方向逐渐翻转，形成同向排列，呈现磁性形成磁化磁场，这种现象称为铁磁物质的磁化，如图 0-2 所示。电流产生的磁场与磁化磁场合并，使总磁场显著增强，磁化曲线如图 0-3 所示。磁化磁场随线圈电流的增大而增强，其中从 O 到 a 点为线性区，即磁场的增强与电流大小近似于正比例。换句话说，铁磁材料的磁导率远远大于空气等非铁磁物质的磁导率，使铁心线圈产生的磁场远大于空心线圈产生的磁场。

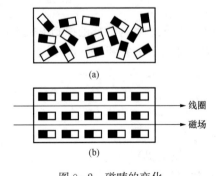

图 0-2　磁畴的变化

（a）磁化前；（b）完全磁化后

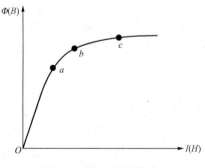

图 0-3　基本磁化曲线

2. 铁磁材料具有磁饱和性

从图 0-3 所示的基本磁化曲线中可以看到，当磁场增强到一定程度后减缓了增强速度，这是由于大多数磁畴已经偏转，出现了所谓的"饱和"现象。c 点为深度饱和区，增加很大的线圈电流而增加的磁场却不大。电机为了充分利用铁心材料，都是将工作点设计在 b 点，所以正常工作的电机铁心都存在饱和现象。

3. 铁磁材料具有磁滞性

若线圈通以交流电流，产生的磁场也为与电流同频率的交变量，铁磁材料被反复磁化，其变化规律如图 0-4 中箭头所示。从图 0-4 中可以看到，当电流的瞬时值从最大值减小到零时，磁化磁场并不为零，而是具有一定的剩磁，对外呈现磁性，当给予一定的反向电流时，剩磁才会消失。上升线与下降曲线不重合，反复一个周期构成一个闭合曲线，称为铁磁材料的磁滞回线。

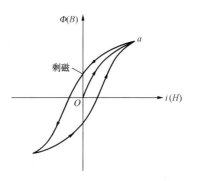

图 0-4 铁磁材料的磁滞回线

铁磁材料的磁分子在磁化过程中不断翻转造成摩擦发热，产生铁心磁滞损耗。由于磁滞损耗大小与回线所围面积有关，因此为了减小磁滞损耗，电机均采用软磁材料制造铁心，由于回线很窄，分析和计算时一般可采用基本磁化曲线（平均磁化曲线）来进行，如图 0-4 中 Oa 段和图 0-3 所示。

四、电机常用有关电磁的定律

1. 磁路欧姆定律

由全电流定律（安培环路定律）可得到线圈电流产生的磁通

$$\Phi = \frac{F}{R_m} = \frac{NI}{R_m} \tag{0-1}$$

式中 F——磁动势，也称安匝，A；

   N——线圈匝数；

   I——线圈电流，A；

   R_m——磁路中的磁阻。

式（0-1）说明铁心中的磁通正比于磁动势的大小，即正比于线圈匝数和电流的大小，反比于磁阻的大小。

2. 电磁感应定律

电磁感应定律说明在电机中有两种电动势是通过电磁感应产生的，即变压器电动势和运动电动势。

（1）变压器电动势。如图 0-5 所示，当线圈电流 i 产生的磁通 Φ 为交变量时，磁通交链的线圈上会产生感应电动势

$$e = -N\frac{d\Phi}{dt} \tag{0-2}$$

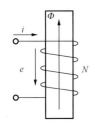

图 0-5 感应电动势

式（0-2）中，$\dfrac{d\Phi}{dt}$ 表明磁通量的变化率，负号说明感应电动势的方向始终与磁通的变化率相反，楞次定律解释为电流 i 产生的磁动势总是阻碍磁通的变化。

电动势 e 与电流 i 的正方向一致，电流与磁通的正方向符合右手螺旋定则。若磁通为正弦规律变化，感应电动势也为正弦规律变化。常用此定律来分析变压器的感应电动势。

（2）运动电动势。当导体运动切割磁力线时会产生感应电动势

$$e = Blv \qquad (0-3)$$

式中　B——磁感应强度，T；

　　　l——切割磁场的导体长度，m；

　　　v——导体的切割速度，m/s。

感应电动势方向由右手定则判定：让磁力线从右手心穿过，大拇指为导体运动切割磁力线方向，四指指向即为感应电动势方向，如图 0-6 所示。式（0-3）中的三个物理量在空间相互垂直，常用此定律来分析发电机的感应电动势。

3. 电磁力定律

处于磁场中的载流导体会受到电磁力的作用，如果导体与磁场相互垂直，则导体受到的电磁力为

$$f = Bli \qquad (0-4)$$

式中　i——导体电流，A。

电磁力方向由左手定则判定：让磁力线从左手心穿过，四指指向为导体电流方向，大拇指指向即为导体受力方向，如图 0-7 所示。式（0-4）中的三个物理量在空间相互垂直，常用此定律来分析电动机转子的电磁转矩。

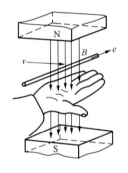

图 0-6　右手定则

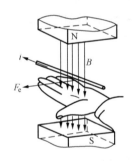

图 0-7　左手定则

五、电机课程特点和教与学方法

1. 课程特点

本课程既是一门专业基础课，又是一门专业课。它是专业基础课，是因为课程中有许多理论分析，得到的很多方法和结论是后续专业课程的学习基础；它是专业课，是因为电机是电力系统及很多行业中的最重要的电气设备。

电机实际运行情况是复杂的，在涉及的电机运行技术的知识中，既有电的又有磁的，既有时间的又有空间的，既有直流的又有交流的，既有单相的又有三相的，既有对称的又有不对称的，既有稳态的又有暂态的。在学习时，往往要忽略一些次要的因素和电磁理论过程，抓住主要的矛盾和结论，明确物理概念，才能掌握电机运行特点，满足电力工程技术上的要求。

2. 教与学方法

在以讲授电机理论为主的"电机学"课程上，结合高等职业教育和近年来的课程改革和探索，对本课程进行了多次课程分析和整合，其主要思路是"简化电磁理论，注重实用技

术"，掌握"适度、够用"的原则。课程全部教学内容要以实用技术为主，结合理论支撑，即理论与实践紧密相结合的理念进行教与学。本书将主要教学内容按以下两个层面分类，为教师和学生提供教与学的参考。

（1）按学生对电机的认知程度来教与学。电机课程传统的教学次序是变压器、同步发电机、异步电动机三部分。但学生对电机的了解程度是由"大家都见过电动机"、"部分人只见过小变压器"到"大家都未见过发电机"。建议在教学中以异步电动机、电力变压器、同步发电机的次序进行，符合学生的认知规律，由熟到生，循序渐进，并更早更容易接触实物，引发学习兴趣。

（2）按认知规律来教与学。课程每部分内容又可分为"认识电机设备、提高技能理论、掌握运行技术"三个循序渐进的阶段进行教学。首先要对各种类型电机铭牌和结构有较清楚的认识，可以通过参观实验室、生产车间、变电站、发电厂和网上查资料等方法来完成。其次是技能与理论知识提高阶段，技能方面如完成实验、检查电机简单故障、判断极性、画相量图和计算等；理论知识方面要抓住主要的内容学习，将重点和难点分析和讨论透彻，打好今后继续学习提高的基础。最后的目的是掌握运行技术，着重对各种电机有关运行方面的知识点一一落实，达到电机课程的教学目的。

几点说明：第一，本书采用模块格式编写，以便于传统教学方法的采用；第二，本书新编了新能源发电机内容，以满足发电新技术发展的需求；第三，仍保留其他电机内容，以满足其他相关专业的教学需求。

第一部分　三相异步电动机

三相异步电动机也称为感应电动机，广泛应用于工农业生产中各种旋转机械的拖动，其外形如图1-1所示。在机械制造、矿山冶金、工程建设和农业排灌等应用中，大量使用机床、鼓风机、水泵、起重设备以及轻工机械等，其功率从几千瓦到几千千瓦，是电力系统主要的电力负载。

图1-1　三相异步电动机

三相异步电动机之所以得到广泛应用，是由于与其他电动机相比，它具有结构简单、制造容易、造价低廉、坚固耐用、运行可靠、维护方便、效率较高和工作特性相当好等特点。据不完全统计，异步电动机的容量占总电力负载的85%以上。异步电动机的不足是起动与调速性能较差，而且需从电网吸收大量感性无功功率来建立磁场，使电网功率因数降低，造成电网电压下降。因此，在一些对调速性能要求较高的机械设备中，如电车、电气机车等，常常使用调速性能较好的直流电动机来拖动。近些年来，由于变频调速技术的发展，很多设备已经使用异步电动机来取代直流电动机。为了改善系统功率因数，对于单机容量较大的机械负载，如大型空气压缩机、水泵等，常采用同步电动机来拖动。

第一单元　三相异步电动机基本知识

▶ 模块1　三相异步电动机铭牌

◉ 模块描述

本模块介绍三相异步电动机的铭牌和类型，使学生了解铭牌中型号、额定值和技术参数的含义，并了解异步电动机的类型。

每台三相异步电动机的机座上都贴有铭牌，上面标明了电动机的型号、额定值及其他有关技术参数，如图1-2所示。正确理解铭牌上各项内容的含义，对正确选用、安装、运行维护、修理电动机是十分必要的。

一、型号和分类

异步电动机的型号由字母与阿拉伯数字组成。字母用来代表电动机类型、用途、特殊环境等，数字代表机座高度尺寸和电动机磁极数等。根据不同的用途制成的异步电动机类型繁多，用途代号和特殊环境代号很多。

例如，中小型Y系列三相隔爆式4极户外用异步电动机的型号表示为：

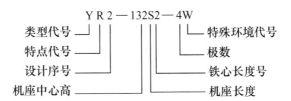

三相异步电动机主要类型与型号字母数字含义如下。

类型代号是表征电机的各种类型，采用汉语拼音字母表示，如异步电动机（Y）。

特点代号是表征电机的性能、结构或用途，采用汉语拼音字母表示，如笼式（不标）、绕线式（R）、隔爆型（B）、通风机用（T）等。

设计序号是指电机产品设计的顺序，用阿拉伯数字表示。对于第一次设计的产品不标注设计序号，对系列产品所派生的产品按设计的顺序标注，如Y2、YB2等。

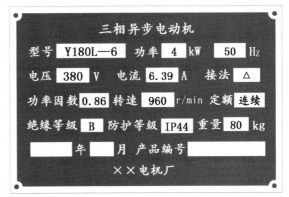

图1-2　三相异步电动机的铭牌

机座中心高指由电机轴心到机座底角面的高度，单位为mm。

机座长度用国际通用字母表示：短机座（S）、中机座（M）、长机座（L）。

铁心长度用阿拉伯数字1、2、3、4等由长至短分别表示。

极数指的是电动机定子磁极数，三相异步电动机一般为2极、4极、6极、8极等。

特殊环境代号表明电机使用的环境，采用汉语拼音字母表示，如户外用（W）、化工防腐（F）等。

大型异步电动机型号及含义举例如下。

二、额定值

电动机制造厂和设计部门按照国家标准，对电动机正常工作时所规定的一些量值，称为额定值。额定值一般标注在铭牌上，也称为铭牌数据。电动机在额定状态下运行称为额定运行，电动机在额定运行时，可以保证长期可靠地工作，并具有良好的运行性能。电动机的额定值主要有以下几个。

（1）额定功率（容量）P_N。电动机在额定状态运行时，转轴上输出的机械功率，同时也是电动机长期运行所不允许超过的最大功率，单位为W或kW。

（2）额定电压U_N。电动机额定状态运行时，定子绕组应施加的线电压，单位为V或kV。常用电动机线电压为380V，高压电动机有3、6kV和10kV等。

（3）额定电流I_N。电动机额定状态运行时，定子绕组流过的线电流，同时也是电动机长期运行所不允许超过的最大电流，单位为 A。

（4）额定频率 f_N。电动机额定状态运行时，定子绕组应施加的交流电源的频率。因为我国国内使用的电网频率规定为 50Hz，所以除部分出口产品为 60Hz 外，国内使用的交流异步电动机的额定频率都是 50Hz。

（5）额定转速 n_N。在额定电压、额定频率下，轴端输出额定功率时电动机的转速，单位为 r/min（转/分）。

（6）额定功率因数 $\cos\varphi_N$。电动机在额定状态运行时，定子侧的功率因数，一般为 0.8～0.85。

在三相异步电动机的额定值中存在以下关系

$$P_N = \sqrt{3}U_N I_N \cos\varphi_N \eta_N \qquad (1-1)$$

式中　η_N——额定效率，中小型电动机的 η_N 一般为 0.9 左右。

实际应用中常用式（1-1）来计算电动机的额定电流。

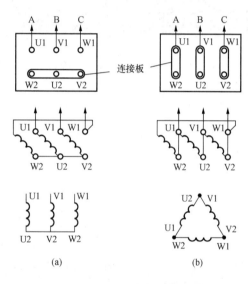

图 1-3　接线盒的两种接线方法
(a) 星形接线；(b) 三角形接线

三、接法

接法指三相异步电动机的定子绕组连接方式，有 Y（星形）接线和△（三角形）接线两种，使用时应按铭牌规定连接。国产 Y 系列的异步电动机，额定功率 4kW 及以上的均采用三角形接线，以便于采用 Y—△起动法起动。

三相异步电动机有 U、V、W 三个绕组，共六个首尾端都引入到电动机接线盒中，首端用 U1、V1、W1 标志，尾端用 U2、V2、W2 标志。要注意的是三个绕组的引出线以错位方式连接到接线端上，便于采用连接板进行星形和三角形的连接，如图 1-3 所示。U1、V1、W1 端分别接到三相电源的 A、B、C 端即可。（说明：为便于学习讨论，用 A、B、C 相表示三相绕组，即绕组首端为 A、B、C 标志，绕组尾端用 X、Y、Z 标志。）

四、绝缘等级

绝缘等级表示电机所用绝缘材料的耐热等级，它决定了电机的允许温升。如普通用途的电机绝缘等级一般为 B 级，即电机的允许温升为 80℃，绕组允许的实际最高温度为 120℃。根据电机的使用环境，可以选用比 B 级更高的绝缘等级。

绝缘材料按耐热性能分为 6 个级别，每种绝缘材料都规定了极限容许温度，见表 1-1。A 级绝缘等级最低，C 级绝缘价格最高。

表 1-1　　　　　　　　　　　　绝 缘 材 料 耐 热 级 别

绝缘级别	A	E	B	F	H	C
极限允许温度（℃）	105	120	130	155	180	＞180

五、工作方式

电动机的工作方式又称为工作制或工作定额。它是电动机承受负载情况的说明，包括起动、电气制动、空载、断电停转以及这些阶段的持续时间和先后顺序。工作方式是设计和选择电动机的基础。通常在使用中把工作方式分为以下三种。

（1）连续工作方式。电动机工作时间较长，温升可以达到稳定值，也称为长期工作方式，如通风机、水泵、机床主轴、造纸机、纺织机等连续工作的生产机械都应使用连续工作方式的电动机。

（2）短时工作方式。电动机工作时间较短，停歇时间较长。工作时温升达不到一个稳定值，而停歇后温升降为零，即电机温度等于环境温度。如短时工作的水闸闸门起闭机的电动机应使用短时工作方式的电动机。我国规定的短时工作方式的标准工作时间有 15、30min 和 60min 等。

（3）断续周期工作方式（重复短时方式）。简称断续工作制，指电动机工作与停歇交替进行，时间都比较短，工作时温升达不到一个稳定值。停歇时温升又降不到零。国家标准规定每个工作与停歇的周期 $t = (t_w + t_s) \leqslant 10\text{min}$。每个周期内工作时间占的百分比叫做负载持续率（或暂载率），我国规定的标准负载持续率有 15%、25%、40%、60% 四种。用于断续工作制的电动机会频繁起动、制动，要求其过载能力强、转动惯量小、机械强度高。如起重机械、电梯等机械应使用此种工作方式的电动机。

六、防护等级

防护等级是指电动机外壳防止异物和水进入电机内部的等级，在国家标准 GB/T 4942.1—2001《旋转电机外壳防护分级》（IP 代码）中，规定外壳防护等级以字母"IP"和其后的两位数字表示。"IP"为国际防护的缩写字母，IP 后面第一位数字表示产品外壳防止人体接触电机内带电或转动部分和防止固体异物进入电机内部的防护等级，共分为五级；IP 后面第二位数字表示电机防止水进入电机内的防护等级，共分八级。数字越大，防护能力越强。如 IP23，表示可防止直径或厚度大于 12mm 的固体进入电机内，与垂线成 60°以内任一角度的淋水对电机无影响；电动机中使用最多的防护等级为 IP44，可防止直径或厚度大于 1mm 的固体进入电机内、任何方向的溅水对电机无有害影响。

电动机的铭牌上还标有电动机重量、出厂编号、生产日期、生产厂家等。

📖 模块小结

（1）异步电动机的铭牌上标明了电动机的型号、额定值、接法、绝缘等级、工作方式和防护等级等各种技术参数。特别要注意额定值的含义和大小，使用时不要超过铭牌所规定的额定值，正确使用电动机。

（2）实际应用中估算电动机的额定电流，常用电动机额定功率、电压、电流和功率因数等的关系公式来进行。

📐 思考与练习

（1）异步电动机的型号中主要有哪些代号？

（2）笼式异步电动机有哪两种接法？怎样正确接线？

（3）一台三相异步电动机，$P_N = 4\text{kW}$，$U_N = 380\text{V}$，$\cos\varphi_N = 0.85$，$\eta_N = 0.87$，求该电动机的额定电流 I_N。

模块2 笼式异步电动机结构

🔧 模块描述

本模块介绍笼式三相异步电动机的基本结构，包括定子结构和笼式转子结构，以及其他部件的作用。

异步电动机主要由固定不动的定子和旋转的转子两大部分组成，定子与转子之间有气隙。图1-4所示为笼式三相异步电动机各部件结构。

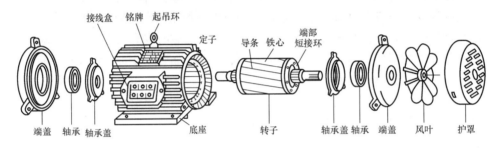

图1-4 笼式三相异步电动机结构

一、定子

定子主要由定子铁心、定子绕组和机座等部分组成。

(a)   (b)

图1-5 定子机座

（a）铸铁机座；（b）钢板机座

1. 机座

机座是电动机的外壳，支撑电机定子和转子等部件，承受和传递扭矩，还起到保护电动机和散热的作用。中、小型异步电动机多采用铸铁机座，封闭式异步电动机为加强散热，在机座外面铸有筋片，形成电动机冷却风路并增加散热面，如图1-5（a）所示。而大型异步电动机则采用钢板焊接成方形，如图1-5（b）所示。端盖中心孔内装有轴承装置，其主要作用是支撑转子旋转，其次还有防护功能。机座上还有接线盒、起吊环、铭牌和防护罩等零部件。

2. 定子铁心

定子铁心的作用是形成磁路的一部分，并起到固定定子绕组的作用。

为增强导磁能力和减小铁心损耗，定子铁心常用0.35mm或0.5mm厚的硅钢片冲制叠压而成，片间涂上绝缘漆，或经氧化处理使硅钢片表面形成氧化膜进行绝缘。当铁心直径小于1m时，采用整块硅钢片冲制成圆环形状，圆环内侧冲有许多形状相同的槽孔，许多硅钢片叠成一定厚度后形成定子槽，用来嵌放定子绕组，如图1-6（a）所示；直径大于1m时，用扇形硅钢冲片拼成圆环组装成定子铁心，如图1-6（b）所示。

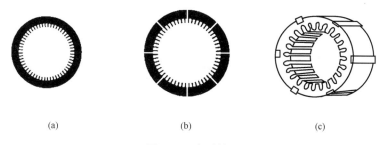

图1-6　定子铁心

（a）整圆硅钢冲片；（b）扇形硅钢冲片；（c）成形定子铁心

定子铁心槽如图1-7所示。小型异步电动机通常采用半闭口槽，绕组则用高强度漆包圆铜导线制成；电压在500V以下的中型异步电动机通常采用半开口槽，其定子绕组则用高强度漆包扁铜导线或玻璃丝包扁铜导线制成；对高压大中型异步电动机，都采用开口槽形，配之以硬导线制成的成型线圈。

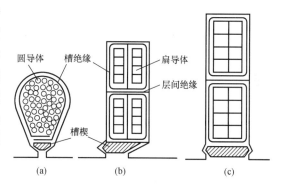

图1-7　定子铁心槽

（a）半闭口槽；（b）半开口槽；（c）开口槽

3. 定子绕组

定子绕组是异步电动机的电路部分，由多个线圈按一定规律连接而成。为保证其机械强度和导电性能，其材料主要采用紫铜。

一般情况下，三相异步电动机三相绕组的六个出线端子均接在机座侧面的接线板上，可以根据需要将三相绕组接成Y形或△形接法。

二、转子

转子主要由转轴、转子铁心和转子绕组等部分组成。

1. 转轴

转轴的作用是固定转子铁心和传递机械功率。为保证其强度和刚度，转轴一般由低碳钢或合金钢制成。

2. 转子铁心

转子铁心也是异步电动机磁路的一部分，并用来固定转子绕组。为了减小铁损耗和增强导磁能力，转子铁心也由0.35mm或0.5mm厚的硅钢片冲制叠压而成，通常用冲制定子铁心冲片后剩余下来的内圆部分制作。转子铁心固定在转轴上（或转子支架上），其外圆上开有槽，用来嵌放转子绕组，如图1-8所示。

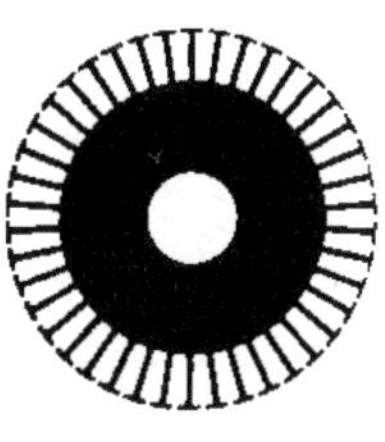

3. 转子绕组

转子绕组的作用是感应电动势和电流，并产生电磁转矩使电机旋转。

在转子铁心的每一个槽中，插有一根裸铜导条，并在转子铁心两端槽口外用两个端环将全部导条短接，形成一个自身闭合的多相

图1-8　转子铁心冲片

绕组。如果将转子铁心去掉，则整个转子绕组的外形像一个笼子，故称为笼式转子，也称鼠笼式转子。如图1-9（a）所示。

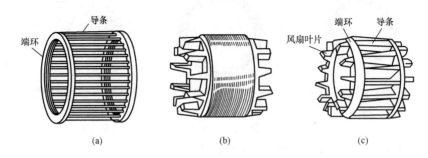

图1-9　笼式转子

(a) 笼式转子绕组；(b) 铸铝型转子；(c) 铸铝型转子绕组

大型笼式转子一般采用铜条作为导条，为了节约用铜材和提高生产率，中小型异步电动机常采用铸铝型转子。铸铝转子在制造时，将转子铁心叠好后放在模具内，用熔化了的铝液将导条、端环和风扇叶片一次浇铸而成，如图1-9（b）、(c) 所示。

转子靠轴承和端盖支撑，为保证转子的正常旋转，异步电动机的定、转子之间存在着气隙。中小型异步电动机的气隙一般在0.35～0.5mm，大型电动机的气隙一般在1～2mm。气隙不能太大，否则，磁路的磁阻增大，产生相同磁通所需的励磁电流增大，功率因数降低。气隙也不能太小，气隙太小会使转子组装困难，使定子与转子之间发生摩擦碰撞，出现扫膛现象，轻者增加噪声，重者使电机因摩擦产生热量而烧坏电机。

▮▮ 模块小结

笼式三相异步电动机结构简单耐用，成本较低易维护，是使用最广泛的电动机。

电动机由定子和转子两大部分组成。其中定子主要由机座、定子铁心和定子绕组组成，转子主要由转子铁心和笼式转子绕组组成。定子和转子铁心用同样的硅钢片制成，其间的气隙很小。端盖和轴承装置起到支撑转子旋转的作用。

🔧 思考与练习

(1) 笼式三相异步电动机主要由哪些部分组成？

(2) 电动机定子和转子铁心由什么材料制成？

(3) 电动机定、转子间的气隙一般为多少？为了便于装配，能否将气隙尽量留大一些？

▶ 模块3　三相交流绕组的构成

🌐 模块描述

本模块介绍三相异步电动机交流绕组的构成和几种常用定子交流绕组；通过绕组常用参数计算方法，绘制三相单层绕组展开图，并进行相带划分和画星形相量图。

　　三相异步电动机定子绕组也称为交流绕组，它是电动机进行能量交换的重要部件。交流绕组按一定规律排列在定子铁心槽中并连接形成回路。绕组通以交流电流产生磁场，从而产生电磁转矩使电动机旋转。

　　线圈是组成交流绕组的基本单元，又称绕组元件。线圈可以是单匝，也可以是多匝串联绕制而成。每个线圈都有首端（简称头）和尾端（简称尾）两根引出线，如图 1 - 10 所示。线圈的直线部分称为有效边，分别放置于两个铁心槽内。置于铁心槽外的线圈部分，起连接两个有效边的作用，称为端部（端接线）。

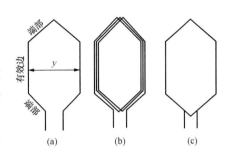

图 1 - 10　线圈形状图
(a) 单匝线圈；(b) 多匝线圈；
(c) 多匝线圈简易画法

　　交流绕组有多种型式和排列方式，将绕组嵌入到铁心槽之前需进行绕组参数的计算，并绘制出绕组的展开图，有时还需进行划分相带、绘制相量图和接线图等。

一、交流绕组参数的计算

1. 机械角度和空间电角度

　　电动机定子内圆一周的几何空间角度恒为 $360°$，称为机械角度。从电磁角度看，当定子中只有一对磁极时，恰好占有 $360°$ 的空间电角度（每极占有 $180°$ 的空间电角度）。若电动机的磁极对数为 p，则电动机整个圆周空间电角度为 $p \times 360°$。

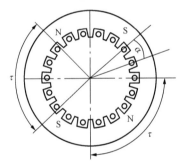

图 1 - 11　极距与槽距角

2. 极距 τ

　　相邻两个磁极轴线之间的距离称为极距 τ，即每个磁极所占有的空间宽度，用对应的铁心槽数来表示，因此极距也称为每极槽数或极宽，如图 1 - 11 所示。当定子铁心的槽数为 Z，磁极对数为 p 时，则

$$\tau = \frac{Z}{2p} \qquad (1 - 2)$$

　　因为 Z 个槽占有的空间电角度为 $p \times 360°$，所以一个极距 τ 占有的空间电角度恒为 $180°$。

3. 节距 y

　　每个线圈两有效边在定子圆周上的距离称为节距 y，也用槽数来表示，如图 1 - 10 (a) 所示。节距等于极距时称为整距绕组，也可根据设计要求采用略小于极距的节距，称为短距绕组。

4. 槽距角 α

　　相邻两槽间的空间电角度称为槽距角 α，即每槽所占的空间电角度，如图 1 - 11 所示。因定子铁心槽是在圆周上均匀分布的，故

$$\alpha = \frac{p \times 360°}{Z} \qquad (1 - 3)$$

5. 每极每相槽数 q

　　三相电动机每一磁极下都放置有三相绕组，故每极每相绕组所占有的槽数

$$q = \frac{Z}{2pm} = \frac{\tau}{m} \qquad (1 - 4)$$

式中　m——电动机相数，三相绕组取 3，单相绕组则取 1。

根据以上计算参数可以绘制绕组展开图。

二、绘制三相单层绕组展开图

为了方便绘图，常将电动机绕组绘制成展开图。所谓展开图就是将电动机的绕组及其连接方法表示在平面上的一种图形。作图时，假想将电动机定子从铁心某齿的中心沿轴向剖开，并展成水平面，将定子槽编号，再将绕组用实线或虚线按规律绘制在定子槽中，最后连接成三相绕组。

单层绕组的每个槽内只放置一个线圈边，整台电动机的线圈数等于定子总槽数的一半。

根据线圈形状和端部连接方式，单层绕组有叠式、链式、同心式、交叉式等多种型式。单层叠式和链式绕组由形状、几何尺寸和节距相同的线圈组成，链式绕组常用于 q 为偶数的电机中；同心式绕组由几何尺寸和节距不相等的绕制成同心状的线圈组成；交叉式绕组由线圈个数和节距都不相同的两种线圈组成，常用于 q 为奇数的电机中。下面通过一个例子来介绍单层绕组展开图的绘制步骤。

【例 1-1】　一台电动机为三相单层链式绕组，定子槽数 $Z=24$ 槽，磁极数 $2p=4$ 极，每相绕组支路数 $a=1$，试绘出绕组展开图。

解　(1) 计算参数。

极距
$$\tau = \frac{Z}{2p} = \frac{24}{4} = 6(槽)$$

每极每相槽数
$$q = \frac{\tau}{m} = \frac{6}{3} = 2(槽)$$

槽距角
$$\alpha = \frac{p \times 360^\circ}{Z} = \frac{2 \times 360^\circ}{24} = 30^\circ$$

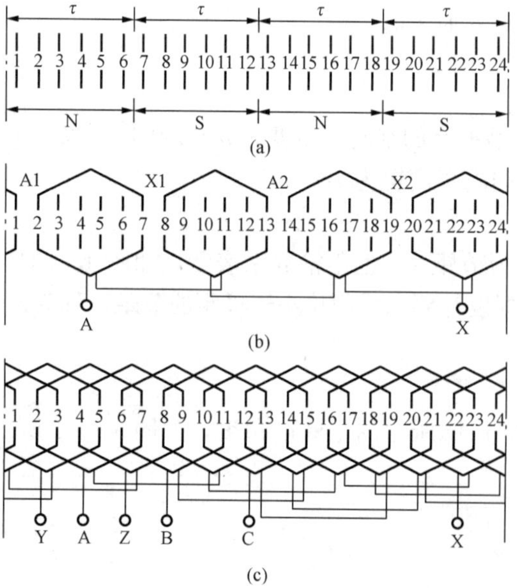

(a)

(b)

(c)

图 1-12　单层链式绕组展开图

(a) 展开图定子槽；(b) A 相绕组展开图；

(c) 三相绕组展开图

节距取 $y=5$ 槽的短距绕组。

(2) 绘制定子槽并标槽号。定子槽由平行竖直线组成，从左往右按顺序标出槽号，如图 1-12 (a) 所示（极距和磁极不必绘制在展开图中）。

(3) 绘制 A 绕组。根据节距 $y=5$ 槽，绘制出 A 绕组第一个线圈的两个有效边为 2-7 槽（每极每相槽数 q 为 2，分别占 1、2 号槽）。A 绕组共有 4 个线圈，每个线圈相距为极距 τ，所以其他三个线圈分别绘制在 8-13、14-19、20-1 号槽，如图 1-12 (b) 所示。

(4) 连接 A 绕组。根据给定的绕组支路数 $a=1$，将 4 个绕组全部串联起来。由于第一个线圈和第三个线圈用来产生 N 极磁场的同时，第二个线圈和第四个线圈用来产生 S 极磁场，因此应该按照"尾接尾、头接头"的规律连接，使第一、三线圈与第

二、四线圈通入的电流方向相反。然后将 2 号槽与 20 号槽的引出线确定为 A 绕组的首端 A 和尾端 X，如图 1-12（b）所示。

（5）绘制 B 绕组和 C 绕组。由于 B 绕组和 C 绕组依次滞后 $120°$，因此根据槽距角 $\alpha = 30°$，确定 B 绕组和 C 绕组的首端分别在 6 槽和 10 槽。B 绕组和 C 绕组展开图的绘制方法与 A 绕组相同。三相绕组展开图如图 1-12（c）所示。

由图 1-12（b）可以看出，每个相绕组的线圈都是均匀分布的，呈现"链条"样的形状，链式绕组因故得名。由于线圈端部交叉较少，线圈元件节距相等，端部连接线较短。因此，链式绕组在 q 为偶数的小型电动机中应用较广。

由于单层链式绕组每相在每极下有一个线圈组，因此每相的最大支路数 $a_{max} = 2p$。本例中有 3 种连接方式，最大支路数为 4，如图 1-13 所示。将绕组串联可提高电动机的额定电压，而绕组并联可增大电动机的额定电流。

单层绕组的优点是槽内只有一个线圈边，没有层间绝缘，槽利用率高（槽中可放置较多线圈）。其缺点是漏电抗较大，故电动机铁损耗和噪声较大，起动性能不良。单层绕组一般用于 10kW 以下的异步电动机中。

在实际工作中，小型交流电动机的线圈组往往是一次性绕制成形的，所以就不存在将线圈边连成线圈、再将线圈连成线圈组的步骤，只需正确连接线圈组的头尾即可。

图 1-14 给出了单层等元件式、同心式三相绕组的展开图。

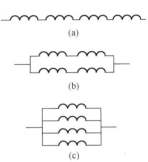

图 1-13 绕组支路数 a
（a）$a=1$；（b）$a=2$；（c）$a=4$

三、作相量图与分相带

为了进一步分析绕组的布置状况，可以通过作相量图和分相带的方法来讨论，其方法通过下面的例子说明。

【例 1-2】 一台三相电动机，定子槽数 $Z=24$，极数 $2p=4$。试绘制槽星形图并进行相带的划分。

解 槽距角

$$\alpha = \frac{p \times 360°}{Z} = \frac{2 \times 360°}{24} = 30°$$

每极每相槽数

$$q = \frac{Z}{2pm} = \frac{24}{4 \times 3} = 2（槽）$$

1. 作星形图

为了能直观地反映各槽导体正弦电流的相位关系，以帮助确定每相绕组元件的连接规律，可将各槽内导体电流用相量图表示，这些相量构成一

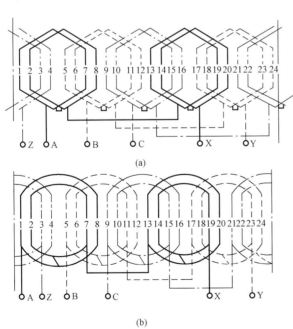

图 1-14 其他单层绕组
（a）等元件式；（b）同心式

个中心点辐射形状，称之为槽电流星形图。在单层绕组中，每一相量表示一个有效边的电流；在双层绕组中，每一相量表示一个线圈的电流。

将定子铁心上均匀分布的 24 个槽按顺序编号，如图 1-15 所示。各槽内导体的电流采用同样编号的相量表示，各槽内导体的电流在相位上依次相差一个槽距角 $\alpha=30°$，第 2 槽导体电流滞后于第 1 槽导体电流 30°，第 3 槽导体电流滞后于第 2 槽导体电流 30°，依次类推，一直到第 12 槽。1～12 槽的槽电流相量图，恰好跨越 360°空间电角度（空间机械角度是 180°），在空间上正好是经过一对磁极。由于各同极性磁极下对应位置导体的电流同相位，因此从 13～24 槽的电流相位与 1～12 槽的电流相位相重叠，整个电动机的槽电流星形图如图 1-16 所示。若电动机有 p 对磁极，则有 p 个重叠的槽电流星形图。

2. 分相带

若将每极每相槽数 q 用空间电角度来表示，称为绕组相带。由于每一磁极下都有三相绕组，即三个相带，而空间电角度恒为 180°，因此每极每相为 60°空间电角度，称为 60°相带绕组。显然，每对磁极占有 360°电角度，含有 6 个相带，当一台电机有 p 对极，则含有 $6p$个相带，如图 1-16 所示。

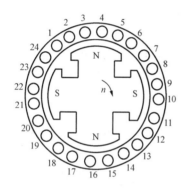

图 1-15　定子铁心槽内导体分布

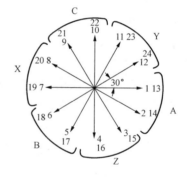

图 1-16　槽电流星形图及相带划分

根据槽电流星形图，把定子槽分配到 A、B、C 三相中去，然后构成三相绕组。分相的原则是使三相电流产生的磁场尽可能大且对称，所以要做到：

（1）线圈节距 y 应尽可能等于或接近于极距 τ。

（2）电流相位互差 120°，且每相所占有的槽数应相等。

（3）在一对极范围内，应将不同磁极下对应位置的槽划归同一相。或者说，同一相绕组在两个不同极性下相带的电流的相位应尽量相差 180°电角度。为清楚起见，可用表格表示出各相带包含的槽号，见表 1-2。

表 1-2　　　　　　　　　　　　　各相带槽号分配表

	相带	A	Z	B	X	C	Y
第一对极	槽号	1、2	3、4	5、6	7、8	9、10	11、12
第二对极	相带	A	Z	B	X	C	Y
	槽号	13、14	15、16	17、18	19、20	21、22	23、24

例 1-2 中，按 60°相带，把一对极下的定子槽分成 6 个相带，把整台电机的定子槽分成

12 个相带。取 1、2 号槽为 A 相带，因 B 相带应与 C 相带相差 120°电角度，故取 5、6 号槽为 B 相带。同理，取 9、10 号槽为 C 相带。再将与 A 相带相差 180°的 7、8 号槽划为 X 相带，同理取 11、12 号槽为 Y 相带，取 3、4 号槽为 Z 相带。由于第 13～24 槽的电流相位与第 1～12 槽的电流相位相重叠，则对应取 13、14 号槽为 A 相带，17、18 号槽为 B 相带，21、22 号槽为 C 相带，19、20 号槽为 X 相带，23、24 号槽为 Y 相带，15、16 号槽为 Z 相带。在整个圆周上，相带依次按 A—Z—B—X—C—Y 顺序排列，重叠两次即可。

📚 模块小结

电动机交流绕组的作用是通过电流产生磁动势及电磁转矩，实现机电能量的转换。

电动机绕组构成原则是获得对称的多相磁动势，每相应有相同的线圈数和线圈分布，各绕组互差 120°电角度；且尽量节省铜材，绝缘性能可靠，制造工艺简单等。

绕组展开图的绘制能清楚表明各相绕组的分布和接线情况，绘图前需进行绕组参数的计算，然后依照参数绘制展开图。还可先进行画星形图和相带的划分，然后绘制展开图。

绕组有多种型式的绕制方法，单层绕组适用于小型电机，大型电机多采用双层绕组。

📝 思考与练习

（1）交流绕组主要有哪几个参数？如何进行计算？

（2）每极每相槽数和相带有何关系？

（3）一台三相单层绕组交流电机，极数 $2p=6$，定子槽数 $Z=36$ 槽，$y=5$ 槽，每相并联支路数 $a=2$。

1）画出 A 相链式绕组展开图，并标出 B 相和 C 相的首端位置。

2）试画出槽星形图，并在图上标出 60°相带的分相情况。

模块 4　　三相绕组磁场的形成

🌐 模块描述

本模块分别讨论单相绕组和三相绕组磁场的形成过程和特点。

根据电生磁的原理，电机绕组通入电流时会产生磁场，单相绕组通入交流电流产生脉动磁场，而三相绕组通入三相交流电流时，在电机气隙中会形成随时间而旋转的磁场。

一、单相脉振磁场

假设在一台气隙均匀的电机定子上安放一个单相集中整距绕组，设为 A 相绕组，匝数为 N。在绕组中通入电流，它将在电机内产生一个两极磁场。当电流从首端 A 流进、尾端 X 流出时，由右手螺旋定则可判定该磁场的方向，并用虚线表示磁力线的分布情况，如图 1-17（a）所示。

现在分析产生磁场的磁动势沿气隙圆周的分布情况。设想将电机从 X 处切开后展平，如图 1-17 所示。选定 A 相绕组的轴线处为坐标原点，用纵坐标表示磁动势 f（纵坐标即为 A 绕组轴线），横坐标 x 表示沿气隙圆周离开原点的空间距离。若略去铁心中的磁阻不计，可认为绕组所产生的磁动势全部降落在两个气隙上，且均匀分布。由于 $f=iN$，即定子内圆各处气隙中的磁动势大小相等，且正好等于绕组磁动势的一半，即 $\frac{1}{2}iN$。并且规定，磁力

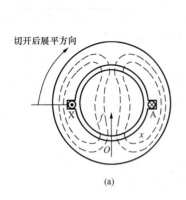

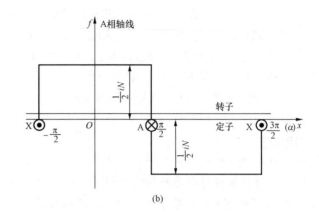

图1-17 单相集中整距绕组

(a) 磁场分布；(b) 磁动势波形

线从定子进入转子的磁动势为正，反之为负。气隙圆周空间分布的磁动势波形为矩形波，如图1-17（b）所示。

如果绕组中的电流为直流电，则矩形波的幅值不随时间变化，称为恒定磁场。若绕组中流过交流电，且矩形波的幅值随时间按电流变化的规律变化，设 $i=\sqrt{2}I\cos\omega t$，则气隙的磁动势为

$$f = \frac{1}{2}iN = \frac{\sqrt{2}}{2}NI\cos\omega t \tag{1-5}$$

式（1-5）说明，磁动势矩形波的幅值随时间按余弦规律变化，但其轴线位置在空间保持固定不动。当电流达到正的最大值时，磁动势矩形波的幅值为正的最大值；电流下降时，磁动势矩形波的幅值也下降；电流降为零时，矩形波的幅值也为零；当电流为负的最大值时，矩形波的幅值为负的最大值，如图1-18所示。随后电流又上升，磁动势矩形波按照图1-18（c）、（b）、（a）所示的次序变化回到原始状态。磁动势矩形波幅值大小变化的频率即为交流电源的频率。这种空间位置固定不动，幅值的大小和正负随时间而变化的磁动势，称为脉振磁动势。

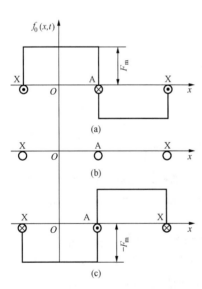

图1-18 不同时刻的脉振磁动势

(a) $\omega t=0$，$i=I_m$；(b) $\omega t=90°$，$i=0$；

(c) $\omega t=180°$，$i=-I_m$

对于空间按矩形波分布的脉振磁动势，可用傅里叶级数分解为基波和3次、5次等一系列奇次谐波，显然，基波磁动势在空间也是按余弦规律分布的，如图1-19中虚线所示。

综上所述，单相交流绕组产生的磁场特点是：其性质是一个脉振磁动势，其脉振频率等于电源的频率，其波形在空间按余弦规律分布，其幅值位置固定于绕组轴线处，其幅值大小随时间按余弦规律变化。

　　基波磁动势可用空间矢量来表示，矢量的长度表示磁动势的幅值，矢量所在的位置表示磁动势幅值所在的位置，箭头的方向指正值的方向，即磁场的方向。用字母上加横线作为空间矢量的文字代号，如 A 相电流产生的基波磁动势用 $\overline{F}_A$ 表示。

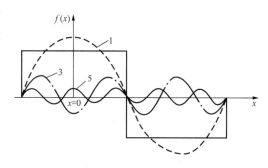

图 1 - 19　矩形波磁动势的分解

　　通常交流电机绕组采用分布短距绕组，分布和短距对磁动势的高次谐波有削弱作用。因此，当电机采用分布短距的电枢绕组时，它产生的磁动势可以认为就是基波磁动势。

二、三相旋转磁场

1. 旋转磁场的形成

　　三相交流电机的定子铁心中，放置有三相对称绕组，如图 1 - 20 所示。在绕组中通入三相对称交流电流

$$
\left.
\begin{aligned}
i_A &= I_m \sin\omega t \\
i_B &= I_m \sin(\omega t - 120°) \\
i_C &= I_m \sin(\omega t + 120°)
\end{aligned}
\right\}
\tag{1 - 6}
$$

　　三相电流的波形如图 1 - 21 所示。假设电流的瞬时值为正时，从绕组的首端流入，尾端流出；瞬时值为负时，则从绕组的尾端流入，首端流出。电流流入端用符号 ⊗ 表示，流出端用符号 ⊙ 表示。

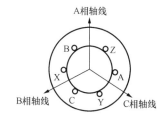

图 1 - 20　三相对称绕组及相轴线

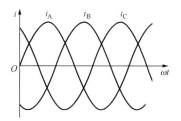

图 1 - 21　三相对称电流波形

　　根据一相绕组产生的脉振磁动势的大小与电流成正比，其方向可用右手螺旋定则确定，其幅值位置均处在该相绕组的轴线上的规律，选取几个特别的瞬间观察，进而分析出三相对称绕组流过三相对称电流所产生磁动势的特点。在图 1 - 21 所示电流波形图中选择 $\omega t = 90°$、150°、210°、270°、330° 几个瞬间进行分析。

　　（1）当 $\omega t = 90°$ 时，$i_A = I_m$，A 相电流达正最大值，且从 A 相绕组首端 A 流入、尾端 X 流出，A 相电流产生的脉动磁动势 $\overline{F}_A$ 幅值为正最大，其位置位于 A 相绕组轴线正方向上。$i_B = i_C = -\dfrac{1}{2}I_m$，B 相和 C 相电流为负值，均从尾端流入、首端流出，脉动磁动势 $\overline{F}_B$、$\overline{F}_C$ 的幅值均为单相磁动势最大值的 1/2，其位置分别位于 B、C 绕组轴线的反方向上。由磁动势矢量图，可判断出此时三相绕组合成磁动势矢量 $\overline{F}_1$ 正好位于 A 相绕组的轴线上，其幅值为单相磁动势最大值的 1.5 倍，如图 1 - 22（a）所示。

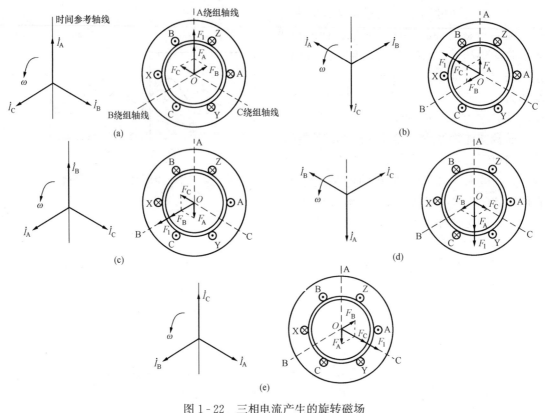

图 1-22　三相电流产生的旋转磁场

(a) $\omega t=90°$；(b) $\omega t=150°$；(c) $\omega t=210°$；(d) $\omega t=270°$；(e) $\omega t=330°$

（2）当 $\omega t=150°$ 时，$i_C=-I_m$，C 相电流达负最大值，电流从 C 相绕组尾端 Z 流入、首端 C 流出，C 相电流产生的脉动磁动势 $\overline{F}_C$ 幅值为负最大，其位置位于 C 相绕组轴线反方向上。$i_A=i_B=\frac{1}{2}I_m$，A 相和 B 相电流为正值，均从首端流入、尾端流出，脉动磁动势 $\overline{F}_A$、$\overline{F}_B$ 的幅值均为单相磁动势最大值的 1/2，其位置分别位于 A、B 相轴线的正方向上。由磁动势矢量图，可判断出此时三相绕组合成磁动势矢量 $\overline{F}_1$ 位于 C 相绕组的轴线反方向上，其幅值为单相磁动势最大值的 1.5 倍，如图 1-22（b）所示。

（3）当 ωt 分别为 210°、330° 时，i_B、i_C 依次出现电流正最大值，分析方法与 $\omega t=90°$ 时 i_A 出现电流正最大值时相同，由磁动势矢量图，可判断出此时三相绕组合成磁动势矢量 $\overline{F}_1$ 分别位于 B、C 相轴线正方向上，其幅值仍为单相磁动势最大值的 1.5 倍，如图 1-22（c）、（e）所示。同理，还可分析出其他角度的合成磁动势矢量。

由以上分析可知，当定子三相对称绕组中流过三相对称交流电流时，其基波合成磁动势是一个幅值不变的旋转磁动势，也称为圆形旋转磁动势。

产生旋转磁动势的条件是：绕组在空间位置上有差值，电流在时间相量上有差值，两个条件缺一不可。换句话说，有一个条件不满足，则不能产生旋转磁动势。

2. 旋转磁动势的转向

三相绕组中流过的交流电流的相序是 A—B—C，旋转磁动势的转向是从超前电流相绕组的轴线转向滞后电流相绕组的轴线，由图 1-20 分析可知，磁动势为 A—B—C 逆时针旋转，即从 A 相绕组转向 B 相绕组，再转向 C 相绕组。

可以给出结论，将任意两相绕组所接交流电源相序对调，电机定子中旋转磁动势的转向会出现反转现象。比如将 B 相和 C 相电源对换，则旋转磁动势变为顺时针旋转。

3. 旋转磁动势的转速

旋转磁动势的转速与电源频率和定子绕组的磁极对数有关。当电机为一对极时，电流变化一个周期，旋转磁动势旋转 360° 空间电角度，对应的机械角度也是一周为 360°。用上面同样的分析方法可知，当电机为 p 对极时，电流变化一个周期，旋转磁动势也是旋转 360° 空间电角度，而相应的机械角度则是 $360°/p$，即旋转了 $1/p$ 周。若交流电的频率为 f，则每分钟电流变化 $60f$ 次，旋转磁动势每分钟就会旋转（$60f×1/p$）周，其转速为

$$n_1 = \frac{60f}{p} \tag{1-7}$$

式（1-7）说明，当电机的磁极对数一定时，旋转磁动势转速 n_1 与电源频率 f 有着严格的比例关系，故将 n_1 称为同步转速。

同步转速与极对数成反比，当极对数 p 为 1 时为最高转速，此时同步转速

$$n_1 = \frac{60f}{p} = \frac{60 \times 50}{1} = 3000(\text{r/min})$$

极对数 p 为 2 时，同步转速 $n_1 = 1500\text{r/min}$；p 为 3 时，同步转速 $n_1 = 1000\text{r/min}$，以此类推，可以计算出不同极对数时磁动势的不同转速。

综上，三相交流绕组基波磁动势的特点如下：其性质是一个幅值不变的旋转磁动势；其幅值等于单相脉动磁动势基波最大幅值的 1.5 倍；其转速为同步转速；其转向与电流的相序有关，即从载有超前电流相绕组的轴线转向载有滞后电流相绕组的轴线，当某相绕组的电流达最大时，三相基波合成磁动势的幅值位置正好位于该相绕组的轴线上。

📖 模块小结

单相绕组通以交流电流产生脉动的基波磁动势。基波磁动势在空间按余弦规律分布，其幅值位置固定于绕组轴线处，其幅值大小随时间按余弦规律变化，其脉动频率为电流的频率。

三相对称交流绕组流过三相对称交流电流时，其基波合成磁动势是一个幅值不变的旋转磁动势。基波合成磁动势的幅值等于单相脉动磁动势基波最大幅值的 1.5 倍；其转速为同步转速 $n_1 = \frac{60f}{p}$（r/min）；其转向与电流的相序有关，即从载有超前电流相绕组的轴线转向载有滞后电流相绕组的轴线；当某相绕组的电流达最大时，三相基波合成磁动势的幅值位置正好位于该相绕组的轴线上。

🖳 思考与练习

（1）一相绕组产生的磁动势与三相绕组产生的磁动势有什么不同？

（2）什么是同步转速？它与哪些因素有关？

（3）旋转磁动势的旋转方向怎样判定？

（4）试分析下列两种情况时是否能产生旋转磁场？请说明原因。

1）若将对称布置的三相定子绕组中通以同一相交流电流（如 A 相电流）；

2）若将三相绕组全部集中安放在定子槽中（三相绕组空间角均为零），通以三相对称交流电流。

模块5 三相异步电动机工作原理

模块描述

本模块叙述三相异步电动机的转动原理、转差率，简介异步电机的三种运行状态。

异步电动机转动原理要利用右手定则和左手定则来判断和分析。电动机有两个转速，即同步转速 n_1 和实际转速 n，因为 $n_1 \neq n$，故称为异步电动机。

一、异步电动机转动原理

在三相异步电动机的定子铁心里，对称地嵌放着三相对称绕组，可分别用三个集中线圈 A、B、C 表示，每个绕组在空间位置上相差 $120°$ 电角度，如图 1-23 所示。以笼式异步电动机为例，其转子绕组是一个自成回路的多相绕组，用小圆圈表示转子绕组导条。

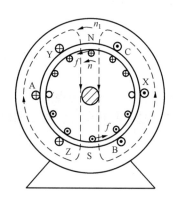

图 1-23 异步电动机的
转动原理图

当电动机的三相对称绕组通入三相对称电流时，定子中将产生旋转磁场。该磁场以同步转速 n_1 沿逆时针方向旋转。

在接通电源的瞬间，转子还未来得及起动旋转，电动机转子转速 $n=0$，定子旋转磁场与转子导条之间存在相对切割运动，从而在转子导条上产生感应电动势，方向可由右手定则判断。因为转子绕组自成封闭回路，所以在转子导条中会形成感应电流（方向与感应电动势方向基本相同）。

转子导条在定子磁场中产生电磁力 f，其方向可由左手定则判断。每个载流导体产生的电磁力均为逆时针方向（图中未画出所有电磁力），所有的电磁力合成为逆时针方向的电磁力矩，使转子旋转起来。

从上述三相异步电动机的转动原理可以看出：

（1）三相异步电动机在运行的过程中，假如 $n=n_1$，转子绕组上将无感应电动势及感应电流产生，电磁转矩为零。只有当 $n<n_1$，转子绕组才能产生驱动性质的转矩，使电动机旋转。由此可见，$n<n_1$ 是异步电动机工作的必要条件。所以，在三相异步电动机中，由于转子旋转速度 n 始终小于定子旋转磁场的转速 n_1，即电动机转速 n 与旋转磁场 n_1 的转速不同步，故称为异步电动机，"异步"由此得名。

（2）三相异步电动机的旋转方向始终与定子旋转磁场的方向一致，而定子旋转磁场的方向又取决于定子电流的相序，所以要改变三相异步电动机转向，只需要改变定子电流的相序，即将三相异步电动机的任意两根电源接线对调即可。

（3）如果转子绕组没有自成封闭回路（假如没有端环），由原理可知，转子导条中只有感应电动势而不会有感应电流，转子将不会受到电磁力的作用，也就不会产生电磁转矩来拖动转子旋转。

由于异步电动机的转子电流是通过电磁感应作用产生的，因此异步电动机又称为感应电动机。

二、转差率

为了表征转子转速与定子旋转磁场转速之间的差异，引入转差率的概念。所谓转差率（也称为滑差），就是同步转速 n_1 与转子转速 n 之差对同步转速 n_1 的比值，常用字母 s 表示，即

$$s = \frac{n_1 - n}{n_1} \qquad (1 - 8)$$

当异步电动机在额定状态运行时，其转差率 s_N 很小，一般在 $0.01 \sim 0.06$，或记为 $1\% \sim 6\%$；空载时，电动机转速高于额定转速，故转差率更小。转子电路的感应电动势、电流、频率、电抗、功率因数及电动机的电磁转矩等都会随 s 变化。同时，根据 s 的大小及正负还可以判断异步电动机的运行状态。因此，转差率是异步电动机一个很重要的参数。

【例 1 - 3】　一台在工频下运行的三相异步电动机，其转速为 $n_N = 1448\text{r/min}$，试求该电动机的同步转速 n_1、极数 $2p$ 和额定转差率 s_N。

解　由于 $n_N = 1448\text{r/min}$，同步转速 n_1 略大于额定转速 n_N，故 $n_1 = 1500\text{r/min}$。

极对数　　　　　　　　$p = 60f/n_1 = 60 \times 50/1500 = 2$

电机极数　　　　　　　$2p = 2 \times 2 = 4$

额定转差率　　　　$s_N = \dfrac{n_1 - n_N}{n_1} = \dfrac{1500 - 1448}{1500} = 0.035$

三、异步电机的三种运行状态

1. 电动机运行状态

异步电机主要用来作电动机运行。当异步电机的转速与定子旋转磁场同方向，且 $0 < n < n_1$ 时，旋转磁场将以 $\Delta n = (n_1 - n) > 0$ 的速度切割转子导条，在转子导条上产生感应电动势和电流，并同时产生电磁力和形成电磁转矩，如图 1 - 24（b）所示。电磁转矩的方向与电机旋转的方向相同，且为驱动性质。当电机带上负载时，电磁转矩会克服负载制动转矩而做功，从而把从定子上输入的电能转变为机械能从转轴上输出，异步电机处于电动机运行状态。

当定子绕组接通电源，转子将起动但还未来得及旋转的时候，$n = 0$，$s = 1$；当电动机处于空载运行状态时，转速 n 接近于同步转速 n_1，s 接近于 0。所以异步电机作电动机运行时，转差率的变化范围为 $0 < s < 1$。

2. 发电机运行状态

若外力拖着异步电机转子顺着定子旋转磁场的方向运行，且转子转速大于同步转速，即

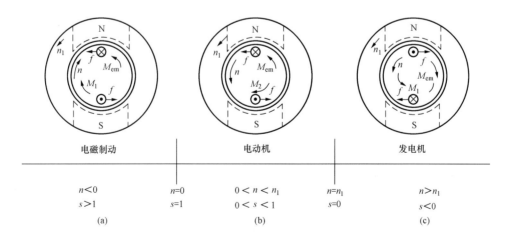

图 1 - 24　异步电机的三种运行状态

（a）电磁制动状态；（b）电动机状态；（c）发电机状态

$n > n_1$、$s < 0$，此时定子旋转磁场切割转子导条的方向与电动机运行状态时相反，故转子的感应电动势、电流和电磁转矩刚好与异步电动机运行状态时相反，如图 1-24（c）所示。

电磁转矩的方向与转子的旋转方向相反，将阻碍转子的旋转，是制动性质的转矩。由于转子电流改变了方向，定子电流也将随之改变方向，这意味着电机由原来从电网吸收电功率，变成了向电网发出电功率，电机处于发电机运行状态。

当异步电机处于发电机运行状态时，$n_1 < n < \infty$，相应的转差率在 $-\infty < s < 0$ 范围内变化。

3. 电磁制动运行状态

当外力使转子逆着定子旋转磁场的方向转动时，定子旋转磁场将以 $\Delta n = n_1 - (-n) = n_1 + n$ 的速度切割转子导条。旋转磁场与转子导条的相对切割方向与电动机运行状态相同。因此，转子电动势、电流和电磁转矩的方向与电动机运行状态时相同，如图 1-24（a）所示。由于外力使转子反向旋转，电磁转矩与电机旋转的方向相反，属制动性质，故称为电磁制动状态。在这种状态下，因电流方向不变，所以电机仍然通过定子从电网吸收电功率，同时，外力要克服制动力矩而做功，要向电机输入机械功率，这两部分功率最终在电机内部以损耗的形式转化为热能消耗了。

在电磁制动运行状态下，$-\infty < n < 0$，则 $1 < s < \infty$。

综上所述，异步电机既可以作电动机运行，也可以运行于发电机和电磁制动状态。但异步电机主要作为电动机使用，只在风力发电站和某些农村小型水电站中，把异步电机作为发电机使用；而电磁制动是异步电机在完成某一生产过程中出现的短时运行状态，例如，反向制动停车或起重机械下放重物时。

▮▮ 模块小结

三相异步电动机的转动原理是，定子三相对称绕组通入三相对称电流产生旋转磁场（电生磁），转子闭合导体切割旋转磁场产生感应电动势和电流（动磁生电），转子载流导体在旋转磁场作用下产生电磁力并形成电磁转矩，驱动转子旋转。

转子转速恒小于同步转速，即存在转差率是异步电动机工作的必要条件。

异步电动机的转向取决于定子电流的相序，所以通过改变定子电流的相序可以改变电动机的转向。

为了反映转子转速与定子旋转磁场的相对速度，引入了转差率的概念，即 $s = \dfrac{n_1 - n}{n_1}$。

▱▱ 思考与练习

（1）什么是异步电动机的转差率？如何根据转差率来判断异步电机的运行状态？

（2）三相异步电动机的转向取决于什么？如何使一台三相异步电动机反向旋转？

（3）简述三相异步电动机的转动原理。

（4）有一台异步电动机，磁极对数 $p = 2$，$s_N = 0.04$，$f_N = 50\text{Hz}$。试求：

1）电动机的同步转速 n_1；

2）电动机的额定转速 n_N。

第二单元　三相异步电动机的运行

模块6　三相异步电动机正常运行状况

模块描述

本模块描述三相异步电动机的起动、空载运行和负载运行的物理状况，以及负载运行时的工作特性。

三相异步电动机的运行主要指的是带负载运行的物理状态和各种运行特性，同时也要了解起动瞬间和空载运行的状态。

一、起动状况

电动机接通电源，转速从零增加到对应负载下稳定转速的过程称为起动过程，简称起动。

电动机起动瞬间，$n=0$，$s=1$。此时定子旋转磁场与转子的相对切割速度最大，转子感应电动势为最大值，导致转子电流很大，反映到电动机的定子侧，定子电流也很大，可达到额定电流的 4～7 倍。

电动机起动瞬间，定子旋转磁场和转子电流相互作用产生的电磁转矩，称为起动转矩。当起动转矩大于负载转矩时，电动机转子开始转动，随着转子转速提高，定子旋转磁场与转子的相对切割速度 Δn 逐渐减小，定子电流下降。当电动机达到稳定运行状态时，定子电流也下降到一个稳定值。

当负载转矩大于起动转矩时（如负载过重、电压过低或被异物卡住等原因），电动机将不能起动，习惯称此现象为堵转。发生这种情况时，定子电流会持续为 $(4\sim7)I_N$。此时要及时断开电源，以免长时间电流过大而烧坏电动机。

二、空载运行状况

当三相异步电动机定子绕组接在三相对称电源上，转子正常旋转，且轴上不带机械负载时的运行状态，称之为空载运行状态。

在空载运行时，转子转速非常接近同步转速，即 $n\approx n_1$。此时定子旋转磁场与转子的相对切割速度 $\Delta n=n_1-n=n_1\approx0$，$s\approx0$。此时，转子绕组感应电动势和感应电流都很小，可以忽略不计。

定子绕组电流称为空载电流，空载电流属于感性性质，主要用来建立磁场，所以也可称为空载励磁电流，因此空载时定子的功率因数总是滞后的。且因为此时没有有功功率的输出，基本上为感性无功性质，所以异步电动机空载时的功率因数很低。

异步电动机中主磁通的磁路要两次经过气隙，由于空气隙的磁阻很大，因此异步电动机的空载电流占额定电流的百分比很大，可达到额定电流的 20％～50％，容量越大的电动机空载电流的百分数越大。

三、负载运行状况

三相异步电动机定子接上三相对称电压，转子带上机械负载的运行，称为负载运行。

　　当异步电动机拖动机械负载时，输出功率 P_2 增加，由于负载的阻转矩作用在电动机的转轴上，使电动机的转速下降，负载越重，转速越慢，转速特性如图 1-25（a）所示。从而定子旋转磁场与转子的相对切割速度 $\Delta n = n_1 - n$ 增大，转差率 s 增大，使转子电动势、电流增大，相应的电磁转矩将增大，以平衡负载转矩。同时，从电源输入到定子的电流和电功率也会增加，定子电流特性如图 1-25（b）所示。

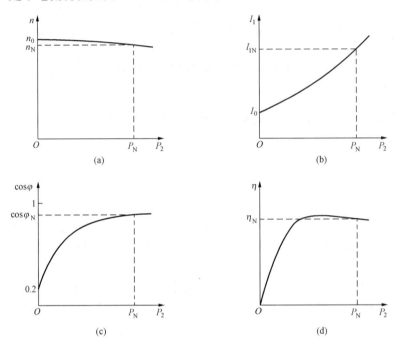

图 1-25　异步电动机的工作特性

(a) 转速特性；(b) 定子电流特性；(c) 功率因数特性；(d) 效率特性

　　在空载运行时，功率因数最低，一般在 0.2 左右。随着输出有功负载的增加，输入的有功功率增大，功率因数相应增大，在额定负载附近，功率因数达到最高，一般可达到 0.85～0.9 左右，如图 1-25（c）所示。

　　异步电动机运行时，存在着各种损耗，从电网输入的有功功率 P_1 总是大于其从轴上输出的机械功率 P_2，其效率 $\eta = \dfrac{P_2}{P_1} \times 100\%$。一般在 $P_2 = 75\% P_N$ 时，效率达到最高，效率特性如图 1-25（d）所示。

　　由于异步电动机的功率因数和效率都是在额定负载附近达到最大值，因此选用异步电动机时，应使电动机的容量与负载大小相匹配。如果电动机容量选得过大，则不仅造价高，而且由于长期欠载运行，其效率和功率因数都很低，很不经济。此外，会多消耗电网的无功功率，使电网电压下降。如果容量选得过小，则异步电动机会因过载而发热，影响寿命，严重时还会烧坏电动机。

模块小结

　　三相异步电动机起动瞬间相当于电动机堵转状态，会出现 $(4\sim7)I_N$，起动后电流减小。若电源接通而电动机被卡住不转，出现长时间堵转会使定子绕组过热而烧坏电机。

　　电动机空载运行的转速接近同步转速，转差率很小。由于气隙的存在，空载电流很大，约为$(20\%\sim50\%)I_N$，且功率因数很低，故电动机尽量避免空载运行。

电动机运行时随着有功负载的增加，转速减慢，功率因数大幅提高，但仍属于感性负载。电动机从半载到额定负载的效率都是比较高的。

电动机在选择功率大小时要注意与负载的功率相匹配。

思考与练习

（1）异步电动机长期处于空载或轻载运行有什么不妥？

（2）怎样由异步电动机的转速来判断负载轻重？

（3）当三相异步电动机在额定电压下运行时，如果转子突然被卡住，则会产生什么后果？为什么？

（4）一台异步电动机的气隙增大，对其空载电流有何影响？

（5）三相异步电动机带额定负载运行时，如果负载转矩不变，当电源电压降低时，则电动机电流如何变化？为什么？

（6）如果异步电动机的机械负载增大，电动机的转速、定子电流如何变化？为什么？

模块 7 电磁转矩与机械特性

模块描述

本模块叙述三相异步电动机的电磁转矩、转矩—转差率特性与机械特性，为掌握电动机起动、运行技术打好理论基础。

异步电动机是将电能转换为机械能输出的驱动机械，它从电网吸收电功率，在进行电能转换过程中还会产生各种损耗，最后以转矩和转速的形式输出机械功率。

一、功率平衡关系和损耗

图 1 - 26 所示为异步电动机的功率流程图（也称能流图）。图中反映了异步电动机进行机电能量转换过程时功率的流动和转化情况。

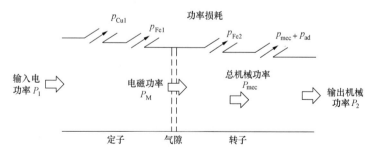

图 1 - 26 三相异步电动机功率流程图

异步电动机运行时，从电网输入电功率 P_1 到定子绕组，经过气隙产生电磁功率 P_M，传输到转子后转变成转子总机械功率 P_{mec}，最后从转轴上输出机械功率 P_2，带动机械负载运转。当额定运行时，输出机械功率 P_2 即是电动机铭牌上的额定功率。

在电动机的各部位会有不同损耗出现，期间要除去定子铜损耗 p_{Cu1} 和铁心损耗 p_{Fe}、转

子绕组铜损耗 p_{Cu2}、电动机旋转时产生的机械损耗 p_{mec} 和附加损耗 p_{ad}。

机械损耗是指电动机轴承的摩擦损耗及转动部件的风阻等损耗，与电动机的转速和转动部件的摩擦系数有关。附加损耗也称杂散损耗，是指除上述损耗外的其他损耗，主要是由于电动机定、转子铁心中有齿和槽的存在，当电动机旋转时造成磁通变化所引起的损耗等。这些损耗难以计算，通常根据经验估计，一般为异步电动机额定功率的 $0.5\%\sim3\%$，在工程估算中有时也将其忽略。

可见电动机在实现机、电能量转换的过程中，会产生各种损耗，根据能量守恒定律可得到多个功率平衡表达式，如

$$P_2 = P_1 - \sum p$$

式中 $\sum p$——异步电动机的总损耗，$\sum p = p_{Cu1} + p_{Fe} + p_{Cu2} + p_{mec} + p_{ad}$。

由于 $P_2 = P_{mec} - p_{mec} - p_{ad} = P_{mec} - p_0$，故

$$P_{mec} = P_2 + p_0 \tag{1-9}$$

式中 p_0——空载损耗，$p_0 = p_{mec} + p_{ad}$。

由式（1-9）可以看出，电动机的总机械功率等于输出功率和空载损耗之和。

二、电磁转矩平衡关系

异步电动机转轴上各种机械功率除以转子机械角速度 Ω 得到相应的转矩。将式（1-9）两边同时除以转子机械角速度 Ω（$\Omega = 2\pi n/60$，单位为 rad/s），就可以得到稳态运行时异步电动机的转矩平衡方程式

$$\frac{P_{mec}}{\Omega} = \frac{P_2}{\Omega} + \frac{p_0}{\Omega}$$

即

$$T = T_2 + T_0 \tag{1-10}$$

式中 T——电磁转矩，为驱动性质的转矩；

         T_2——负载转矩，为制动性质的转矩；

         T_0——空载转矩，为制动性质的转矩。

电磁转矩 T 与转子转动方向相同，驱动转子转动，也被称为动转矩；而 T_2 和 T_0 与转子转动方向相反，阻碍转子转动，也被称为阻转矩。

式（1-10）表明，异步电动机稳定运行时，电磁转矩 T 等于负载转矩 T_2 和空载转矩 T_0 之和，电动机匀速运转。若负载减小，T_2 减小，$T > T_2 + T_0$ 时电动机会加速；若负载增大，T_2 增大，$T < T_2 + T_0$ 时电动机则会减速。

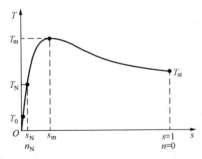

图 1-27 转矩—转差率特性
（T-s 曲线）

三、转矩—转差率特性

在电源为额定频率和额定电压的情况下，电磁转矩与转差率之间的关系 $T = f(s)$，称为转矩—转差率特性，或称为 T-s 曲线，如图 1-27 所示。电磁转矩大小与电源电压的平方成正比，即 $T \propto U^2$，T-s 曲线是分析电动机起动和运行性能最主要的特性曲线。

（1）起动点。电动机起动时转速 $n = 0$，$s = 1$，T-s 曲线上对应的转矩为驱动性质的起动转矩 T_{st}。当起动转矩大于制动性质的负载转矩时，电动机可以起动旋转，当起动转矩小于负载转矩时，电动机不能起动。

（2）额定工作点。电动机带额定负载运行时的转矩为制动性质的额定转矩 T_N，电动机的电磁转矩 T 等于额定转矩 T_N，电动机匀速运转。此时电动机转速 $n=n_N$，$s=s_N$。

额定转矩 T_N 的计算式为

$$T_N = \frac{P_N \times 10^3}{\Omega_N} = \frac{P_N \times 10^3}{2\pi n_N/60} = 9550\frac{P_N}{n_N}(\text{N} \cdot \text{m}) \tag{1-11}$$

式中　P_N——异步电动机的额定功率，kW；

　　　n_N——异步电动机的额定转速，r/min。

可见额定功率相同的电动机，额定转速高的 T_N 比额定转速低的小，则额定转速高的电动机的转轴可以做得细一些，体积也就小一些。

（3）空载运行点。电动机空载运行时，负载转矩 $T_2=0$，只有电动机的空载损耗 T_0，电动机的电磁转矩 T 等于空载转矩 T_0。此时电动机所对应的转速 n_0 接近于同步转速 n_1。

（4）最大转矩点。从图 1-27 中还可以看到，在 $n=n_N$ 与 $n=0$ 之间电动机出现最大电磁转矩 T_m，所对应的转差率为临界转差率 s_m，临界转差率与电源电压无关，只与电动机绕组参数有关。

下面从图 1-27 所示曲线分析电动机从起动到额定负载运行的过程。

当异步电动机定子三相绕组接通三相电源后，转子绕组与定子旋转磁场相互作用产生起动转矩 T_{st}，当起动转矩 T_{st} 大于负载转矩 T_N+T_0 时，电动机带动机械负载从起动点开始起动旋转，随着电磁转矩的不断增大，电动机不断加速，在最大转矩点时加速最快。经过最大转矩点后电动机产生的电磁转矩 T 开始减小，直到等于制动性质的负载转矩时达到平衡，电动机不再加速，在额定转速 n_N 下稳定运行。

当机械负载发生变化时，电动机的电磁转矩也会发生变化，与负载达到新的平衡。比如机械负载减小时，T_2 减小，$T>T_2+T_0$ 时电动机会加速；负载增大时，T_2 增大，则 $T<T_2+T_0$ 时电动机会减速，工作点在曲线上从空载运行点到最大转矩点之间范围内变化。当负载不再变化时，电动机在该区间某一转速下稳定运行。

当 $s=s_m$ 时，电磁转矩达到最大电磁转矩 T_m。电动机正常运行时，如果负载短时增大，且不超过最大电磁转矩，电动机仍能稳定运行，因为负载转矩增大时电磁转矩会相应增大与之达到新的平衡，使转速稳定下来。如果电动机负载太大，会使电动机转速下降很多，当转差率上升到大于临界转差率 s_m 时，电磁转矩越过最大转矩点而减小，使电动机进一步减速，越来越慢，最后导致电动机停转，发生所谓的"闷车"（堵转）现象。此时电动机电流将达到额定电流的 4～7 倍，若不及时断开电源，电动机会出现过热现象，甚至烧坏绝缘。

电动机的最大转矩 T_m 与额定转矩 T_N 之比称为过载能力（或过载系数），即

$$k_m = \frac{T_m}{T_N} \tag{1-12}$$

过载能力反映了异步电动机短时过负载的能力，k_m 越大，短时过负载能力越强。对此国家标准规定：普通异步电动机的 $k_m=1.8～2.5$；Y 系列异步电动机的 $k_m=1.6～2.2$；起重和冶金用的异步电动机 $k_m=2.2～2.8$；特殊电动机的 k_m 可达 3.7。

四、机械特性

当电源电压、频率及电动机参数不变时，异步电动机转速 n 与电磁转矩 T 之间的关系

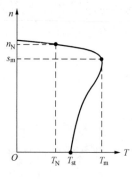

图 1-28　机械特性

曲线 $n = f(T)$ 称为机械特性。由转差率 s 的定义，知道转速 n 与转差率 s 有对应关系式 $n = (1-s)n_1$，所以只需将 T 与 s 的关系转化为 T 与 n 的关系，即可得到机械特性，如图 1-28 所示。

电动机额定运行时，三相异步电动机运行在特性曲线的工作点上（如同 T-s 曲线分析），这段曲线较平坦。即当随着负载转矩从小到大的变化，例如车床进刀量的加大，电磁转矩对应从某个较小值变到 T_N 时，转速减小的变化却很小。这种特点称之为硬机械特性，三相异步电动机的这种硬特性非常适合于拖动金属切削机床。反之，若该段曲线较陡，即当负载转矩变化时，电动机转速的变化较大，称之为软机械特性。

▮ 模块小结

电磁转矩是转子有功电流与电机气隙磁场相互作用而产生的，是电动机实现机电能量转换的关键物理量。

过载能力 $k_m = \dfrac{T_m}{T_N}$ 反映了电动机短时过负载运行的极限值，若超过该值，电动机会停转，即出现"闷车"现象，有可能烧坏电动机。

最大转矩和起动转矩均与电源相电压的平方成正比。

电磁转矩与转速之间的关系 $T = f(n)$ 称为机械特性，它是异步电动机最重要的特性之一。通过改变电源参数或电机参数，以适应不同负载对电动机的起动、调速和制动的要求。

▧ 思考与练习

（1）三相异步电动机带额定负载运行时，如果负载转矩不变，当电源电压降低时，则电动机的转矩、电流及转速如何变化？为什么？

（2）如果异步电动机的机械负载增大，则电动机的转速、定子电流和转子电流如何变化？为什么？

（3）一台三相异步电动机，已知 $P_N = 7.5\text{kW}$、$U_N = 380\text{V}$、$n_N = 1440\text{r/min}$、$f_N = 50\text{Hz}$、$\cos\varphi_N = 0.85$、$\eta_N = 0.87$、$k_m = 1.8$，试求其额定电流 I_N、额定转矩 T_N、最大转矩 T_m。

（4）有一台过载能力 $k_m = 2.2$ 的异步电动机，当带额定负载运行时，由于电网发生故障，使得电网电压下降到额定电压的 80%，问此时电动机是否会停止转动？能否持续长时间运行？为什么？

▶ 模块 8　三相异步电动机的起动

◐ 模块描述

本模块主要以电动机的起动性能和要求，讨论三相异步电动机的起动问题，叙述笼式、绕线式异步电动机的起动方法，简介深槽式、双笼式电动机的起动原理。

异步电动机接通电源后，其转速从零上升到稳定转速的过程称为起动过程，简称起动。大型电动机直接起动会带来起动电流大等问题，因此需要进行降压起动。

一、异步电动机起动性能和要求

异步电动机起动性能的主要指标和要求如下。

(1) 起动电流倍数 I_{st}/I_N，要求起动电流小，减小对其他用户的影响。

(2) 起动转矩倍数 T_{st}/T_N，要求起动转矩大，电动机起动迅速。

(3) 起动时间，要求起动时间短，快速达到稳定转速。

(4) 起动设备的简易性和可靠性，要求起动设备尽量简单、可靠、操作方便。

电动机起动性能的好坏，主要以起动电流倍数和起动转矩倍数来衡量。如要求起动电流小，则起动转矩也会减小，二者是电动机起动时需解决的一对矛盾。实际应用中应综合考虑工作要求、电网容量及电动机本身的承受能力，选择合适的起动方法。

二、三相异步电动机的直接起动

利用开关把异步电动机直接接到额定电压的电源上，称为直接起动，或称为全压起动。直接起动由于设备简单、操作维护方便，是中小型电动机主要采用的起动方法。

直接起动时 I_{st}/I_N 一般为 4～7，T_{st}/T_N 一般为 0.9～1.3，即起动电流大，而起动转矩却不大，起动性能不好。

起动瞬间，$n=0$，$s=1$，电动机处于静止状态（堵转状态），气隙旋转磁场以同步转速旋转，转子导条切割磁场的速度达到最大，转子绕组中的感应电动势和电流也达最大值。由磁动势平衡关系得知，定子电流也会很大，可达到额定电流的 4～7 倍。若大功率电动机直接起动时，大的起动电流将带来不良影响：将会在供电变压器和线路上产生较大的电压降，导致电源电压波动，影响到该线路上其他用电设备正常运行。此外，在频繁起动时，可能会引起电动机过热，从而影响其绝缘和使用寿命。

异步电动机在设计和制造时已经考虑了直接起动的要求，所以从电机本身来说都是允许直接起动的。异步电动机能否使用直接起动的方法，主要取决于两点：一是起动转矩 T_{st} 是否能满足负载要求，使电动机正常转动起来；二是起动电流引起的电源压降是否在允许范围内。对允许直接起动的电动机的容量可按以下原则确定。

(1) 如果有专用供电变压器，若电动机是频繁起动，则电动机的容量不能超过变压器容量的 20%；若是非频繁起动，则电动机的容量不能超过变压器容量的 30%。

(2) 如果没有专用供电变压器，如照明与电动机共用一台变压器，若电动机是频繁起动，则起动电流在供电回路所引起的电压降不能超过额定电压的 10%；若是非频繁起动，则起动电流所引起的电压降不能超过额定电压的 15%。

(3) 容量在 7.5kW 以下的三相异步电动机一般均可采用直接起动。工程实践中常常采用经验公式来确定异步电动机是否可以采用直接起动，经验公式为

$$起动电流倍数 \frac{I_{st}}{I_N} < \frac{3}{4} + \frac{变压器额定容量(kVA)}{4 \times 电动机额定功率(kW)} \tag{1-13}$$

若起动电流倍数满足式 (1-13) 的要求，则电动机可以采用直接起动。当起动电流过大不符合要求时，就必须采用降压起动。

在发电厂中，由于厂用电变压器的容量足够大，因此异步电动机一般采用直接起动。

三、三相异步电动机的降压起动

降压起动就是降低电动机电源电压进行起动，从而减小起动电流，起动结束后将其恢复

到额定电压运行，常用的降压起动方法有以下几种。

1. Y—△起动

额定运行时规定采用△接法的异步电动机，可以采用星形—三角形换接降压起动，简称Y—△起动，起动接线如图1-29所示。

起动前，将换接开关 S2 置于中间位置（0 位）。起动时，先将电源开关 S1 合上，然后再将换接开关 S2 投向"起动"侧位置（Y 位），则定子绕组 Y 接进行降压起动，待转速上升到一定值时，将 S2 迅速倒向"运行"侧位置（△位），定子绕组△接，使电动机在全压下运行。

Y 形和△形接法时的电压和电流关系如图1-30所示。设电动机额定电压为 U_N，每一相的阻抗为 Z，当采用△接法直接起动时，每一相绕组所施加的电压为 U_N，将此时对应的起动线电流记为 $I_{st\triangle}$，则有

$$I_{st\triangle} = \frac{\sqrt{3}U_N}{Z}$$

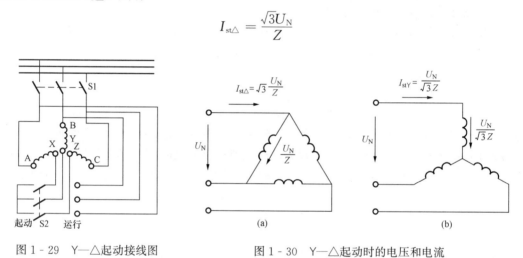

图1-29 Y—△起动接线图　　　图1-30 Y—△起动时的电压和电流
（a）△接法；（b）Y 接法

当定子绕组采用 Y 接线起动时，每一相绕组所施加的实际电压只有 $\frac{U_N}{\sqrt{3}}$，显然相电压降低了 $\sqrt{3}$ 倍，将此时的起动线电流记为 I_{stY}，则有

$$I_{stY} = \frac{U_N}{\sqrt{3}Z}$$

由此可见

$$\frac{I_{stY}}{I_{st\triangle}} = \frac{1}{3} \tag{1-14}$$

另一方面，$T_{st} \propto U^2$，则相应有

$$\frac{T_{stY}}{T_{st\triangle}} = \frac{1}{3} \tag{1-15}$$

综上所述，采用 Y—△起动时，起动电流和起动转矩都降为△接法直接起动时的1/3。

Y—△降压起动，起动设备简单，操作方便，得到较为广泛的应用。目前国产 Y 系列三相异步电动机容量在 4kW 以上时，均为△接法，以便用户用 Y—△起动。但是，由于起动转矩也降为直接起动转矩的1/3，使电动机在较重负载时起动困难，甚至无法起动。因此，

Y—△降压起动方法多用于空载或轻载起动的电动机，特别是在各类大中型机床上得到广泛应用，适用电动机功率范围为 4～100kW。

为使电动机接线便捷，通常采用专用的电动机 Y—△起动器配合使用。常用的起动器型号有 XQ1、XQ3 系列等。

2. 自耦变压器起动

自耦变压器也称为起动补偿器，是一种交流调压装置，起动接线如图 1-31 所示。将三相异步电动机接到自耦变压器上，根据要求将电源电压降低，使电动机起动时减小起动电流。

电动机起动前先合上 S2，S3，待电动机转速上升接近稳定转速时，将自耦变压器退出，电动机加全压运行。

异步电动机起动时的专用自耦变压器有 QJ2 和 QJ3 两个系列。它们的低压侧各有三个抽头，QJ2 型的三个抽头电压分别为（额定电压的）55％、64％和 73％；QJ3 型的为 40％、60％和 80％。自耦变压器降压起动可根据起动时的具体情况选用不同的抽头，较 Y—△起动更为灵活。但该起动方法的投资较大，设备体积也较大，适用于不频繁起动、容量较大或正常运行为星形接线的异步电动机，如水泵、风机等。适用电动机功率范围为 11～300kW。常用型号有 QJ10 型、XJ10 型、LZQ1 系列等。

3. 定子回路串电抗器起动

定子回路串电抗器降压起动，就是起动时在笼式异步电动机的定子三相绕组上串接对称电抗，起动接线如图 1-32 所示。

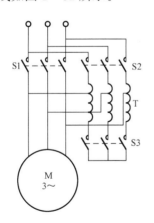
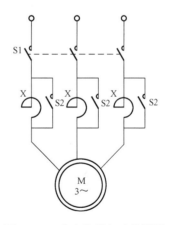

图 1-31　自耦变压器起动接线图　　　图 1-32　串电抗器起动接线图

起动时，先将 S1 合上，S2 断开，电抗器串入定子回路中，起到分压或限流的作用。当起动结束时，合上 S2，将电抗器短路，使电动机在全压下运行。串联降压的作用使起动电流减小了，同时起动转矩也下降很多，所以这种起动方法仅适用于轻载或空载起动。

其他降压起动还有如定子回路串电阻器起动、延边三角形起动等方式。降压起动方式的共同特点是：降低了起动电流，同时也降低了起动转矩，只适用于轻载或空载起动，而不适用于诸如起重机等需重载起动的场合。

四、三相绕线式异步电动机的起动

对于需重载起动的机械负载（如起重机、电梯等），如果既要限制起动电流又要有足够大的起动转矩，不能采用降压起动方法，必须采用其他类型的电动机，绕线式异步电动机就是经常采用的一种可以重载起动的异步电动机。

绕线式转子绕组与定子绕组结构非常相似。在转子铁心槽中，嵌放着三相对称星形绕组，三个首端分别接到转轴上的三个彼此绝缘的圆环状集电环（滑环）上。转子绕组通过旋转的集电环和固定的电刷（碳刷）与外接电阻相连，以便改善电动机的起动性能或调节电动机的转速，如图 1-33 所示。

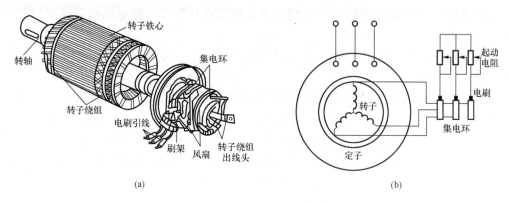

(a)　　　　　　　　　　　　　　　　　(b)

图 1-33　绕线式转子及接线

（a）绕线式转子；（b）接线原理图

绕线式异步电动机是在转子回路串入起动电阻来起动的，起动电阻可采用滑线变阻器或分级电阻，如图 1-34（a）所示为分级电阻起动。转子回路串入起动电阻 R_{st}，降低了转子电流，从而降低了定子中的起动电流 I_{st}；同时 s_m 增大，使最大转矩 T_{max} 点向右偏移，起动转矩点向上移动，增大了起动转矩 T_{st}，如图 1-34（b）所示。

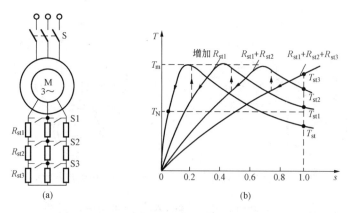

(a)　　　　　　　　　　　　　　　　　(b)

图 1-34　转子回路串电阻分级起动

（a）接线图；（b）增加 R_{st} 时的曲线变化图

需要说明的是当起动电阻增大到适当的值时，可使 $s_m=1$、$T_{st}=T_{max}$，但继续增大起动电阻则会使起动转矩又减小。

设电动机带上额定机械负载，比如起重机准备起吊重物前，将 S1、S2 和 S3 断开，起动电阻全部串入转子回路。合上电源开关 S，产生很大的起动转矩 $T_{st3} > T_N$，电动机起动旋转，当转速上升时，电磁转矩沿曲线逐渐减小，加速度也随之逐渐减小。合上开关 S3 将

R_{st3}短接切除，电磁转矩增加，使电动机迅速加速。同理，随着转速的升高，逐级切除电阻，从而在起动过程中以步进式不断保持高的电磁转矩，使电动机始终加速，直到所有电阻被切除，起动结束，电动机带上额定负载稳定运行。电磁转矩从起动转矩开始到达额定转矩的变化如图 1 - 34（b）中箭头所示。

分级电阻起动的电磁转矩不平滑，有机械冲击力。若采用滑线变阻器起动，则可保持较大且平稳的电磁转矩，实现无级平滑起动。

为了减小电刷与集电环间的摩擦损耗和电刷的磨损、提高电机运行的可靠性，有的绕线式异步电动机还装有提刷装置，以便电动机起动结束且不需要调速时，移动该装置手柄，使电刷与集电环表面脱离接触，并且在切除与外电路相串联元件（如可变电阻）的同时，使三个集电环彼此短接，以保证转子三相绕组自成封闭回路。

此外，频敏变阻器日益普遍地应用于绕线式异步电动机的起动。频敏变阻器结构简单、运行可靠、使用维护方便，能实现无级平滑起动，无机械冲击。由于是一种无触点的变阻器，其电阻的变化与转子频率有关，故称为频敏变阻器。

频敏变阻器的结构类似于只有一次绕组的三相心式变压器，所不同的是它的铁心是由几片或十几片较厚的钢板或铁板制成，因而涡流损耗很大。频敏变阻器在电动机刚起动时，转子电流的频率较高（$f_2 = f_1 = 50\text{Hz}$），频敏变阻器的铁心损耗及其等效电阻 r_m 也很大，相当于转子回路串联了一个较大的起动电阻，从而限制了起动电流，并提高了起动转矩。起动后，随着电动机转速的上升，转子电流的频率（$f_2 = sf_1$）逐渐减小，频敏变阻器的铁损耗逐渐减小，反映铁心损耗的等效电阻 r_m 也随之减小，相当于在逐步切除电阻。在这个过程中，如果参数选择合适，则可以保持起动转矩近似不变，从而实现无级平滑起动。

五、深槽式和双笼式异步电动机

绕线式异步电动机在一定范围内虽然可以减小其起动电流，增大其起动转矩，但其结构比较复杂。如果仅为了改善起动性能，在某些情况下，还可以采用深槽式和双笼式异步电动机。

由于笼式异步电动机的转子绕组结构特点，不能再串入电阻。但通过改变转子槽形结构，利用集肤（或趋表）效应，制成深槽式和双笼式异步电动机，来改善异步电动机的起动性能。

1. 深槽式异步电动机

深槽式异步电动机的转子槽形窄而深，槽深与槽宽之比为 10～12 及更大，其他结构基本上与普通笼式异步电动机相同。

作为深槽式异步电动机，导条漏磁场分布如图 1 - 35（a）所示，转子导条从上到下交链的漏磁通逐渐增多，故导条的漏抗从上到下也会逐渐增大。当 $s = 1$ 时，转子电流频率 $f_2 = f_1$，此时漏抗为导条阻抗的主要部分，即导条中各部分的电流大小主要由导条的电抗决定，所以从上到下，电流逐渐减小，如图 1 - 35（b）所示。从导体截面上看，电流主要集中在外表面，这种现象称之为集肤（或趋表）效应，如图 1 - 35（c）所示。

由于集肤效应的存在，结果使导条的有效使用面积减小，相当于起动时转子回路的电阻增大，从而在减小起动电流的同时，增大了起动转矩。电动机起动后，随着转速的升高，转差率会减小，转子频率逐渐降低，转子漏抗逐渐减小，转子导条电流主要取决于电阻，逐渐趋于均匀。到正常运行时，集肤效应基本消失，这时转子电阻、电抗均恢复正常值，从而保证在正常运行时满足损耗小、效率高的要求。

　　由此可见，深槽式异步电动机的转子电阻在起动过程中会自动变化，达到了与绕线式异步电动机串电阻起动同样的目的。

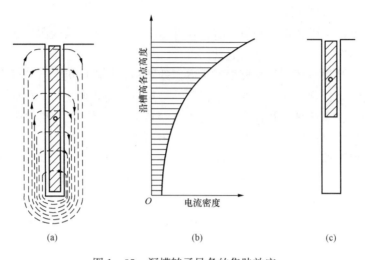

图 1 - 35　深槽转子导条的集肤效应
（a）槽漏磁分布；（b）导条内电流密度分布；（c）导条的有效截面

2. 双笼式异步电动机

　　双笼式异步电动机的定子与单笼式电动机相同，所不同的是转子有两个笼，即上笼和下笼，两笼之间由狭长的缝隙隔开，如图 1 - 36 所示。

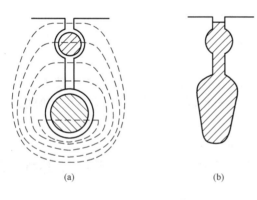

图 1 - 36　双笼式转子槽形
（a）插铜条；（b）铸铝

　　上笼导体截面小，且采用电阻率较大的黄铜或铝青铜材料制成，故电阻较大，称为起动笼；下笼导体截面大，采用的材料则是电阻率较小的紫铜，故电阻相对较小，称为工作笼。同时，由于下笼处于转子槽下层，交链的漏磁通比上笼多，故下笼的漏电抗远大于上笼。双笼式异步电动机也有采用铸铝转子的。

　　电动机刚起动时，$s=1$，$f_2=f_1$，转子频率较高，转子电流的大小主要由其电抗决定，由于集肤效应的存在，这时上笼的电流较大，并且由于上笼的电阻较大，从而产生较大的起动转矩，这时电动机的起动主要依靠上笼，故上笼被称为起动笼。

　　随着起动的进行，转子转速逐渐增大，f_2 逐渐降低，转子漏电抗也随之下降，当起动结束时，f_2 频率很小，上、下笼的电抗远小于相应的电阻，这时转子电流的大小主要由其电阻决定，此时下笼的电流将远大于上笼，从而下笼产生的转矩远大于上笼，也即正常运行时，电动机的驱动主要依靠下笼，故下笼被称为工作笼（或运行笼）。

　　综上所述，深槽型和双笼式异步电动机都具有较好的起动性能，一般均能带额定负载起动。由于定子槽较深，它们的漏抗比普通笼式电机要大，因此其功率因数和过载能力都比普通笼式电动机要低。

双笼式异步电动机的起动性能比深槽式异步电动机要好些，但深槽式异步电动机相对结构更简单、耗铜量少，制造成本较低，故深槽式异步电动机使用得更为广泛些。

六、软起动

为解决笼式电动机降压起动带来起动转矩也降低的问题，软起动技术正在逐步得到应用。软起动的意义一般指，电动机起动时能够使起动转矩和转速从零开始增加，平滑起动，起动电流得到有效控制。软起动应该做到对电动机及机械负载的伤害降到接近于零值；电压和电流的调节应该做到全范围连续可调，并能使起动电流由最大值降到最低，对电网无冲击；控制精度的重复性应达到100%，可以实现频繁软起动、软停车。软起动装置是一种用来控制笼式异步电动机的新控制装置，集电机软起动、软停车、轻载节能和多种保护功能于一体。

现代软起动技术可以分为四种类型，即以磁饱和电抗器为限流元件的磁控软起动、以电解液液阻限流的软起动、以晶闸管为限流元件的晶闸管软起动、采用变频器兼做起动器的软起动。随着电力电子技术的发展，晶闸管软起动技术已基本成熟，应用范围将会逐渐扩大。

■ 模块小结

异步电动机起动时的起动电流很大，而起动转矩并不大。起动时的主要要求是：在满足起动转矩的情况下，尽可能减小其起动电流，以减小对电网电压的冲击。

笼式异步电动机的起动方法有全压直接起动和降压起动。直接起动不需要专门的起动设备，且起动转矩大，所以能直接起动的尽量采用直接起动。

降压起动的方法有 Y—△ 转换降压起动、定子回路串自耦变压器起动和定子回路串电抗器起动。降压起动时，虽然减小了起动电流，但同时也减小了起动转矩，故只适用于空载或轻载的场合。在既要限制起动电流，又要带重负载起动的场合，应采用其他类型电机。

绕线式异步电动机通过滑环和电刷，将转子回路串入电阻，可以减小起动电流和提高转子功率因数，获得较大的起动转矩，适用于带重负载起动的场合。绕线式异步电动机起动性能虽好，但转子结构复杂。

在仅需要改善起动性能的场合，可考虑选用结构较简单的深槽式和双笼式异步电动机。这两种电动机都是利用"集肤效应"来改善起动性能的。

■ 思考与练习

（1）为什么异步电动机加额定电压直接起动时的起动电流很大，而起动转矩并不大？

（2）异步电动机降压起动的目的是什么？为什么此时不能带较大的负载起动？

（3）绕线式异步电动机转子回路串入电阻后为何能减小起动电流，而增大起动转矩？转子回路串入的电阻越大，起动转矩是否越大？为什么？

（4）有一台三相异步电动机定子绕组采用 Y 连接，额定电压为380V，如将定子绕组接成△形连接，会产生什么后果？当三相电源电压为220V时，该电机能否得到利用，如何利用？当三相电源电压为220V时，定子绕组仍保持Y形连接，会产生什么后果？

（5）三相异步电动机起动时如果电源一相断线，该电机能否起动？当定子绕组采用Y形或△形连接时，如果发生一相绕组断线，这时，电动机能否起动？如果在运行中电源或绕组发生一相断线，该电机还能否继续运转？此时能否仍带额定负载运行？

（6）有一台异步电动机，其额定数据如下：$P_N = 100kW$，$\eta_N = 0.85$，$\cos\varphi_N = 0.88$，$n_N = 1450r/min$，$\dfrac{T_{st}}{T_N} = 1.35$，$\dfrac{I_{st}}{I_N} = 6$，定子绕组采用△形连接，额定电压为380V，试求：

1）异步电动机的额定电流 I_N。

2）采用 Y—△降压起动时的起动电流和起动转矩。

3）当负载转矩为额定转矩的 50% 和 25% 时，能否采用 Y—△降压起动？

▶ 模块 9 三相异步电动机的调速

🌀 **模块描述**

本模块主要介绍三相异步电动机几种常用的调速方法，包括变极调速、变转差率调速和变频调速。

异步电动机带动机械负载运行时，还应满足生产机械提出的调速要求。调速性能好的电动机，应该是调速范围宽、调速平滑性好，此外调速设备简单。但异步电动机传统的调速方法调速范围窄，调速平滑性差，在一定程度上限制了异步电动机的使用。近年来，随着电力电子技术的发展，交流异步电动机调速性能得到极大的改善，使用交流异步电动机来调速的机械设备日益增多。

根据转差率公式可以得到异步电动机的转速公式

$$n = (1-s)n_1 = (1-s)\frac{60f_1}{p} \qquad (1-16)$$

由式（1-16）可知，调节异步电动机转速的方法有三种：变极调速、变频调速和变转差率调速。

一、变极调速

变极调速是通过改变异步电动机定子绕组的磁极对数 p，从而改变旋转磁场的同步转速 n_1，使转速 n 发生改变的方法。若磁极对数增加一倍，同步转速将下降一半，电动机的转速也随之下降近一半。由于磁极对数是呈整数变化，因此同步转速 n_1 与电动机转速 n 均以分级式变化，即不能实现平滑调速。

变极调速只适用于笼式异步电动机。因为笼式转子的磁极对数能自动地随着定子磁极对数的变化而变化，从而保证定、转子磁极对数相等，以便转子产生恒定的电磁转矩。

在异步电动机中，变极调速常用的方法是单绕组变极调速，即在定子铁心中装一套绕组，通过改变定子绕组的连接方式，使部分绕组电流的方向发生改变，来实现电动机的磁极对数和转速的改变。

变极调速的优点是：设备简单、运行可靠、机械特性硬、无额外损耗、效率高；缺点是：绕组出线头较多、调速平滑性差。但它仍是一种经济的调速方法，在不需要平滑调速的场合，如通风机、水泵、起重机和某些金属机削机床中得到较广泛的应用。

二、变转差率调速

改变转差率 s 可以通过改变转子回路电阻、改变外加电源电压等办法来实现，前者仅适用于绕线式异步电动机的调速，后者用于笼式异步电动机。

绕线式异步电动机带恒转矩负载时，根据转子回路串电阻对 $T\text{-}s$ 曲线的影响，转子回路串入不同电阻时的机械特性如图 1-37 所示。转子回路串入的电阻越大，产生的临界转差率越大，曲线越向下移动，电动机运行点将向下移动，使转速下降。

这种调速方法的优点是：设备简单，操作方便，初次投资小，可在一定范围内平滑调速。其缺点是：低速运行时的机械特性软、转速稳定性差、损耗大、效率低。转子串入电阻这种调速方法在中、小容量的电动机中应用比较多，特别适合于对调速性能要求不高的生产机械，如桥式起重机、通风机等的调速。

调压调速，即降低电压进行调速。由于 $T \propto U^2$，电压下降，转矩下降，s_m 不变，从图 1-38 所示的机械特性可以看出，在恒转矩负载时，转速下降，但变化不大。若负载转矩随之减小，则可增大转速的调节范围，因此适合于通风机类机械的调速。

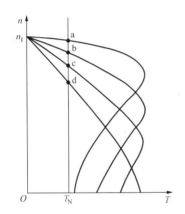

图 1-37　转子串电阻调速的机械特性

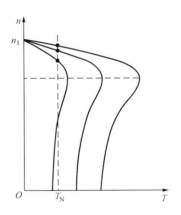

图 1-38　改变电源电压调速的机械特性

三、变频调速

变频调速是通过改变异步电动机电源的频率 f_1，从而改变旋转磁场的同步转速 n_1，使转速 n 改变的方法。

变频调速具有调速范围宽、平滑性好、机械特性硬、效率高等优点，是目前性能最好的交流调速方式，但变频调速需要专门的变频装置——变频器。变频器是一种电力电子装置，技术复杂、价格较高。随着电力电子技术的发展，变频器正向着质量可靠、性能优异、价格便宜、操作方便等趋势发展，因此变频调速技术正越来越广泛地被使用，是现代交流电动机调速发展的主要方向。

变频调速一般分为基频（额定频率）以下调速和基频以上调速。

（1）基频以下变频调速。由式 $U_1 = E_1 = 4.44 k_{\mathrm{w1}} N_1 f_1 \Phi_1$ 可知，若电源电压 U_1 不变，当电源频率 f_1 减小时，Φ_1 将

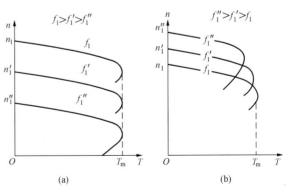

图 1-39　变频调速的机械特性

（a）基频以下变频调速；（b）基频以上变频调速

增大，引起电机磁路饱和、励磁电流增大，使电动机负载的能力下降，功率因数降低，铁损耗增加，电机发热。因此为使气隙主磁通 Φ_1 为常数，需要保持 U_1/f_1 为常数，因此在减小电源频率 f_1 的同时，还要相应地降低电源电压 U_1，机械特性如图 1 - 39 （a）所示。

（2）基频以上变频调速。在基频以上变频调速时，不允许按比例升高电源电压，只能保持电压为 U_1 不变，频率 f_1 越高，磁通 Φ_1 越低，这是一种降低磁通增加转速的方法，机械特性如图 1 - 39 （b）所示。

🗄 **模块小结**

异步电动机的调速方法很多，本章主要介绍了三种调速方法，变极调速只适用于笼式电动机的简单步进式调速；变转差率调速主要适用于绕线式异步电动机，变频调速技术性能好，是异步电动机最理想、最有发展前途的调速方法。

📑 **思考与练习**

（1）异步电动机有哪几种常用的调速方法？

（2）异步电动机调速方法各适用于什么场合？

（3）列出异步电动机调速方法的优缺点。

▶ 模块 10　三相异步电动机电气制动

🔘 **模块描述**

本模块主要讨论三相异步电动机的电气制动原理，介绍能耗制动、反接制动方法，反馈制动现象等。

所谓制动就是在电动机的轴上施加一个与旋转方向相反的力矩，以加快电动机停转的速度或阻止电动机转速增加。制动对于保证人身及设备安全和提高劳动生产率，有着非常重要的意义。

制动的方法有机械制动和电气制动两大类。机械制动就是利用机械装置使电动机断开电源后迅速停止的方法，如电磁抱闸制动器和电磁离合器制动等。所谓电气制动，就是在电动机的轴上施加一个与旋转方向相反的电磁转矩，使电动机迅速减速直至停转。由于电气制动容易实现自动控制，因此在电力拖动系统中，广泛采用电气制动方法，配合使用机械制动。异步电动机常用的电气制动方法有两种，即能耗制动和反接制动，而反馈制动是由电动机本身产生的一种制动效应。

一、能耗制动方法

能耗制动接线如图 1 - 40 （a）所示。制动时，先断开 S1，此时运行中的电动机交流电源被切断，旋转磁场消失。随即合上 S2，对电动机任意两相定子绕组通入直流电流，从而在异步电动机的气隙中建立一个静止磁场。由于机械惯性的作用，交流电源被切断后电动机仍继续旋转（设为顺时针方向），其转子导条将切割静止磁场，产生感应电动势和转子电流，其方向由右手定则确定，如图 1 - 40 （b）所示。通电的转子导条电流与静止磁场相互作用产生电磁力 f，形成与转子转向相反的电磁制动转矩，使电动机迅速减速直至停转。当转速停止时，电磁制动转矩随即消失。

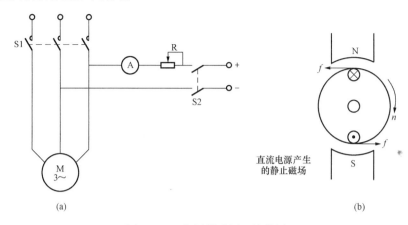

图 1 - 40　能耗制动原理接线图

(a) 接线图；(b) 制动原理

由于在此过程中，电动机储存的动能全部变成了电能消耗在转子回路的电阻上，因此称为能耗制动。能耗制动中，通过调节直流电流或改变绕线式电动机转子回路串联电阻 R 的大小可以控制制动转矩的大小。

这种制动方法能量消耗小，制动平稳，无明显冲击；但需要专门的直流电源，低速时制动转矩小。因此，能耗制动常用于要求制动准确、平稳的场合，如磨床砂轮、立式铣床主轴的制动。

二、反接制动方法

反接制动是通过改变定子绕组上所加电源的相序来实现的，如图 1 - 41 所示。

电动机运转时，S1 闭合，S2 断开。当电动机需要制动时，先将 S1 断开，电动机开始减速，再将 S2 闭合。此时，三相电源 A、C 相交换接到电动机上，使通入定子电流的相序与电动机运行时相反，定子产生的气隙磁场反向旋转，根据电动机转动原理，电磁转矩的方向与电动机的旋转方向相反，使电动机迅速减速，从而起到制动的作用。

在这种制动方法中，当转速接近 0 时，要立即切断电源，否则，电动机将会反向旋转。由于在反接制动时，旋转磁场与转子的相对速度很大（$\Delta n = n_1 + n$），因而转子感应电动势及转子电流很大。为限制电流，对功率较大的电动机进行制动时，必须在定子电路（笼式）或转子回路（绕线式）中串入限流电阻 R。

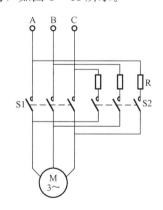

图 1 - 41　反接制动原理接线图

反接制动方法简单、制动迅速、效果较好，但制动过程中冲击强烈、能量消耗较大。一般用于要求制动迅速，不需经常起动和停止的场合，如铣床、镗床、中型车床等主轴的制动。

三、反馈制动现象

反馈制动一般发生在起重机下放重物、电车下坡或笼式异步电动机变极调速由高速降为低速的过程中。反馈制动是在特定场合下电动机本身产生的一种制动效应。

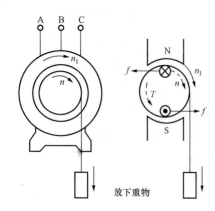

图 1 - 42　反馈制动原理图

如果使电动机的转速加速到大于同步转速使 $n>n_1$，且为同方向时，电动机则进入到发电机运行状态，此时电磁转矩起制动作用，电动机将机械能转变为电能反馈回电网，故称为反馈制动。

比如当起重机下放重物时，这时电动机转子在重力的作用下会加速，使电动机的转速大于定子磁场的转速，即 $n>n_1$，如图 1 - 42 所示。此时转子导条切割旋转磁场的方向与电动机运行时的方向相反，产生的电磁转矩由驱动转矩变为制动性质，使电动机减速。实际中，在制动转矩的作用下，电动机的制动转矩与重力所形成的转矩相平衡，重物以恒定的转速平稳地下放。

同样，异步电动机变极调速时，当电动机由少数极变换到多数极的瞬间，旋转磁场的转速下降到原来的一半，使得转子转速大于同步转速，电动机进入发电制动运行状态，制动性电磁转矩使电动机减速到稳定运行。

模块小结

异步电动机的制动方法分为机械制动和电气制动。

电气制动方法有两个，即能耗制动和反接制动。反馈制动是电动机自身出现的一种电气制动现象。三种电气制动过程表明，电磁转矩的方向始终与转子旋转的方向相反，电磁转矩起制动的作用。

反接制动产生的电磁转矩是一种强制性反向制动转矩，当转速达到零时，应断开电源停止制动，否则会发生反转。而能耗制动和反馈制动在电动机转速减小时，制动转矩随之减小，当转速达到零时，制动转矩消失。

思考与练习

（1）电气制动有几种方法？怎样实现制动控制？

（2）反接制动时要注意什么问题？

（3）哪些电气制动在电动机停止转动时自动消失？为什么？

第三单元　异步电动机异常运行及维护

三相异步电动机的异常运行和故障是电动机运行中常出现的状况，应引起足够的重视，保持电动机良好的工作状态，以保障电动机能够安全可靠地运行。本单元对电动机异常运行和故障现象进行了简单的阐述，并介绍了电动机的监视与维护方法。

▶ 模块 11　三相异步电动机的异常运行状态

◆ 模块描述

本模块简介三相异步电动机的异常运行状态，包括缺相运行、非额定电压运行、非额定频率运行、不对称运行等。

异步电动机在外加三相对称额定电压、频率为额定频率的条件下运行，称为正常运行。但在实际运行中，会出现电源三相电压不对称、电压不等于额定值，频率不等于额定值等异常情况。出现异常情况，并不都是要立即停止电动机运行，在一定范围内仍可让电动机保持运行，称为异常运行。

一、非额定电压下的运行

电动机在实际运行过程中允许电压有一定的波动，但一般不能超出额定电压的 $\pm 5\%$，否则，会引起异步电动机过热。下面分 $U_1 > U_N$ 和 $U_1 < U_N$ 两种情况讨论。

（1）电网电压高于电动机额定电压（$U_1 > U_N$）。如果 $U_1 > U_N$，则电动机中的气隙主磁通 Φ_1 会增大，磁路饱和程度增加，励磁电流将增加，从而导致电机的功率因数减小，定子电流增大，铁心损耗和定子铜损耗增加，效率下降，温度升高。为保证电动机的安全运行，此时应适当减小负载。过高的电压，甚至会击穿电机的绝缘。

（2）电网电压低于电动机额定电压（$U_1 < U_N$）。当 $U_1 < U_N$ 时，主磁通 Φ_1 减小。电动机在稳定运行时，电磁转矩等于负载转矩，所以当负载转矩不变时，转子电流会增大，相应的定子电流也增大，电动机的铜损耗增大，会引起电机绕组发热，效率下降，电机转速也将下降。当电压下降过多时，甚至出现 $T_m < T_2 + T_0$，引起转子停转而带来严重后果。

但当电动机是轻载运行，U_1 下降的幅值不是很大时，反而会有利。这时因为主磁通 Φ_1 减小，励磁电流分量会随之减小，即定子电流会减小，铁损耗和铜损耗减小，效率相对提高，功率因数也会提高。

二、非额定频率下的运行

电动机在实际运行过程中的频率是与电网频率相同的，频率一般不能超出 $\pm 0.2\mathrm{Hz}$，否则可能会引起异步电动机过热。下面分 $f_1 < f_N$ 和 $f_1 > f_N$ 两种情况讨论。

（1）电网频率小于电动机额定频率（$f_1 < f_N$）。在电网负载过大或发生故障时，会出现

$f_1 < f_N$ 的情况。此时，Φ_1 会相应增大，铁心饱和程度增高，励磁电流增大，从而使定子电流增大，功率因数 $\cos\varphi_1$ 降低。由于 Φ_1 和 I_1 增大，电动机的铁损耗及定子铜损耗也增大，电动机温升升高。同时，定子旋转磁场的转速 $n_1 = 60f_1/p$ 也会随 f_1 的下降而减小，使得电动机的转速下降，使通风冷却条件变坏。在电动机损耗增大，而通风条件变坏的情况下满载运行，会加速电动机绝缘材料的老化，甚至烧坏绕组。

若频率变化值小于 $5\% f_N$，对电动机不会带来严重影响，尚可继续运行。如果频率变化值大于 $5\% f_N$，则应减小负载，使电动机在轻载下运行，防止电动机过热。

（2）电网频率大于电动机的额定频率（$f_1 > f_N$）。当 $f_1 > f_N$ 时，电动机主磁通 Φ_1 会减小，励磁电流也会相应减小，定子电流也减小，转子转速 n 会随定子旋转磁场的转速升高而升高，对电动机功率因数、效率和通风冷却条件均有改善。

实际工作中，电网的频率一般是稳定在波动范围内，因此频率变化对电动机的影响是不大的。

三、三相电压不对称时的运行

异步电动机在三相电压不对称条件下运行时常采用对称分量法分析。因异步电动机定子绕组只有 Y 形无中性线或 △ 形两种接法，异步电动机在电压不对称情况下运行时，线电压、相电流中均无零序分量，只有正序电压、电流分量和负序电压、电流分量。负序电流产生与转子旋转方向相反的负序旋转磁场，负序旋转磁场对转子产生一制动性的电磁转矩，并在电动机中引起额外铁损耗和铜损耗，使电动机转速降低、噪声增大、效率降低、温升增加。

由于电动机负序阻抗较小，即使在较小的负序电压下，也可能引起较大的负序电流，因此，要限制电源电压不对称的程度。规程规定：三相异步电动机在额定负载下长期运行时，相间电压的不对称度不允许超过 5%。

四、断相运行

运行中的电动机常常会遇到缺一相电压的情况，简称为断相运行。产生的主要原因一是电动机绕组断了一相，二是电源断了一相。

断相运行属不对称运行，正在运行中的电动机断相后，加在绕组上的电压出现了严重的不对称情况，定子产生的旋转磁场变为椭圆形，使电动机的过载能力下降，如果电动机的最大电磁转矩大于负载转矩，则电动机仍可以继续运行，但转速下降，且振动及噪声增大。同时，由于转子旋转慢造成转子切割磁力线增多，定子电流增大，温度升高。因此，长时间断相运行会烧毁电动机绕组。

如果异步电动机在断相情况下起动时，则由于定子绕组产生的磁场变小，起动转矩很小，因此一般只会发生嗡嗡声而不能起动，即出现堵转现象，若不及时断开电源也会使电动机绕组过热而烧坏。

▌ 模块小结

三相异步电动机的异常运行将给电动机运行的可靠性、使用寿命及工作效率带来严重影响。因此，运行中，应杜绝三相异步电动机异常运行的状况，一经发现应对其及时处理，以防事故扩大。

电源电压升高会使电动机电流增加，出现过热现象，而电压降低在负载不变的情况下也会出现过热现象直至停转。电动机电压的波动一般不能超出额定电压的 $\pm5\%$。

电源频率降低会使电动机电流增加，出现过热现象。实际运行中频率变化对电动机的影响是不大的。

三相电压不对称运行分析一般采用对称分量法，负序电流的产生会使电动机的转速和效率下降、噪声和温升增大。三相异步电动机长期运行时，相间电压的不对称度不允许超过 5%。

断相运行是对电动机危害最大的，运行中的电动机若负载不大则可继续运行，但时间不宜过长。电动机断相后不能起动。

思考与练习

（1）电动机在非额定电压下运行，将带来哪些危害？

（2）电动机在非额定频率下运行，是否都会带来危害？

（3）正常运行的异步电动机断相时，能否继续运行？电动机断相时能否起动？

模块 12　异步电动机的运行监视

模块描述

本模块简介三相异步电动机的运行监视，包括起动前的准备、起动时的观察操作以及运行中的监视等。

三相异步电动机在运行中要注意监视，以便尽早发现不正常的现象，及时进行处理，保证其安全、可靠地运行。维护人员根据继电器保护装置的动作信号可以发现异常现象，也可以依靠维护人员的经验来判断事故苗头。

一、电动机的运行监视

1. 起动前的准备

电动机起动前一般应对以下各项进行检查。

（1）了解电动机铭牌所规定的事项。

（2）电动机是否适应安装条件、周围环境和保护形式。

（3）检查接线是否正确，机壳是否接地良好。

（4）检查配线尺寸是否正确，接线柱是否有松动现象，有无接触不好的地方。

（5）检查电源开关、熔断器的容量、规格与继电器是否配套。

（6）检查传动带的张紧力是否偏大或偏小；同时要检查安装是否正确，有无偏心。

（7）用手或工具转动电动机的转轴，是否转动灵活，增加的润滑油量和材质是否正确。

（8）集电环表面和电刷表面是否脏污。检查电刷压力、电刷在刷握内活动情况以及电刷短路装置的动作是否正常。

（9）测试绝缘电阻。

（10）检查电动机的起动方法。

（11）确定电动机的旋转方向。

2. 起动时的观察及操作

当起动电动机时，应注意观察下列情况。

（1）检查电动机的旋转方向是否正确。

（2）在起动加速过程中，电动机有无振动、异常声响、冒火、冒烟现象或闻到焦臭味。

（3）起动电流是否正常，电压降大小是否影响周围电气设备正常工作。

（4）起动时间是否正常。

（5）负载电流是否正常，三相电压、电流是否平衡。

（6）起动装置是否正确。

（7）冷却系统和控制系统动作是否正常。

（8）采用星—三角降压起动或自耦变压器起动时，先将操作手柄扳向起动位置，待电动机转速稳定，不再升高，再将手柄迅速推到运行位置。若是绕线式异步电动机，起动时，应逐个切除起动电阻。

（9）采用全压直接起动的笼式异步电动机或大容量异步电动机，不宜频繁起动，以免引起电动机绕组发热。

3. 电动机运行中的监视

电动机在运行过程中，要注意监视其运行状况，内容包括：

（1）电动机的温度是否过高，通风是否良好，有无冒火、冒烟现象，是否闻到焦臭味。

（2）电动机的电流是否过大或不平衡。

（3）电动机的电压是否正常，有无过高、过低或缺相。

（4）电动机的运行是否平稳，有无剧烈振动或异响。

（5）电动机的转速是否正常。

（6）传动机构是否正常。

（7）轴承的工作情况是否正常，有无异常声响或过热。

（8）绕线式电动机的电刷与滑环间是否有火花。

（9）机壳是否带电。

二、异步电动机的运行监视方法

异步电动机的运行监视主要通过视觉、听觉、嗅觉和触觉来完成。

1. 通过视觉进行外观检查

靠视觉可以发现下列异常现象：电动机外部紧固件是否有松动，零部件是否有毁坏，设备表面是否有油污、腐蚀现象；电动机的各接触点和连接处是否有变色、烧痕和烟迹等现象。发生这些现象原因是电动机局部过热、导体接触不良或绕组烧毁等；仪表指示是否正常。电压表无指示或不正常，则表明电源电压不平衡、熔丝烧断、转子三相电阻不平衡、单相运转、导体接触不良等。电流表指示过大，则表明电动机过载、轴承故障、绕组匝间短路等。电动机停转的原因有：电源停电、单相运转、电压过低、电动机转矩太小、负载过大、电压降过大、轴承烧毁、机械卡住等。

2. 靠听觉可以听到电动机的各种杂音（采用听诊棒）

其中包括电磁噪声、通风噪声、机械摩擦声、轴承杂音等，从而可判断出电动机的故障原因。引起噪声大的原因在机械方面有：轴承故障、机械不平衡、紧固螺钉松动、联轴器连接不符合要求、定转子铁心相擦等；在电气方面有：电压不平衡、单相运行、绕组有断路或击穿故障、起动性能不好、加速性能不好等。

3. 靠嗅觉可以发现焦味、臭味

造成这种现象的原因是：电动机过热、绕组烧毁、单相运转、绕组故障、轴承故障等。

4. 靠触觉用手摸机壳表面可以发现电动机的温度过高和振动现象

造成电动机温度过高的原因是：过载、冷却风道堵塞、单相运转、匝间短路、电压过高或过低、三相电压不平衡、加速特性不好使起动时间过长、定子和转子相擦、起动器接触不良、频繁起动和制动或反接制动、进口风温度过高、机械卡住等。

造成振动的原因是：机械负载不平衡、各紧固部件有松动现象、电动机基础强度不够、联轴器连接不当、气隙不均或混入杂物、电压不平衡、单相运转、绕组故障、轴承故障等。

📖 模块小结

电动机在运行中的状况，可以通过电动机线路电流的大小、温升的高低、声响的差异等多方面特征表现出来。因此，电动机的运行监视成为了延长电动机使用寿命，提高生产效益的根本保证。运行人员可以通过自己的眼、耳、手、鼻等感觉器官和借助仪表、工具对起动前、起动时和运行中的电动机状态加以检测和监视。当发现不正常的情况时，应及时停机检查，排除故障。

📝 思考与练习

（1）电动机运行中的监视内容包括哪些？

（2）电动机在起动前的检查内容有哪些？

模块 13　异步电动机的维护

⚫ 模块描述

本模块简单介绍了电动机日常维护检查方法、例行维护检查项目、检修项目及检修周期。

为了保证电机正常工作，除了按操作规程正常使用、运行过程中注意正常监视和巡视外，还应该进行定期检查，做好电机维护保养工作。这样可以及时消除一些毛病，防止故障发生，保证电机安全可靠地运行。定期维护的时间间隔可根据电机的形式考虑使用环境决定。

一、异步电动机的定期维护

异步电动机的定期维护项目主要有以下一些方面。

（1）清擦电动机。及时清除电动机机座外部的灰尘、油泥。如使用环境灰尘较多，最好每天清扫一次。

（2）检查和清擦电动机接线端子。检查接线盒接线螺丝是否松动、烧伤。

（3）检查各固定部分螺丝，包括地脚螺丝、端盖螺丝、轴承盖螺丝等。将松动的螺母拧紧。

（4）检查传动装置、检查传送带轮或联轴器有无破裂、损坏，安装是否牢固；传送带及其连接扣是否完好。

（5）电动机的起动设备，也要及时清擦外部灰尘、泥垢，擦拭触头，检查各接线部位是否有烧伤痕迹，接地线是否良好。

（6）轴承的检查与维护。轴承在使用一段时间后应该清洗，更换润滑脂或润滑油。清洗和换油的时间，应随电动机的工作情况、工作环境、清洁程度、润滑剂种类而定，一般每工作 3～6 个月，应该清洗一次，重新更换润滑脂。油温较高时，或者环境条件差、灰尘较多的电动机要经常清洗、换油。

（7）绝缘情况的检查。绝缘材料的绝缘能力因干燥程度不同而异，所以检查电动机绕组的干燥是非常重要的。电动机工作环境潮湿、工作间有腐蚀性气体等因素存在，都会破坏电绝缘。最常见的是绕组接地故障，即绝缘损坏，使带电部分与机壳等不带电的金属部分相碰，发生这种故障，不仅影响电动机正常工作，还会危及人身安全。所以，电动机在使用中，应经常检查绝缘电阻，还要注意查看电动机机壳接地是否可靠。

（8）除了按上述几项内容对电动机进行定期维护外，要根据电动机的实际运行情况制定检修计划，安排检修内容。

二、异步电动机的检修项目及周期

电动机的检修包括小修、中修和大修，检修项目和周期如下。

1. 小修项目

（1）电动机吹风清扫，做一般性的检查。

（2）更换局部电刷和弹簧，并进行调整。

（3）清理集电环，检查和处理局部绝缘的损伤，并进行修补工作。

（4）清洗轴承，进行检查和换油。

（5）处理绕组局部绝缘故障，进行绕组绑扎加固和包扎引线绝缘等工作。

（6）紧固所有的螺钉。

（7）处理松动的槽楔和齿端板。

（8）调整风扇、风扇罩，并加固。

2. 中修项目

（1）包含全部小修项目内容。

（2）对电动机进行清扫和清洗干燥，更换局部线圈和修补加强绕组绝缘。

（3）电动机解体检查，处理松动的线圈和槽楔以及各部的紧固零件。

（4）刮研轴瓦，对轴瓦进行局部补焊，更换滑动轴承的绝缘垫片。

（5）更换磁性槽楔，加强绕组端部绝缘。

（6）更换转子绑箍，处理松动的零部件，进行点焊加固。

（7）转子做动平衡试验。

（8）改进机械零部件结构并进行安装和调试。

（9）修理集电环，对铜环进行车削、磨削加工。

（10）做检查试验和分析试验。

3. 大修项目

（1）包含全部中修项目内容。

（2）绕组全部重绕更新。

4. 检修周期

异步电动机的检修周期见表 1 - 3。

表 1 - 3　　　　　　　　　　　　　异步电动机的检修周期

类别	电动机类型	大修（年）	中修（年）	小修（年）
1 类	Y、JB、YSQ、JSQ 等系列及其他类似型号的电动机，连续运行的中小型异步电动机	7～10	2	1
2 类	JRQ、YR、YRQ 等系列及类似型号电动机，连续运行的中小型绕线式电动机	10～12	2	1
3 类	短期反复运行、频繁起、制动的电动机	3～5	2	0.5
4 类	交变流机组、原动机、轧钢异步电动机以及大中型异步电动机	20～25	4～5	0.5

■ 模块小结

在电动机的使用过程中，相应的维护及保养是非常有必要的。电动机维护的要点是及早发现设备的异常状态，及时进行处理，防止事故扩大。电动机的定期维护检查须按照检查项目进行。

为保证电动机有良好的工作状态，应根据工作实际，结合检修周期安排计划检修。

思考与练习

（1）电动机的定期维护保养包括哪些方面的内容？

（2）电动机的例行维护检查项目包括哪些？

模块 14　异步电动机的常见故障及处理

● 模块描述

本模块简介三相异步电动机的常见故障类型、原因分析和处理方法等。

电动机在运行中会发生各种故障，有电气方面的，也有机械方面的。正确处理故障，不使故障范围扩大，降低故障损失，是一种非常重要的技能。

一、异步电动机的常见故障

电动机在运行中可能发生故障，这些故障既可能是电气方面又可能是机械方面的。电气方面的故障包括定子绕组、转子绕组、断路器、熔断器、电缆及控制回路等的损坏。机械方面的故障包括电动机的轴承、风叶、机壳及端盖等的损坏。有一些故障是潜伏性的，不需要立即停止电动机的运行，运行人员应加强监视和维护。有一些故障是突发性的，需将电动机紧急停用。

值班人员一旦发现电动机运行异常时，就一定要判断准确，正确处理。若不及时处理，则不仅造成电动机本身事故，而且可能扩大事故。

二、异步电动机常见故障现象、原因及处理方法

下面将异步电动机的常见电气类故障、机械类故障的故障现象、原因及处理方法分别列于表1-4、表1-5。

表1-4　　　　　　　　　　　异步电动机的常见电气故障及处理方法

故障现象	可 能 原 因	处 理 方 法
电动机不能起动，且没有任何声响	(1) 电源未接通； (2) 绕组断路； (3) 绕组接地或相间短路； (4) 绕组接线错误； (5) 开关或起动设备有两相以上接触不良； (6) 熔体烧断； (7) 过电流继电器整定值太小	(1) 检查开关、熔丝各对触点及电动机引出线头，接通电源； (2) 将断路部位加热使漆软化，然后将断线挑起，用同规格线将断掉部分补焊后，包好绝缘，再经涂漆，烘干处理； (3) 处理办法同上，只是将接地或短路部位垫好绝缘，然后涂漆烘干； (4) 核对接线图，重新按正确接法接好； (5) 查出接触不良处，予以修复； (6) 查出原因，排除故障，按电动机规格配新熔体； (7) 适当调高整定值
电动机接入电源后，熔丝被烧断	(1) 单相起动； (2) 电动机负载过大或被卡住； (3) 熔体截面积过小	(1) 检查电源线、电动机引出线、熔断器、开关各对触点，找出断线或假接故障后进行修复； (2) 将负载调至额定值，并排除被拖动机构故障； (3) 熔体对电动机过载不起保护作用，一般应按下式选择熔体，熔体额定电流＝堵转电流/(2～3)
电动机不能起动且有嗡嗡声响	(1) 电源未能全部接通； (2) 熔丝熔断一相； (3) 星形接法电机绕组有一相断线，三角形接法绕组有一相或两相断线； (4) 改极重绕后，槽配合选择不当； (5) 绕组引出线始末端接错或绕组内部接反； (6) 电压太低	(1) 用万用表检查电源线断线或假接故障，然后查出断线处，重新接好修复； (2) 更换熔丝； (3) 检查绕组断线处，重新修好； (4) 选择合理绕组形式和绕组节距；适当车小转子直径；重新计算绕组参数； (5) 在定子绕组中通入直流，检查绕组极性；判定绕组首末端是否正确； (6) 提高电压，如加粗电源导线、调节变压器分接开关
电动机外壳带电	(1) 电源线与接地线搞错； (2) 外壳没有可靠接地； (3) 电动机绕组受潮，绝缘严重老化； (4) 引出线与接线盒接头的绝缘损坏碰地； (5) 线圈端部碰端盖接地	(1) 纠正错误； (2) 将外壳可靠接地； (3) 电动机烘干处理；老化的绝缘要更新； (4) 套一绝缘套管或包扎或更新引出线绝缘；修理接线盒； (5) 拆下端盖，检查接地点。线圈接地点要包扎、绝缘和涂漆

续表

故障现象	可 能 原 因	处 理 方 法
起动困难，加额定负载后，电动机转速比额定转速低	(1) 电源电压过低； (2) △连接绕组误接成Y连接； (3) 绕线转子电刷或起动变阻器接触不良； (4) 电动机过载	(1) 调整电压或等线路电压正常时再使用； (2) 将Y连接改为△连接； (3) 检修电刷与起动变阻器接触部位； (4) 减轻负载
绝缘电阻降低	(1) 潮气浸入或雨水滴入电动机内； (2) 绕组上灰尘污垢太多； (3) 引出线和接线盒接头的绝缘损坏； (4) 电动机过热后绝缘老化	(1) 用绝缘电阻表检查后，进行烘干处理； (2) 清除灰尘、油污后，浸渍处理； (3) 重新包扎引出线接头； (4) 经鉴定可以继续使用时，可经清洗干燥，重新涂漆处理；如果绝缘老化，则需更换绝缘
电动机运行时有杂音，不正常	(1) 轴承损坏或润滑油严重缺少、油中有杂质等； (2) 气隙不均匀，定转子相擦； (3) 定、转子铁心松动； (4) 轴承磨损，有故障； (5) 电动机断相运转； (6) 绕组有短路或接地； (7) 电源电压过低； (8) 电压太高或三相电压不平衡； (9) 转子笼条和端环断裂	(1) 更换或清洗轴承并换新油，使其充满轴承室净容积的1/2～1/3； (2) 调整气隙，提高装配质量； (3) 检查振动原因，重新压装铁心进行处理； (4) 检修或更换新轴承； (5) 检查线路、绕组断线或接触不良处； (6) 检查短路、接地处，重新修好； (7) 设法调整电压或等线路电压正常时再使用； (8) 检查电压过高和不平衡原因并处理； (9) 转子重新铸铝或更换转子
电动机过热或冒烟	(1) 电源电压过高，使铁心磁通密度过饱和，造成电动机温升过高； (2) 电源电压过低，在额定负载下电动机温升过高； (3) 定、转子铁心相擦； (4) 绕组表面沾满尘垢或异物，影响电动机散热； (5) 绕组匝间短路、相间短路以及绕组接地； (6) 风扇故障，通风不良； (7) 电动机两相运转； (8) 绕组接线错误	(1) 如果电源电压超标准很多，应与供电部门联系解决； (2) 若因电源线电压降过大而引起，则可更换较粗的电源线；如果是电源电压太低，则可向供电部门联系，提高电源电压； (3) 检查故障原因如果轴承间隙超限，则应更换新轴承； (4) 清扫或清洗电动机，并使电动机通风沟畅通； (5) 检查短路、接地处，重新修好； (6) 检查电动机风扇是否损坏，扇叶是否变形或未固定好，必要时更换风扇； (7) 检查熔丝、开关接触点，排除故障； (8) Y连接电动机误接成△连接，或△连接电动机误接成Y连接要改正接线
绕组接地故障	(1) 电动机长期过载，绝缘老化变质引起绝缘对地击穿； (2) 输电线雷击过电压或操作过电压击穿绝缘； (3) 由于线圈短路烧焦绝缘，造成对地故障	(1) 调整负载或更换容量适合的电动机，避免局部过热； (2) 增添或检查防雷保护装置； (3) 检查短路原因，拆除部分线圈，补加绝缘或浸漆烘干处理

续表

故障现象	可 能 原 因	处 理 方 法
绕组断路	（1）线圈端部受到机械力、电磁力的作用，导致导线焊接点开焊； （2）焊接工艺不当，焊接点过热引起开焊	（1）检查焊接点，重新补焊或加强绕组端部的固定措施； （2）严格按焊接工艺操作
绕组短路	（1）绕组绝缘老化； （2）遭受机械力、电磁力作用后绝缘受损	（1）更换绕组或有关部位的绝缘； （2）局部补强或更换绕组、绝缘，然后再进行浸漆烘干
泄漏电流大	（1）电动机受潮； （2）绝缘表面有油垢、粉尘； （3）绝缘老化	（1）清理后将绕组烘干； （2）清扫或洗涤绕组绝缘； （3）更换绝缘
电动机着火	内部绕组短路故障	立即切断电动机电源后灭火，在灭火时应特别注意： （1）使用灭火器时，只有在着火时方可进行，稍有冒烟或焦味时不可进行； （2）灭火时使用四氯化碳、二氧化碳或干粉灭火器灭火，严禁将大股水注入电动机内或使用砂子灭火

表1-5　　　　　异步电动机的常见机械故障及处理方法

故障现象	可 能 原 因	处 理 方 法
电动机有不正常的振动	（1）轴承磨损，间隙不合格； （2）气隙不均； （3）转子不平衡； （4）定、转子相擦； （5）机壳强度不够或安装不平； （6）基础强度不够或安装不平； （7）笼式转子开焊、短路； （8）转子笼条或端环断裂	（1）检查轴承间隙； （2）调整气隙，使符合规定； （3）检查原因，经过清理，紧固各部螺栓后校动平衡； （4）找出相擦原因，予以排除； （5）找出薄弱点，进行加固，增加机械强度； （6）将基础加固，并将电动机地脚找平，垫平，最后紧固； （7）进行补焊或更换笼条； （8）重新铸铝或另换转子
轴承过热	（1）传动传送带过紧； （2）润滑脂过多或过少； （3）润滑脂质量不好，含杂质； （4）轴承盖偏心，与轴相擦； （5）电动机与传动机构连接偏心或传动带过紧； （6）轴承型号选小，过载，使滚动体承受载荷过大； （7）轴承间隙过大或过小	（1）调整传送带使之松紧适当； （2）按规程要求加润滑脂； （3）更换洁净润滑脂； （4）修理轴承内盖，使之与地轴的间隙合适； （5）校准电动机与传动机构连接的中心线，并调整传动带的张力； （6）选择合适的轴承型号； （7）更换新轴承

■■■ 模块小结

　　三相异步电动机的故障主要分为两大类，即电气类故障和机械类故障。

　　三相异步电动机在运行过程中，经常会出现各种各样的故障。因此，如何提高三相异步电动机运行的可靠性、使用寿命及工作效率，以及对发生的故障做出准确的判断，采取正确的处理方法，是保证生产平稳运行的重要手段。

> ◢◣ 思考与练习
>
> 　　（1）异步电动机过热有哪些原因？
>
> 　　（2）异步电动机出现不正常的振动和噪声主要有哪些原因？
>
> 　　（3）电动机外壳带电的原因是什么？常见处理方法有哪些？

第二部分　电力变压器

变压器是借助于电磁感应，以相同的频率在两个或更多的绕组之间变换交流电压和电流

的一种静止电器。变压器在国民经济各个领域中的应用十分广泛，而且种类繁多。

用于电力系统中传输或分配电能的变压器称为电力变压器，如图 2-1 所示。在电源端，用电力变压器将发电机电压升高以减小输电线路的电流，如将发电机的出口电压 20kV 升高到 220kV（或 500kV 甚至更高）；在负载端，用电力变压器将电压逐级降低至 10kV、380V 等以供给用电客户使用，如电动机、电器和电灯等。因此，电力系统中电力变压器的总容量和设备台数要比发电机的装机容量和台数多很多，大约为 8～10 倍。

图 2-1　三相电力变压器

油浸式变压器仍是使用最多的电力变压器。近些年来干式变压器的容量和电压等级也不断增大，在特定场合的中小型变压器上应用越来越多。

第一单元　变压器基本知识

模块1　变压器基本工作原理和铭牌

🔵 模块描述

本模块介绍变压器的基本工作原理和电力变压器铭牌。为了便于学习理解变压器的工作原理，本模块介绍单相双绕组变压器原理，但铭牌中的型号、额定值的含义为普通三相电力变压器。

一、变压器基本工作原理

变压器一般具有两个绕组，套装在同一个铁心上，两个绕组分别与电源和负载相连。连接电源的绕组称为一次绕组，连接负载的绕组称为二次绕组。有关一次绕组的各量均用下标"1"表示，二次绕组的各量均用下标"2"表示。两个绕组中匝数多的为高压绕组，匝数少的为低压绕组。两个绕组间、绕组与铁心间是相互绝缘的。

变压器简单工作原理如图 2-2 所示。当一次绕组接上电压为 u_1 的交流电源时，一次绕组中将

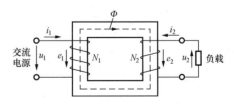

图 2-2　变压器简单工作原理图

有交流电流 i_1 流过，变压器从电网中输入功率。电流在铁心中建立与电源电压同频率的交变磁通 Φ，该磁通同时交链一、二次绕组。根据电磁感应定律，在绕组中同时感应出交变电动势 e_1 和 e_2，感应电动势的大小正比于各绕组的匝数 N_1 和 N_2。将 e_2 引出即得到变压器输出电压 u_2，接上负载将有电流 i_2 通过，因此从二次绕组输出功率到负载，达到由电源经变压器传递电能的目的。

二、电力变压器铭牌

每一台变压器上都装有铭牌，上面标注着变压器的型号、额定值及其他数据，如图 2-3 所示。

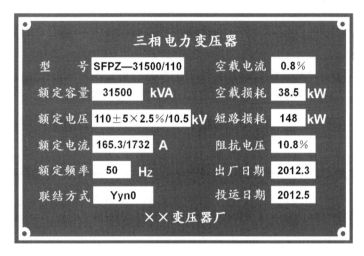

图 2-3 电力变压器铭牌

1. 型号和分类

国产变压器的型号由字母和数字两部分组成，字母代表变压器的基本结构特点和冷却方式等，数字代表额定容量和高压侧额定电压。

例如，三相强迫油循环风冷三绕组有载调压自耦变压器的型号表示为：

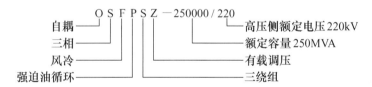

变压器主要类型与型号字母含义如下。

按绕组耦合方式分为独立（不标）、自耦（O）。

按相数分为单相（D）、三相（S）。

按冷却方式分为自冷式（不标）、风冷式（F）、水冷式（S）。

按油循环方式分为自然循环（不标）、强迫油循环（P）。

按绕组数分为双绕组（不标）、三绕组（S）。

按调压方式分为无励磁调压（不标）、有载调压（Z）。

按线圈导线材质分为铜（不标）、铜箔（B）、铝（L）、铝箔（LB）。

按绕组外绝缘介质分为变压器油（不标）、空气（G）、SF_6 气体（Q）、环氧树脂成形（C）。

2. 额定值

变压器制造厂和设计部门按照国家标准，对变压器正常工作时所规定的一些量值，称为额定值。额定值一般标注在铭牌上，也称为铭牌数据。变压器在额定状态下运行称为额定运行，变压器在额定运行时，可以保证长期可靠地工作，并具有良好的运行性能。变压器的额定值主要有以下几个。

(1) 额定容量 S_N。变压器的额定容量指的是在铭牌所规定的额定状态下，变压器输出的额定视在功率。电力变压器的容量大小用 kVA 或 MVA 来表示。对于三相变压器而言指的是三相的总容量。由于变压器的效率较高，故通常认为双绕组变压器的输入和输出容量相等。

(2) 额定电压 U_{1N} 和 U_{2N}。一次侧额定电压 U_{1N} 为正常运行时规定加到一次侧的电压；二次侧额定电压 U_{2N} 是指当一次侧电压为额定值时，二次侧空载（开路）时的电压。额定电压的单位为 V 或 kV。对于三相变压器，额定电压指的是线电压。

电力变压器是接在电网上运行的，因此，变压器一次侧的额定电压一般与电网的标准电压等级相同，如 0.38、3、6、10、35、110、220、500kV 和 1000kV 等。

由于电流在输电线路阻抗及变压器内阻抗上会产生电压降，为保证负载得到标准电压值，电力变压器二次侧的额定电压值比标准电压值高 5% 或 10% 左右。对于高压侧电压在 35kV 及以下、二次侧线路较短、短路阻抗百分数在 7.5% 及以下的变压器采用 5%，否则采用 10%。例如，一台发电机出口端所接升压变压器的额定电压为 121kV/20kV，其中一次侧电压 20kV 为发电机的出口电压，二次侧电压为 121kV，比电压等级标准值 110kV 提高了 10%；一台配电用降压变压器的额定电压为 10kV/0.4kV，其中一次侧电压 10kV 为电压等级标准值，二次侧电压 0.4kV 则比电压等级标准值提高了 5%，供给 380V 的用户使用。

(3) 额定电流 I_{1N} 和 I_{2N}。变压器在额定状态运行时的电流称为额定电流，单位为 A 或 kA。对于三相变压器，额定电流指的是线电流。

额定电流与额定容量、额定电压的关系为

单相变压器 $$S_N = U_{1N}I_{1N} = U_{2N}I_{2N} \tag{2-1}$$

三相变压器 $$S_N = \sqrt{3}U_{1N}I_{1N} = \sqrt{3}U_{2N}I_{2N} \tag{2-2}$$

(4) 额定频率 f_N。额定频率 f_N 指的是变压器使用的规定频率，我国的工业频率为 50Hz，故 $f_N = 50Hz$。

此外，铭牌上还有额定温升、效率、短路阻抗百分数、接线图、联结组、调压方式、冷却方式、空载电流、空载损耗、短路损耗、油重和总重量等数据。

▐▐▐ 模块小结

变压器是借助于电磁感应，以相同的频率在两个或更多的绕组之间变换交流电压和电流的一种静止电器。

电力变压器的铭牌中主要有型号、额定值和技术参数等，变压器根据不同的类型，有多种分类方法。

变压器的额定电压与标准电压等级有区别，为满足用电客户的电压要求，一般应使变压器输出额定电压略高于标准电压。

掌握变压器的几个主要额定值的物理意义，并注意额定容量与一、二次侧额定电压和额定电流之间的关系。

思考与练习

（1）电力变压器的主要用途是什么？变压器是根据什么原理进行电压变换的？

（2）何谓电网的标准电压等级？为什么电力变压器二次侧的额定电压略高于标准电压等级电压？

（3）一台单相变压器，$S_N = 50\text{kVA}$，$U_{1N}/U_{2N} = 10/0.23\text{kV}$，试求一、二次侧额定电流。

（4）一台三相变压器，$S_N = 120\text{MVA}$，$U_{1N}/U_{2N} = 110/10.5\text{kV}$，一、二次侧分别为星形和三角形连接，试求一、二次侧的额定线电流和相电流。

模块 2 三相电力变压器基本结构

模块描述

本模块介绍三相电力变压器基本结构，主要介绍油浸式电力变压器各部件构成及主要作用，简介干式变压器的基本结构。

各种变压器的基本结构大同小异，以下以普通油浸式电力变压器为例，介绍变压器的基本结构和主要部件。

油浸式电力变压器的绕组和铁心浸放在油箱中，高低压绕组的端点经绝缘套管引出，与外部线路相连接，油箱内装满变压器油，此外还装设有一些冷却和保护装置，其整体结构如图 2-4 所示。

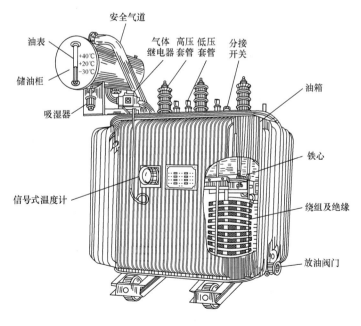

图 2-4 油浸式电力变压器整体结构图

油浸式电力变压器主要包括五个部分：器身、油箱、出线装置、冷却装置和保护装置。

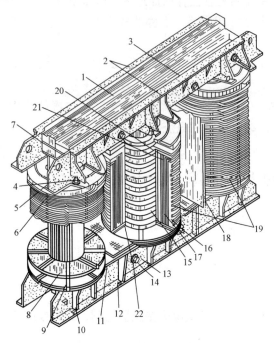

图 2-5　变压器器身结构

1—铁轭；2—上夹件；3—上夹件绝缘；4—压钉；5—绝缘线圈；
6—连接片；7—方铁；8—下铁轭绝缘；9—平衡绝缘；
10—下夹件加强筋；11—下夹件上肢板；12—下夹
件下肢板；13—下夹件腹板；14—铁轭螺杆；
15—铁心柱；16—绝缘纸筒；17—油隙撑条；
18—相间隔板；19—高压绕组；20—角环；
21—静电环；22—低压绕组

一、器身

变压器的器身主要指变压器的铁心和绕组，另外还包括绕组绝缘、高低压绕组引线和分接开关等。器身是变压器最基本的部件，变压器的功能就是通过器身来实现的。变压器器身结构如图2-5所示。

1. 绕组

绕组是变压器的电路部分。绕组一般由用纸或纱布等绝缘材料包裹的铜线或铝线绕制而成，其线型有扁线和圆线两种，大型电力变压器绕组采用多层扁线绕制。制成绕组的各线圈呈圆柱形，因这种形状的绕组绕制比较方便，而且在电磁力的作用下有较好的机械性能，不易变形。

变压器高、低压绕组之间的相对位置有同心式和交叠式两种不同的排列方式。同心式就是将高、低压绕组同心地套在铁心柱上，为便于绝缘，通常将低压绕组靠近铁心，高压绕组则套在低压绕组外面。同心式绕组结构较简单，制造方便，电力变压器多数采用这种型式。同心式又可分为圆筒式、螺旋式、连续式和纠结式等几种型式，如图2-6所示。

交叠式则将高、低压绕组沿铁心柱高度方向交叠地放置，为减小绝缘距离，通常将低压绕组靠近铁轭。交叠式绕组机械强度较高，引出线布置方便，易做成多条并联支路，多用在低电压大电流的电焊、电炉变压器及壳式变压器中。

2. 铁心

铁心用来构成变压器的主磁路，又是它的机械骨架。铁心分为心柱和铁轭两部分，如图2-7所示。心柱用来套高、低压绕组，铁轭将各心柱连接起来，构成完整的闭合磁路。根据结构型式，铁心又分成心式和壳式两种。由于心式变压器结构比壳式简单，绝缘较易处理，故电力变压器的铁心一般采用心式结构。壳式变压器结构比较坚固，但制造工艺较复杂，绝缘处理较困难，一般用于单相变压器。

铁心在叠装时多采用交叠式装配，如图2-8所示。铁心柱的截面一般做成多级阶梯形，以充分利用绕组内圆空间。大型变压器铁心中还留有油道，用来改善铁心内部的散热条件，称为导向冷却技术，如图2-9所示。

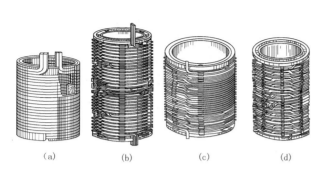

图 2-6 同心式绕组的型式

(a) 圆筒式；(b) 螺旋式；(c) 连续式；(d) 纠结式

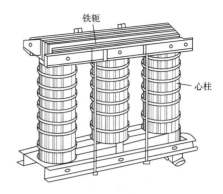

图 2-7 三相心式铁心

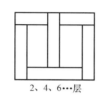

图 2-8 铁心装配叠片

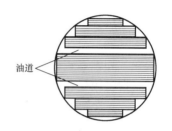

图 2-9 铁心柱的截面

为了提高磁路的导磁性能，减小涡流和磁滞损耗，变压器的铁心用表面涂有很薄绝缘漆的硅钢片叠制而成。目前，较大容量的变压器多采用冷轧高导磁晶粒取向硅钢片，其厚度一般为 0.23～0.5mm，可以有效降低铁心损耗与噪声。另外，冷轧硅钢片采用全斜接缝，可进一步减小变压器的附加损耗。

变压器的铁心位于变压器内部电磁场中，运行时在铁心及其他金属附件中会感应出电动势，当电动势的值超过一定值时，则会在铁心与接地油箱之间发生击穿或局部放电现象。为避免这种内部放电，铁心必须接地，且只允许有一点接地。小型变压器铁心从油箱内连接到油箱上，经油箱接地点接地；大型变压器铁心连接到油箱顶部接地小套管上，通过小套管从油箱壁外侧接地。互相绝缘的铁心片是通过片间电容接地的。

3. 分接开关

变压器可采用改变绕组匝数的方法来调节二次侧的输出电压。由于高压侧电流较小，导线细，故变压器都是在高压绕组引出若干分接头（抽头）进行调压。电力变压器的高压绕组上通常设有 $\pm 1.25\%$、$\pm 1.5\%$、$\pm 2.5\%$ 等级别的分接头，例如 $220\text{kV} \pm 8 \times 1.25\%\text{kV}$，说明共有 $2 \times 8 + 1 = 17$ 个分接头，在额定电压 220kV 的基准上，每改变一级分接头可增加或减少高压绕组匝数的 1.25%，即可减少或增加二次侧额定电压值的 1.25%。

用以切换分接头的装置叫分接开关，图 2-10 所示为高压分接开关。分接开关又分为无励磁分接开关和有载分接开关。无励磁分接开关必须在变压器切除电源的情况下切换，装置比较简单，多用于大容量高压变压器；有载分接开关可以在变压器通电带负荷的情况下进行切换，但由于切换分接开关时需要进行灭弧处理，故装置复杂，多用于中小容量电力变压器。

图 2-10 分接
开关

4. 绝缘

变压器的绝缘可分为外绝缘和内绝缘。外绝缘是指油箱外部的绝缘，如各个绝缘套管带电部分彼此之间和对地绝缘。内绝缘是指油箱内部的绝缘，通常以变压器油（或绝缘气体）和绝缘纸板、绝缘纸为绝缘介质，其中各相绕组之间及各相绕组对地的绝缘称为主绝缘，同一相绕组内不同线段间、层间、匝间的绝缘称为纵绝缘。内绝缘根据电压等级的高低，可采用全绝缘和分级绝缘两类不同的方式。全绝缘是指变压器绕组中性点的主绝缘和绕组出线端具有相同的绝缘水平，分级绝缘是指变压器绕组中性点的主绝缘低于绕组出线端的绝缘水平，我国电压等级为 110kV 及以上的变压器通常采用分级绝缘。

二、油箱和变压器油

油浸式电力变压器的器身是装在用钢板焊制成的油箱中。油箱一般为椭圆柱体状，有较高的机械强度。20kVA 以下的变压器常采用平板或波纹油箱；中小型变压器在油箱壁上焊接圆形或扁形散热管以增加散热面积，称为管式油箱；大型变压器将散热管组成整体的散热器（或称为冷却器），称为散热器式油箱。

油箱分箱式和钟罩式，箱式即将箱壁与箱底制成一体，器身置于箱中，检修时需将器身吊出；钟罩式即将箱盖和箱体制成一体，罩在铁心和绕组上。为了检修方便，变压器器身重量大于 15t 时，通常做成钟罩式油箱，检修时只需把上节油箱吊起即可露出器身。

变压器油箱中充满了专用变压器油，分为三种规格：10 号、25 号、45 号油。变压器油的主要作用一是绝缘，二是散热。变压器油比空气的绝缘强度高，且油是液体可充满变压器内部的空隙将空气排除，以避免部件因与空气接触受潮而引起的绝缘强度降低，所以变压器油提高了变压器的绝缘强度。通过冷热油的自然对流作用或强迫油循环的方法，变压器油可以将绕组和铁心在运行中产生的热量传给冷却装置，进行散热。另外，变压器油还能起熄灭电弧的作用。

变压器油是一种矿物油，要求十分纯净，良好的新油是清澈透明的淡黄色，也有颜色很淡几乎近于白色的。水分对绝缘强度的影响很大，变压器油长期与含有水分的空气接触会因氧化作用使油发生老化变色混浊，降低绝缘性能。运行中变压器油因受热产生的杂质过多会堵塞油道影响散热。所以经常要对运行中的变压器油进行去潮、去杂处理，并定期进行全面的色谱分析和油质检验。

变压器油箱内还装有温度计，用来测量油箱的上层油温，以监视油的温升情况。大型变压器的温度计还可进行温度控制，当油温到一定值时可分批起动散热器的风扇，以加大散热力度。

三、出线装置

出线装置即绝缘套管，由中心导电杆、瓷瓶两部分组成。导电杆穿过变压器油箱顶部，将油箱中的绕组端头连接到外部电路，如图 2-11 所示。

1kV 以下出线采用简单的实心瓷质套管，10～35kV 出线采用空心充气或充油套管，110kV 及以上的则采用电容式充油套管。为了增大表面放电距离，高压绝缘套管外形做成多级伞状，电压越高级数越多。

从外观上看，一台变压器上的高压套管和引出线相对长而

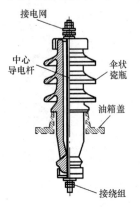

接电网
中心
导电杆
伞状
瓷瓶
油箱盖
接绕组

图 2-11　35kV 充油式套管

细，低压套管和引出线相对短而粗。

四、冷却装置

电力变压器的铁心和绕组在运行时会产生热量。变压器油通过自然对流带到油箱壁或散热管，再通过空气对流方式散发出去，称为油浸自冷式；大型电力变压器在散热器上装有多组风扇给油箱壁或散热管吹风，称为油浸风冷式；利用油泵加快油的循环流动，将热油从油箱上部抽入冷却器（散热器），冷却后的油再被送回变压器油箱底部，这种方式称为强迫油循环冷却，而冷却器可以用风扇冷却或循环水冷却。巨型变压器还可采用导向冷却技术，即在高低压绕组和铁心内部设有一定的油路，使进入油箱内的冷却油流全部通过绕组和铁心的内部表面而流出，从而改善了上下热点温差，提高了散热效果。

冷却方式除在型号上有所表示外，有的在铭牌上也用冷却方式标志表示，见表 2-1。

表 2-1　　　　　　　　　　　　电力变压器常用冷却方式

变压器分类	冷却方式	冷却方式标志	适用范围	特征
油浸变压器	油浸自冷	ONAN	31 500kVA 及以下、35kV 及以下变压器 50 000kVA 及以下变压器	无需冷却动力，维护简单、维护费用和造价低
	油浸风冷	ONFN	12 500～63 000kVA、35～110kV 变压器 75 000kVA 及以下、110kV 变压器 40 000kVA 及以下、220kV 变压器	对容量较大的变压器有较好的冷却效果，冷却功率最小；比较经济，维护工作量及费用较少
	强迫油循环风冷	OFAF	50 000～180 000kVA、220kV 变压器 63 000～160 000kVA、110kV 变压器	对大容量变压器有良好的冷却效果，冷却装置功率较大；维护工作量及费用略大
	强迫导向油循环风冷	ODAF	180 000kVA 及以上、220kV 变压器 330kV 和 500kV 变压器	特大型变压器采用，冷却装置功率大；维护工作量及费用大
	强迫（导向）油循环水冷	OFWF（ODWF）	一般在水力发电厂的升压变压器使用	装置结构较复杂，特别要慎防水渗入油中，维护工作量及费用大
干式变压器	空气自冷	ANAN	630kVA 及以下、10（或 6）kV 变压器	结构简单，无冷却动力；维护工作量及费用小
	空气风冷	ANAF	630kVA 及以上、10kV 变压器 35kV 变压器	结构略为复杂，需冷却动力；维护工作量及费用略大

五、保护装置

1. 储油柜

在变压器油箱上方旁侧装设一圆筒形的储油柜（也称油枕），与油箱之间用管道相连，如图 2-12 所示。

变压器油一直充到储油柜的一半左右，储油柜上有标尺显示油位。储油柜的作用有两个：一是当油温变化时调节油量，保证油箱内始终充满油；二是减小油与空气的接触面，减缓油受潮及老化的速度。大型变压器还使用胶囊式或隔膜式储油柜，利用胶囊或橡胶隔膜将油与空气更好地隔离，胶囊底部或隔膜贴附在油面上，可随着油面的变化而上下浮动。

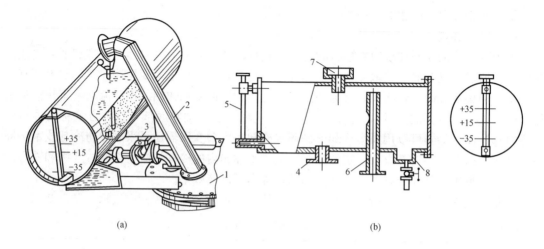

(a)　　　　　　　　　　　　　　　　　(b)

图 2-12　储油柜

(a) 全视图；(b) 剖面图

1—油箱；2—安全气道；3—气体继电器；4—气体继电器连通管；

5—油位计；6—呼吸器连通管；7—注油孔；8—集污盒

在储油柜上装设有吸湿器（也称呼吸器）与储油柜的上部空气相连，吸湿器中装有能吸潮的变色硅胶，可以吸收进入储油柜中空气的水分和过滤杂质。干燥的硅胶一般为白色或蓝色，吸收水分后变为粉红色。若粉红色硅胶达到 2/3 时应予以更换，以保证吸湿效果。

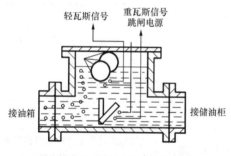

图 2-13　气体继电器示意图

2. 气体继电器

在储油柜与油箱的油连接管道上常装有气体继电器，如图 2-13 所示。当变压器内部发生短路类型故障时会产生高温，使变压器油被汽化产生气体，气体上升进入继电器的顶部空间，使油面下降，浮筒随之下降接通轻瓦斯信号报警。若发生严重短路故障时，则强大气体冲击挡板使其发生偏转，接通跳闸电源，将变压器电源切断并接通重瓦斯信号报警。

3. 安全气道和压力释放阀

安全气道也称为防爆管，装设在油箱顶部。在其出口处装有一定厚度的玻璃板或酚醛纸板制成的防爆膜。当变压器内部发生严重短路故障而气体继电器失灵时，大量气体使油箱内的压力迅速增加，油流和气体将冲破防爆膜向外喷出，以免油箱爆裂。防爆管动作后，需停电将其恢复。

压力释放阀的作用与防爆管相同，安装在油箱顶盖或油箱壁上。当气体压力过大达到 50kPa 时，气体顶开弹簧及控制阀释放气体，油气经导油罩喷出油箱，减小油箱内部压力至安全范围，压力正常后控制阀自动关闭，恢复原状。压力释放阀具有安全可靠、释放压力能预先检测等优点，现代电力变压器已普遍采用压力释放阀取代安全气道。

六、干式变压器简介

近些年来，干式变压器以清洁易维护、占地面积小的特点在中小型变压器的应用越来越多，主要应用在宾馆、大楼室内变电站、箱式变电站中，在火电厂的锅炉汽机、除灰除尘、脱硫用变压器等都是干式变压器，如图 2-14 所示。干式变压器变比多为 10（6）V/0.4kV，用于带额定电压为 220V 和 380V 的负载，容量以 315kVA 为多。干式变压器也向大容量高电压发展，现已有 2500kVA、35kV 干式变压器得以应用。

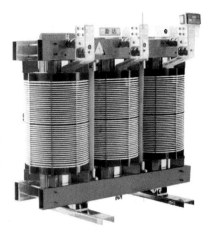

干式变压器的铁心结构是采用优质冷轧晶粒取向硅钢片，铁心硅钢片采用 45°全斜接缝，使磁通沿着硅钢片接缝方向通过。绕组以玻璃纤维增强环氧树脂浇注，即薄绝缘结构，能有效地防止浇注的树脂开裂，提高了设备的可靠性。高压绕组一般采用多层圆筒式或多层分段式结构，低压绕组一般采用层式或箔式结构。

图 2-14 干式变压器

📖 模块小结

变压器的主要部件是绕组和铁心，用来变换电压电流和传递电能。

变压器上的其他部件，都是为了保证变压器能安全、可靠地工作。油浸式电力变压器主要包括器身、油箱、出线装置、冷却装置和保护装置。

干式变压器结构简单，现主要用于配电网和发电厂的中小容量变压器。

📝 思考与练习

（1）油浸式变压器有哪些主要结构部件？简述各部件的作用。

（2）变压器油有哪些作用？对变压器油有些什么要求？

（3）从外观上看，一台变压器的高低压绝缘套管有哪些明显的不同？

（4）电力变压器有几种调压方式？各用于什么场合？

（5）分接开关装设在变压器的哪一侧？为什么？

（6）有载调压变压器在分接头切换时，在分接头上瞬间断开电流会出现电弧，怎样消除或削弱这种电弧？

（7）什么是变压器的全绝缘和分级绝缘？

（8）变压器铁心为什么要接地？一般采用什么方法接地？

模块3 三相变压器的磁路和电路

🔵 模块描述

本模块介绍三相组式和心式变压器的铁心结构，以及三相变压器的电路连接形式，简介单相和三相变压器的出线标志。

一、三相变压器的磁路

三相变压器按铁心结构的不同，可分为三相组式变压器和三相心式变压器两类。

三相组式变压器由三个尺寸完全相同的单相变压器组成，如图 2-15 所示。

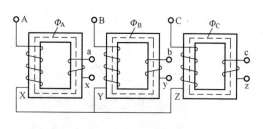

图 2-15 三相组式变压器

由于每相磁路是独立分开的，因此三相组式变压器的磁路特点是各相磁路互不关联。由于磁路的磁阻相同，当外施三相电压对称时，三相对称绕组的励磁电流也是对称的，产生的磁通和三相磁动势也是对称的。

根据三相对称磁通 $\dot{\Phi}_A + \dot{\Phi}_B + \dot{\Phi}_C = 0$ 的原理，可制成三相心式变压器。其铁心结构可以看成是从组式结构演变而来，如图 2-16 所示。

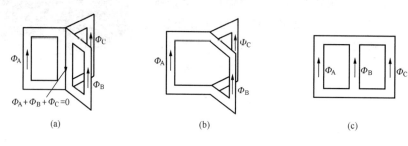

图 2-16 三相心式变压器的磁路

（a）三个铁心柱结合；（b）取消公共铁心柱；（c）三相心式铁心柱

由于公共铁心柱内的磁通为零，故可将公共铁心柱省去，并且将三相铁心柱布置在同一平面上，如图 2-16（c）所示。由于每相磁通都要借助另外两相的磁路实现闭合，因此心式结构磁路系统的特点是各相磁路相互关联。每相高、低压绕组绕制在同一铁心柱上（分别称为 A 柱、B 柱和 C 柱），如图 2-17 所示。

三相心式变压器与三相组式变压器相比，具有铁心耗材少、占地面积小、便于维护和变压器效率高等优点，因此目前在电力系统中使用最多的是三相心式变压器。但同容量三相变压器心式结构单台体积大，所以在大型变压器中以及运输条件受限制的地方，为了减少备用容量及为了便于运输，往往采用三相组式变压器。

在大型变压器中，有时出于安装及运输的考虑，需要降低铁心高度，心式变压器常采用三相三柱旁轭式铁心，或称为三相五柱式铁心，如图 2-18 所示。这种铁心中上下铁轭的截面及高度可缩小为原来的 $1/\sqrt{3}$ 倍。由于三相五柱式铁心中各相磁通可经旁轭闭合，故三相磁路可看作是彼此独立的，这个特点与组式变压器相同。

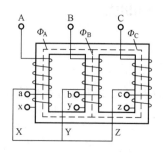

图 2-17 三相心式变压器

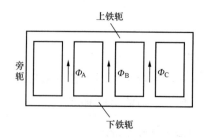

图 2-18 三相五柱式铁心

二、三相变压器的电路联结

三相绕组是三相变压器的电路部分，有多种联结方式，普通电力变压器的三相绕组有两种联结方式，即星形联结和三角形联结。

三相绕组星形联结时，将其三个尾端连在一起形成中性点，将三个首端作引出端，有时还需将中性线引出，如图 2-19（a）所示。

三角形接法有两种：一种是按 AX—BY—CZ 的次序（即 X 与 B、Y 与 C、Z 与 A 相连），把一相绕组的尾端与另一相绕组的首端依次联结，将三相绕组的首端引出，如图 2-19（b）所示；另一种是按 AX—CZ—BY 的次序联结而成，如图 2-19（c）所示。

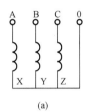 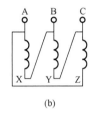 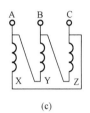

(a)　　　　　　　　　(b)　　　　　　　　　(c)

图 2-19　三相绕组的联结法
（a）引出中性线的星形联结法；（b）AX—BY—CZ 次序的三角形联结法；
（c）AX—CZ—BY 次序的三角形联结法

高压绕组联结为星形或三角形时，分别以字母 Y 或 D 表示，星形联结有中性线引出时，以字母 YN 表示；低压绕组联结为星形或三角形时，分别以字母 y 或 d 表示，星形联结有中性线引出时，以字母 yn 表示。高、低压绕组的联结方式可有多种组合：Yy 或 Yyn；Yd 或 YNd；Dd 或 Dyn 等。

此外，在绕组联结上还采用 Z 形联结（曲折形联结）、Vv 形联结等。

变压器每相绕组首尾端头的标识称为出线标志。国家标准对出线标志有统一的规定，见表 2-2。

表 2-2　　　　　　　　　　　　电力变压器的出线标志

绕组名称	单相变压器		三相变压器		中性点
	首端	尾端	首端	尾端	
高压绕组	A	X	A、B、C	X、Y、Z	0
低压绕组	a	x	a、b、c	x、y、z	o
中压绕组	Am	Xm	Am、Bm、Cm	Xm、Ym、Zm	0m

▮▮模块小结

三相变压器的铁心形成变压器的磁路，有心式和组式两大类。心式变压器使用最为广泛，组式主要是用于变电站的特大型变压器。

三相变压器的电路主要有 Y 形和 D 形两种，其中 D 形联结按连线次序有两种联结方法。Z 形联结（曲折形联结）、Vv 形联结在电力系统的变压器中也有应用。

思考与练习

（1）三相组式变压器和三相心式变压器的铁心结构各有什么特点？三相心式变压器是否在各方面都比三相组式变压器优越？

（2）若只给三相心式变压器的一个高压绕组接通交流电源，另外两相低压侧可以测量出电压吗？若将心式变压器改为组式变压器呢？

（3）三相变压器绕组有哪几种联结方法？

模块 4　变压器联结组的判定

模块描述

本模块介绍单相和三相电力变压器联结组，主要介绍用相量图判别联结组标号的基本方法，以及利用标准联结组标号推论其他联结组标号的方法。

在变压器铭牌上标有变压器的联结组，它是表示变压器高、低压绕组的联结方法和高、低压绕组对应的电压之间相位关系的一种标志。它由联结方式和联结组标号两部分组成，如 Yy0、Yd11、Yd1 等。联结组标号可借用"时钟法"表示，分析判断变压器联结组通常用画相量图法进行。

一、绕组的极性

由于变压器同一相高、低压绕组交链同一主磁通，当某个瞬间高压绕组某一端头电位为正时，低压绕组同时也有一个端头电位为正，这两个对应的端头称为同极性端或同名端，用"·"记号标出。当然，另外两个不标记号的极性端也是同极性端。于是可判断出，图 2-20（a）中的 1 与 3 端、2 与 4 端分别为同极性端；而图 2-20（b）中的 3—4 绕组的绕向反了，故 1 与 4 端、2 与 3 端分别为同极性端。

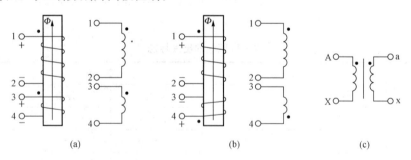

图 2-20　绕组绕向与极性标记
(a) 绕向相同时；(b) 绕向相反时；(c) 接线原理图

绕组同极性端只取决于其绕向，与绕组首、尾的标志无关，若已知绕组绕向，则可用电流法判别同极性端。即将两个绕组中任取一端头，设各有一电流从该端头流进绕组，若两个绕组产生的磁通同方向，则这两个端头为同极性端，否则为异极性端。

在实际工作中，一般无法看到变压器绕组的绕向，可用试验的方法确定同极性端。因此，当已知同极性端时，用标有同极性端符号的绕组联结图来代替实际的变压器即可，如图

2-20（c）所示。

二、联结组与"时钟法"

如三相变压器联结组为 Yd1，表示联结方式为"Yd"，即高压绕组为星形联结，低压绕组为三角形联结；联结组标号为"1"。

因为变压器高、低压绕组对应的线电压之间的相位关系都是相差为30°的倍数，与时钟整点时的长针与短针的夹角相同，且恰好为 12 个夹角，故联结组标号可借用时钟序数来表示，即所谓"时钟法"，如图 2-21 所示。又如联结组 Yy8 表示联结方式为"Yy"，即三相变压器的高、低压绕组均为星形联结；联结组标号为"8"，表示 $\dot{U}_{ab}$ 落后 $\dot{U}_{AB}$ 30°×8=240°。

根据国家标准规定：三相变压器将高压绕组的线电压 $\dot{U}_{AB}$ 相量作为时钟的长针，且固定指向 0（或 12）点的位置，对应低压绕组的线电压 $\dot{U}_{ab}$ 相量作为时钟的短针，其所指的钟点数就是变压器联结组标号，如图 2-21（b）所示为"1"的联结组标号相量图。

通过画相量图的方式，由高压侧线电压和低压侧线电压的相位关系来确定"钟点数"，即判断三相变压器联结组标号。

三、单相变压器联结组

先来分析和判断单相变压器的联结组，规定用 Ii 分别表示单相绕组的高、低压绕组，用高、低压侧相电压的相位关系来确定联结组标号。

当单相变压器的高低压绕组绕向一致，可将高低压绕组首端标为同极性端，如图 2-22（a）所示，电压相量 $\dot{U}_A$ 和 $\dot{U}_a$ 的相位相同，联结组为 Ii0；若高低压绕组的任一线圈反绕时，则同极性端标识如图 2-22（b）所示，电压的参考方向不变，此时电压相量 $\dot{U}_a$ 反相，联结组为 Ii6。需要注意的是：不论绕组绕向怎样变化（同极性端不论标识在首端或尾端），电压参考方向不变，即电压参考方向始终从首端指向尾端。

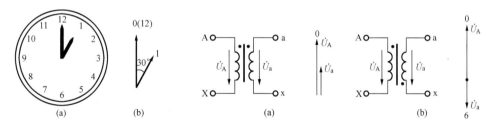

图 2-21　时钟法
（a）时钟盘；（b）相量表示

图 2-22　单相变压器联结组和相量图
（a）Ii0；（b）Ii6

四、三相变压器联结组

1. Yy 联结组

图 2-23（a）所示为一台三相变压器绕组联结图，高、低压绕组均作星形联结，联结方式为 Yy。当同一铁心柱上的高、低压绕组的绕向一致时，同极性端均标在首端。标出电压参考方向，高、低压绕组相电压 $\dot{U}_A$ 和 $\dot{U}_a$ 的相位相同，画出三相电压相量图。

将线电压 $\dot{U}_{AB}$ 与 $\dot{U}_{ab}$ 进行比较确定联结组标号（长针和短针可用空心箭头绘制），如果将长针指在 0 点上，则短针也指在 0 点，联结组标号为 0，因此联结组为 Yy0，如图 2-23（b）所示。

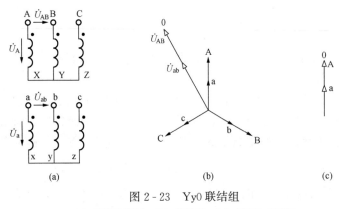

(a)　　　　　(b)　　　　　(c)

图 2-23　Yy0 联结组

(a) 绕组联结图；(h) 相量图；(c) 用相电压表示

可以证明，Yy 联结组 $\dot{U}_{AB}$ 与 $\dot{U}_{ab}$ 间的相位差即为 $\dot{U}_A$ 与 $\dot{U}_a$ 间的相位差，所以画相量图时只需将 $\dot{U}_A$ 与 $\dot{U}_a$ 的相位进行比较即可确定联结组标号，如图 2-23（c）所示。

如果将同一铁心柱上任一绕组反向绕制，则同极性端标识如图 2-24（a）所示。高、低压绕组对应的各相电压相位均相反，各对应线电压相位相反，钟点数也相反。直接比较 $\dot{U}_A$ 与 $\dot{U}_a$ 的相位，联结组为 Yy6，如图 2-24（b）所示。

如果将 Yy0 联结组变压器低压绕组顺相序向右移动一次，即改为 cab 绕组分别与 ABC 绕组相对应，如图 2-25 所示。作出相量图分析，同一铁心柱上的电压相位相同，直接比较 $\dot{U}_A$ 与 $\dot{U}_a$ 的相位，联结组标号为 $120°/30°=4$，因此该变压器联结组为 Yy4。

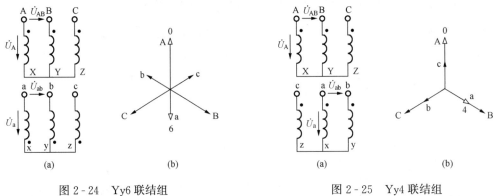

(a)　　　　(b)

图 2-24　Yy6 联结组

(a) 绕组联结图；(b) 相量图

(a)　　　　(b)

图 2-25　Yy4 联结组

(a) 绕组联结图；(b) 相量图

若继续将低压绕组右移一次，则可得到 Yy8 联结组。同理，用 Yy6 联结组可派生出 Yy2、Yy10 联结组。

2. Yd 联结组

三相变压器绕组联结如图 2-26（a）所示，高压绕组作星形联结，低压绕组按 ax—cz—by 的次序作三角形联结。高、低压绕组的绕向一致，同极性端都标为首端，高、低压绕组对应的各相电压相位相同。根据相量图分析得知 $\dot{U}_{ab}=-\dot{U}_b$，且 $\dot{U}_{ab}$ 超前 $\dot{U}_{AB}30°$，如图 2-26（b）所示。若将 $\dot{U}_{AB}$ 指在 0 点上，$\dot{U}_{ab}$ 则指向 11 点，故联结组为 Yd11。

若低压绕组采用 ax—by—cz 的次序作三角形联结，如图 2-27（a）所示。根据相量图分析得知 $\dot{U}_{ab}=\dot{U}_a$，且 $\dot{U}_{ab}$ 滞后 $\dot{U}_{AB}30°$，如图 2-27（b）所示。若将 $\dot{U}_{AB}$ 指在 0 点上，$\dot{U}_{ab}$ 则指向 1 点，故联结组为 Yd1。

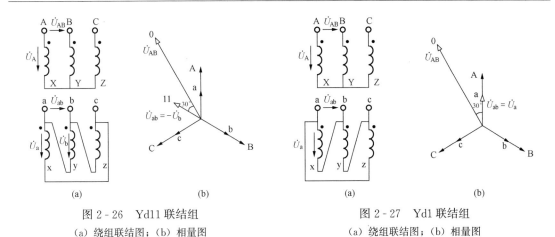

图 2-26　Yd11 联结组　　　　　　　　图 2-27　Yd1 联结组
(a) 绕组联结图；(b) 相量图　　　　　(a) 绕组联结图；(b) 相量图

　　按照前面所述的移相和反相的方法，可以在 Yd11 和 Yd1 的基础上派生出 3、5、7、9 的联结组标号。

　　用上述分析方法可知，对 Yy 或 Dd 联结组，可得 0、2、4、6、8、10 等六个偶数联结组标号；而对 Yd 或 Dy 联结组，可得 1、3、5、7、9、11 等六个奇数联结组标号。

　　变压器联结组的种类很多，为了使用和制造上的方便，我国常用的联结组主要有三种，即 YNd11、Yd11、Yyn0。YNd11 主要用于高压输电线路中，使电力系统的高压侧有可能接地，Yd11 用于低压侧超过 400V 的线路中，Yyn0 的二次绕组可引出中性线，成为三相四线制，用作配电变压器可兼供动力和照明负载。对于单相变压器，标准联结组为 Ii0。

模块小结

　　单相变压器高、低压绕组在感应电动势的瞬间，总有一对端头同时为正电位，另一对端头同时为负电位，把电位极性相同的端头，用"·"标记，称同极性端。如果两绕组同极性端均标志为首端（或尾端），则两绕组相电动势同相位；如果两绕组不同极性端均标志为首端（或尾端），则两绕组相电动势反相位。

　　变压器的联结组由联结方式和联结组标号两部分组成。联结方式表示绕组的联结法，联结组标号表示高、低压绕组对应电压间的相位关系，可用"时钟法"来表示。即把高压绕组的线电压相量作为时钟的长针，且固定指向"0"的位置，对应的低压绕组的线电压相量作为时钟的短针，其所指的钟点数就是变压器联结组的标号。

思考与练习

　　(1) 单相变压器的联结组标号如何确定？三相变压器的联结组标号又由什么来确定？

　　(2) 变压器出厂前要进行"极性"试验，接线如图 2-28 所示。将 X—x 端相连，在 A、X 端加电压，用电压表测量 A、a 间的电压即可判断变压器同名端。设变压器的额定电压为 220V/110V，如果电压表读数为 110V，请确定变压器的同名端；若电压表读数为 330V，则同名端又如何确定？

　　(3) 试写出联结组为 Yd11、Yd1 变压器的低压绕组线电压 $\dot{U}_{ab}$ 与相电压的关系。

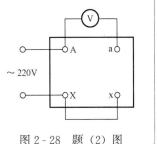

图 2-28　题 (2) 图

（4）三相变压器绕组的联结如图 2 - 29 所示，试画出电压相量图并确定其联结组标号。

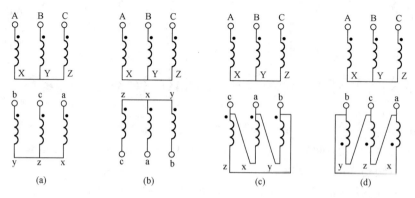

图 2 - 29　题（4）图

（5）三相变压器的联结组为 Yd7，则该变压器的低压绕组为何种联结方式？其低压侧线电压相位超前于对应的高压侧线电压多少度？

（6）绘出联结组为 Yyn2、Yd9 的绕组联结图和相量图。

第二单元　变压器的运行

电力变压器主要用来传输电能，实用变压器的种类很多，各自都有不同的特点，但它们运行的基本理论和分析方法是相通的。本单元以单相双绕组变压器为例，从变压器的空载运行和负载运行入手，了解有关变压器内在的电磁关系，对变压器实用运行的有关技术进行分析，如变压器参数测定、运行特性、并联运行和过负荷运行等。

模块5　变压器空载运行

🌀 模块描述

本模块介绍变压器在空载运行时的物理状况，通过对感应电动势、变比、空载电流、空载损耗的讨论，将电动势平衡方程式、等效电路和相量图三种分析方法作较详细的阐述，为学好变压器及其他电机打下理论基础。

变压器一次绕组加上交流电压，二次绕组开路的运行方式称为变压器的空载运行，如图 2-30 所示。空载运行主要是在变压器出厂前、安装或维修后做空载试验，以及接通负载前试运行时的工作状态，是一种最简单的短时运行方式。现以单相变压器为例，分析变压器的电压、电流、电动势、磁通等电磁量之间的基本关系。

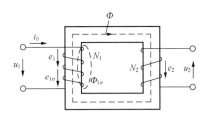

图 2-30　变压器空载运行

变压器空载运行时，二次绕组处于开路状态，一次绕组中的电流称为空载电流 i_0，空载电流产生空载磁动势 $f_0 = i_0 N_1$，f_0 建立变压器的总磁通。总磁通根据路径的不同分为主磁通和漏磁通两种。主磁通 Φ 通过铁心磁路闭合，特点是占总磁通的绝大部分，且与一次绕组和二次绕组同时交链，是变压器进行能量传递的媒介。漏磁通 $\Phi_{1\sigma}$ 由于主要是以空气（或变压器油）等非铁磁材料为闭合路径，因此只占总磁通的很小一部分，并且漏磁通仅与一次绕组交链，不能起到能量的传递作用，只能起到降电压的作用。

交变电源电压产生交变主磁通和漏磁通，根据电磁感应定律，分别在所交链的绕组中感应电动势 e_1、e_2 和漏感电动势 $e_{1\sigma}$。

按以下习惯规定各正弦交流量的正方向：将一次侧看成是电网的负载，一次侧空载电流与电源电压正方向一致；磁通与空载电流的正方向、磁通与其感应的电动势的正方向均符合右手螺旋定则；将二次侧的感应电动势看成是电源电动势。

若考虑一次绕组电阻 r_1 的作用，变压器空载时各电磁量的相互关系可表示如下：

$$u_1 \longrightarrow i_0 \longrightarrow f_0 = i_0 N_1 \underset{\longrightarrow}{\overset{\longrightarrow}{\longrightarrow}} \begin{array}{l} \varPhi \underset{\searrow}{\overset{\longrightarrow}{\longrightarrow}} \begin{array}{l} e_1 \\ e_2 \end{array} \\ \varPhi_{1\sigma} \longrightarrow e_{1\sigma} \end{array}$$

$$\longrightarrow i_0 r_1$$

一、电动势

1. 一、二次绕组的感应电动势

设主磁通按正弦规律变化，即 $\phi = \varPhi_{\mathrm{m}} \sin \omega t$，则主磁通在一、二次绕组中的感应电动势分别为

$$e_1 = -N_1 \frac{\mathrm{d}\phi}{\mathrm{d}t} = -N_1 \omega \varPhi_{\mathrm{m}} \cos \omega t = N_1 \omega \varPhi_{\mathrm{m}} \sin(\omega t - 90°)$$

$$e_2 = -N_2 \frac{\mathrm{d}\phi}{\mathrm{d}t} = -N_2 \omega \varPhi_{\mathrm{m}} \cos \omega t = N_2 \omega \varPhi_{\mathrm{m}} \sin(\omega t - 90°)$$

其有效值为

$$E_1 = \frac{E_{1\mathrm{m}}}{\sqrt{2}} = \frac{N_1 \omega \varPhi_{\mathrm{m}}}{\sqrt{2}} = 4.44 f N_1 \varPhi_{\mathrm{m}} \qquad (2-3)$$

$$E_2 = \frac{E_{2\mathrm{m}}}{\sqrt{2}} = \frac{N_2 \omega \varPhi_{\mathrm{m}}}{\sqrt{2}} = 4.44 f N_2 \varPhi_{\mathrm{m}} \qquad (2-4)$$

$$\omega = 2\pi f$$

式中　ω——角频率，rad/s；

$\varPhi_{\mathrm{m}}$——主磁通幅值，Wb；

f——电网频率，Hz；

N_1、N_2——一、二次绕组匝数。

式（2-3）、式（2-4）表明感应电动势大小与频率、匝数和主磁通幅值的乘积成正比。

感应电动势的相量形式为

$$\dot{E}_1 = -\mathrm{j}4.44 f N_1 \dot{\varPhi}_{\mathrm{m}} \qquad (2-5)$$

$$\dot{E}_2 = -\mathrm{j}4.44 f N_2 \dot{\varPhi}_{\mathrm{m}} \qquad (2-6)$$

式（2-5）、式（2-6）表明 $\dot{E}_1$ 与 $\dot{E}_2$ 的相位都落后于主磁通相量 $\dot{\varPhi}_{\mathrm{m}}$ 90°，主磁通相量习惯加下标"m"。

2. 一次绕组的漏感电动势及漏电抗

设一次侧漏磁通 $\qquad\qquad\qquad \phi_{1\sigma} = \varPhi_{1\sigma\mathrm{m}} \sin \omega t$

则漏感电动势为

$$e_{1\sigma} = -N_1 \frac{\mathrm{d}\phi_{1\sigma}}{\mathrm{d}t} = -N_1 \omega \varPhi_{1\sigma\mathrm{m}} \cos \omega t = N_1 \omega \varPhi_{1\sigma\mathrm{m}} \sin(\omega t - 90°)$$

其有效值为

$$E_{1\sigma} = \frac{E_{1\sigma\mathrm{m}}}{\sqrt{2}} = \frac{N_1 \omega \varPhi_{1\sigma\mathrm{m}}}{\sqrt{2}} = 4.44 f N_1 \varPhi_{1\sigma\mathrm{m}}$$

式中 $\varPhi_{1\sigma\mathrm{m}}$ 的计算涉及磁路的计算，很繁杂。因此把空载电流 I_0 流过一次绕组产生一次漏磁通 $\varPhi_{1\sigma\mathrm{m}}$，$\varPhi_{1\sigma\mathrm{m}}$ 在一次绕组中感应漏磁电动势 $E_{1\sigma}$，$E_{1\sigma}$ 对一次侧电路的影响是阻碍其电流

流通的物理现象，用另一种方法来表述，即

$$E_{1\sigma} = \frac{E_{1\sigma m}}{\sqrt{2}} = \frac{N_1 \omega \Phi_{1\sigma m} I_0}{\sqrt{2} I_0} = \omega L_{1\sigma} I_0 = x_1 I_0 \qquad (2-7)$$

其中

$$L_{1\sigma} = N_1 \Phi_{1\sigma m}/(\sqrt{2} I_0), \quad x_1 = \omega L_{1\sigma}$$

式中　　$L_{1\sigma}$——一次绕组漏电感；

x_1——一次绕组漏电抗。

其相量形式可表示为

$$\dot{E}_{1\sigma} = -jx_1 \dot{I}_0 \qquad (2-8)$$

以上分析表明，$E_{1\sigma}$可以看成是空载电流 I_0 流过一次侧电路的漏电抗 x_1 产生的电压降 $I_0 x_1$。这样就把磁场对电路的影响变成了一个电抗元件对电路的影响，把一个电与磁交织在一起的问题转化成一个纯电路的问题，这种思想方法称为"化场为路"。由漏电抗 $x_1 = E_{1\sigma}/I_0$ 可知，漏电抗的大小等于单位电流产生的漏感电动势的大小。所以漏电抗的物理意义为：x_1 是反映了一次侧漏磁场对一次侧电路影响大小程度的一个参数（或一个电路元件）。漏电抗 x_1 越大，说明单位电流流过一次绕组产生的漏磁通越多，漏磁场越强，对一次侧电路的影响越大。反之亦然。

将 $\Phi_{1\sigma m} = \dfrac{\sqrt{2} N_1 I_0}{R_m}$ 代入漏电抗的定义式，可推出漏电抗与影响其变化的因素间的关系式，即

$$x_1 = \omega L_{1\sigma} = 2\pi f N_1 \Phi_{1\sigma m}/(\sqrt{2} I_0) = 2\pi f \frac{N_1^2}{R_m} \qquad (2-9)$$

$$R_m = \frac{l}{\mu S}$$

式中　　R_m——漏磁路的磁阻，它正比于磁路的长度 l，反比于磁路的磁导率 μ 和磁路的截面积 S。

漏磁路主要由非磁性介质构成（油或空气等），不会出现饱和现象，μ 为常数，磁路的磁阻为常数。因此当电源频率 f 和 N_1 匝数确定后，漏电抗 x_1 为常数。

二、电动势平衡方程式

按图 2-2 所规定的正方向，假定各电磁量均为正弦变化，应用基尔霍夫电压定律，可列出电动势平衡方程式，即

一次侧
$$\dot{U}_1 = -\dot{E}_1 - \dot{E}_{1\sigma} + \dot{I}_0 r_1 = -\dot{E}_1 - (-jx_1 \dot{I}_0) + \dot{I}_0 r_1$$
$$= -\dot{E}_1 + \dot{I}_0 (r_1 + jx_1) = -\dot{E}_1 + \dot{I}_0 Z_1 \qquad (2-10)$$
$$Z_1 = r_1 + jx_1$$

式中　　Z_1——一次绕组漏阻抗，是一个常数。

由于电力变压器一次绕组的漏阻抗很小，因此空载电流所引起的漏阻抗压降也很小。故在分析变压器的空载运行时，可忽略漏阻抗压降不计，则式（2-10）简化为

$$\dot{U}_1 = -\dot{E}_1 \qquad (2-11)$$

式（2-11）表明：

（1）$\dot{E}_1$ 是个反电动势，它与 $\dot{U}_1$ 大小相等、方向相反，外加电压基本由它平衡。换句话说，一次侧产生的感应电动势抵消了绝大部分的外加电压，实际加到一次绕组上的电压是很小的。

（2）变压器主磁通幅值的大小与外加电压成正比，与磁路性质和铁心尺寸大小无关。这是因为 $U_1 = E_1 = 4.44 f N_1 \Phi_m$，当变压器接到无穷大电网上运行时，一次绕组所加电压 U_1 及频率 f 是一定值，当一次绕组匝数 N_1 不变时，若外加电压不变，则主磁通幅值不变，此原理称为恒磁通原理（或称为电压决定磁通原则）。

二次侧 $$\dot{U}_{20} = \dot{E}_2 \qquad (2\text{-}12)$$

式（2-12）表明二次侧空载电压等于二次侧感应电动势。

三、变比

由式（2-3）、式（2-4）可得到变压器的变压比，简称变比，用 k 表示为

$$k = \frac{E_1}{E_2} = \frac{N_1}{N_2} \qquad (2\text{-}13)$$

变比反映了变压器一、二次侧相电压大小的关系，一、二次绕组相电动势之比即一、二次绕组匝数之比，式（2-13）称为变压器变比的准确公式。

将 $U_1 \approx E_1$ 和 $U_{20} = E_2$ 带入式（2-13），可得到变压器变比的近似实用公式

$$k = \frac{E_1}{E_2} \approx \frac{U_1}{U_{20}} = \frac{U_{1N}}{U_{2N}} \qquad (2\text{-}14)$$

因为变压器的二次侧额定相电压值指的是，一次侧加额定电压时，二次侧空载时的相电压值 U_{20}。因此，测量一次侧额定相电压和二次侧空载相电压即可求出变压器的变比。

对于三相变压器，变比仍是一、二次侧额定相电压之比，而三相变压器铭牌所给定额定电压为线电压，故其变比计算式为

Yd 联结 $$k = \frac{U_{1N}}{\sqrt{3} U_{2N}}$$

Dy 联结 $$k = \frac{U_{1N}}{U_{2N}/\sqrt{3}} = \frac{\sqrt{3} U_{1N}}{U_{2N}}$$

Yy 和 Dd 联结 $$k = \frac{U_{1N}}{U_{2N}}$$

例如：一台单相变压器，$U_{1N}/U_{2N} = 6000/230\text{V}$，则该变压器的变比为

$$k = \frac{U_{1N}}{U_{20}} = \frac{U_{1N}}{U_{2N}} = \frac{6000}{230} = 26.1$$

一台三相变压器 Yd 联结，$U_{1N}/U_{2N} = 35/6.3\text{kV}$，则该变压器的变比为

$$k = \frac{U_{1\phi N}}{U_{2\phi N}} = \frac{U_{1N}/\sqrt{3}}{U_{2N}} = \frac{35/\sqrt{3}}{6.3} = 3.21$$

四、空载电流

变压器的空载电流 $\dot{I}_0$ 可以分解为两个分量。一个是感性无功分量 $\dot{I}_\mu$，也称为励磁电流

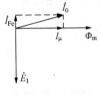

图 2-31 空载
电流相量图

分量，其作用是在变压器铁心中建立磁场，产生主磁通 $\dot{\Phi}_m$，其方向与主磁通相同；另一个是有功分量 $\dot{I}_{Fe}$，也称为铁损耗电流，因为磁通在铁心中交变时，会产生涡流损耗和磁滞损耗（二者合称为铁心损耗），此损耗是有功功率性质，也由变压器空载电流提供。空载电流的相量图如图 2-31 所示。

空载电流可表示为

$$\dot{I}_0 = \dot{I}_\mu + \dot{I}_{\text{Fe}} \tag{2-15}$$

$$I_0 = \sqrt{I_\mu^2 + I_{\text{Fe}}^2}$$

空载电流的数值很小，中小型变压器 I_0 约占额定电流 I_{1N} 的 $1\% \sim 5\%$，大型变压器的 I_0 不到额定电流的 1%。因为 $I_\mu \gg I_{\text{Fe}}$，如果略去 I_{Fe} 不计，则 $I_0 \approx I_\mu$，此时空载电流就是励磁电流。

变压器空载特性即铁心的基本磁化曲线，如图 2-32 所示。a 点以下是近似于线性区，即空载电流与电源电压呈正比例变化，为了充分利用铁心材料，所有电机的额定工作点都是设计在铁心刚进入饱和区的位置，即图 2-32 中 b 点所示位置，变压器也不例外。此时处于非线性区域，空载电流与电源电压（或主磁通）为非线性关系，即当电源电压 U_1 升高时，空载电流 I_0 增大量大于电压升高量，当 U_1 继续升高，铁心进入深度饱和时，空载电流 I_0 急剧增加，如图 2-32 中 c 点所示。

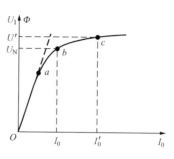

图 2-32 变压器空载特性

五、空载损耗

变压器空载运行时没有功率的输出，它从电网中吸收的有功功率被称为空载损耗 p_0。空载损耗包括以下两部分。

（1）铁心损耗 p_{Fe}，由磁滞损耗（约占 p_0 的 83%）、涡流损耗（约占 5%）以及杂散损耗（约占 10%）组成。

（2）一次绕组的铜损耗 $p_{\text{Cu}} = I_0^2 r_1$，指的是空载电流 I_0 在一次绕组电阻 r_1 上所产生的损耗，约占空载损耗 p_0 的 2%。

实用中可将铜损耗忽略不计，认为空载损耗即为铁心损耗。变压器空载损耗很小，一般不到变压器额定容量的 0.1%。

磁滞损耗和涡流损耗是铁心损耗中的基本损耗。杂散损耗也称为附加损耗，主要是指变压器结构零件中如螺杆、铁轭夹件、油箱壁等处引起的涡流损耗等其他损耗。

变压器的铁心损耗，无论是基本损耗或杂散损耗，只与磁感应强度、频率、铁心材料和结构有关，而与变压器一、二次侧绕组的电流无关。因此，当外加电压、频率保持恒定，则一次绕组电动势、主磁通及磁感应强度基本保持不变，铁心损耗也基本不变。因此铁心损耗被称为"不变损耗"，它与变压器负载的大小变化无关。

六、空载时的等效电路

在变压器中，既有电路问题，又有磁路问题，且相互联系。为了简化变压器的分析和计算，将这种电磁相互交织的关系用纯电路的形式来表示，即等效电路的形式。

类似于一次绕组漏电抗的引入，对变压器主磁通感应的反电动势 $\dot{E}_1$ 的作用，也可引入一个参数来表示。考虑到主磁通在铁心中会引起铁损耗，故不能单纯地引入一个电抗，而应引入一个阻抗 Z_m 把 $\dot{E}_1$ 和 $\dot{I}_0$ 联系起来。即把 $\dot{E}_1$ 的作用看成是电流流过 Z_m 产生的电压降，于是有关系式

$$-\dot{E}_1 = \dot{I}_0 Z_m = \dot{I}_0 (r_m + jx_m) \tag{2-16}$$

式中 Z_m——励磁阻抗，$Z_m = r_m + jx_m$；

r_m——励磁电阻，是对应于铁损耗的等效电阻，铁损耗 $p_{Fe} = I_0^2 r_m$；

x_m——励磁电抗。

需要说明的是，励磁电抗 x_m 大小会随铁心的饱和程度而变化。这是因为 $x_m = 2\pi f \dfrac{N_1^2}{R_m}$，而主磁通的磁路是铁磁材料，则该磁路的磁阻 R_m 的大小会随着饱和程度的不同而发生变化。磁路越饱和，R_m 值会越大，x_m 的值也随之会越小，同时励磁阻抗 Z_m 也变小。变压器在额定电压正常工作时，电源电压 U_1 为常数，主磁通 Φ_m 不变，因而 x_m 和 Z_m 也为常数。

将式（2-16）代入式（2-10），得

$$\dot{U}_1 = -\dot{E}_1 + \dot{I}_0 Z_1 = \dot{I}_0 Z_m + \dot{I}_0 Z_1$$
$$= \dot{I}_0(r_m + jx_m + r_1 + jx_1) \tag{2-17}$$

从式（2-17）中看出励磁阻抗和一次侧漏阻抗为串联关系，根据此关系叫画出变压器空载等效电路，如图 2-33 所示。

七、相量图

根据电动势平衡方程式，可作出变压器空载运行相量图，如图 2-34 所示。作相量图步骤如下。

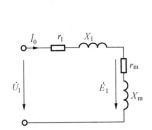

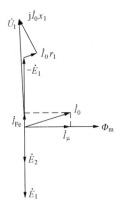

图 2-33 空载运行等效电路　　　图 2-34 空载运行相量图

（1）画出 $\dot{\Phi}_m$ 作为参考相量。

（2）滞后 $\dot{\Phi}_m 90°$ 画出 $\dot{E}_1$、$\dot{E}_2$，并由此画出 $-\dot{E}_1$（超前 $\dot{\Phi}_m 90°$）。

（3）画出空载电流 $\dot{I}_0$：作空载电流的无功分量 $\dot{I}_\mu$ 与 $\dot{\Phi}_m$ 同相位，有功分量 $\dot{I}_{Fe}$ 超前 $\dot{\Phi}_m 90°$，$\dot{I}_\mu$ 与 $\dot{I}_{Fe}$ 的相量和即为 $\dot{I}_0$。

（4）在 $-\dot{E}_1$ 上依次画出与 $\dot{I}_0$ 同相位的 $\dot{I}_0 r_1$、超前 $\dot{I}_0 90°$ 的 $j\dot{I}_0 x_1$。

（5）根据式（2-10），将 $-\dot{E}_1$、$\dot{I}_0 r_1$ 和 $j\dot{I}_0 x_1$ 三个相量相加得电压 $\dot{U}_1$。

因为变压器需要从电网吸取滞后的无功电流用来建立磁场，从图 2-34 中可看出，$\dot{U}_1$ 和 $\dot{I}_0$ 的夹角 $\varphi_0 \approx 90°$，说明变压器空载运行时的功率因数很低，空载电流基本上是一个感性无功性质的电流，所以变压器空载运行时可视为电网的一个电感性负载。

由前面的分析可以知道，基本方程式、等效电路、相量图是分析电机电磁关系的三种主要方法。

附：变压器空载电流和电动势波形的变化

1. 空载电流的波形

变压器接到电源电压为正弦波的电网上运行时，磁通为正弦波。若铁心工作在不饱和区，如图 2-32 中的 a 点，则空载电流也是正弦波，如图 2-35（a）所示。电力变压器铁心工作在饱和区，从图 2-32 中的 b 点可以看出：由于磁饱和原因，需增加一部分励磁电流，因此励磁电流畸变为呈尖顶波形状的非正弦波形，如图 2-35（b）所示。

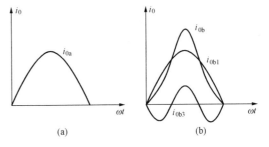

图 2-35　磁路饱和状态对励磁电流波形的影响
(a) 不饱和时的励磁电流为正弦波；
(b) 饱和时的励磁电流为尖顶波

尖顶波可分解为基波分量 i_{0b1} 和 3 次谐波分量 i_{0b3} 及其他高次谐波分量等，如图 2-35（b）所示。为了便于变压器的运行分析和工程计算，通常将空载电流用一个等效的正弦基波电流来代替实际的非正弦的尖顶波，这个等效正弦电流即前面所述的 $\dot{I}_0$。

2. 三相绕组联结方式和磁路系统对电动势波形的影响

在对单相变压器空载运行分析时已经得知，当外施电压为正弦波时，与之相平衡和对应的电动势和主磁通也是正弦波。但由于铁心饱和的影响，励磁电流为尖顶波，其中除基波外还有较强的 3 次谐波和较弱的其他高次谐波分量（可忽略不计）。而在三相变压器中，空载电流中的 3 次谐波分量大小相等、相位相同，其流通情况与三相绕组的联结方式有关。

三相变压器一次绕组若采用星形有中性线联结，则 3 次谐波有通路，使空载电流为尖顶波，不论二次绕组如何联结，三相变压器铁心中的主磁通和感应电动势的波形均为正弦波，这与单相变压器的情况完全相同。

三相变压器一次绕组若采用星形联结而无中性线时，则 3 次谐波无通路，只有基波分量，所以空载电流为正弦波，铁心中的磁通会出现平顶波。

平顶波磁通又可分解为基波和 3 次谐波等高次谐波磁通（可忽略不计），3 次谐波磁通的流通情况与铁心结构有关，下面分别对几种无中性线的三相变压器加以说明。

（1）Yy 联结的三相变压器。

1）三相组式变压器。三相组式变压器各相有独立的磁路，因此 3 次谐波磁通与主磁通一样，可沿各相的铁心闭合。由于铁心的磁阻很小，故 3 次谐波磁通的幅值较大。在绕组中感应出很大的 3 次谐波电动势，其幅值可达到基波幅值的 45%～60% 左右，导致相电动势变为尖顶波，如此高的电动势有可能将绕组绝缘击穿，损坏变压器。因此，三相组式变压器不能采用 Yy 联结方式。

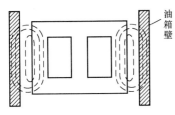

图 2-36　三相心式变压器中 3 次谐波磁通的路径

2）三相心式变压器。三相心式变压器各相磁路相互关联，所以方向相同的 3 次谐波磁通不能沿铁心闭合，只能经铁心外的变压器油和油箱壁形成磁通回路，如图 2-36 所示。因为油为非铁磁性介质，磁阻很大，使 3 次谐波磁通大为削弱，则主磁通仍接近于正弦波，从而使相电动势和线电动势也接近正弦波，即使在铁心饱和的情况下也是如此。因此三相心式变压器可以采用 Yy 联结方式。但由于油箱壁上 3 次谐波产生的附加涡流损耗较大，因此国家标准规定只能在中小型三相心式变压器上使用 Yy 联结方式。

　　三相五柱式铁心由于有旁轭可为 3 次谐波磁通提供通路，故也不允许采用 Yy 联结。

　　（2）Yd 和 Dy 联结的三相变压器。当变压器任何一侧绕组采用了三角形联结，如 Yd 和 Dy 两种联结方式，情况就大不相同了。如图 2-37 所示，图中三角形接法的绕组内可以使 3 次谐波电流流通，用以供给励磁电流所需的 3 次谐波分量，因此可以使主磁通为正弦波形，从而保持电动势接近或达到正弦波形，所以大、中型三相变压器组常采用这种联结方式。

　　在超高压、大容量电力变压器中，有时需要将变压器高、低压侧中性点都接地，那么一、二次侧必须进行 Yy 联结。为了提供 3 次谐波电流的通路，可在铁心柱上另加上一个接成三角形的第三绕组，如图 2-38 所示。这样可以保证主磁通为正弦波形，从而改善了电动势的波形，还可以利用此第三绕组提供变电站本身的所用电及接入静止无功补偿装置等用途。

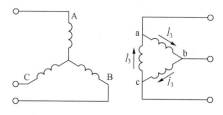

图 2-37　Yd 联结组中的 3 次谐波电流

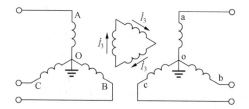

图 2-38　安装有第三绕组的变压器

模块小结

　　本模块内容是变压器乃至其他电机的理论基础，是学习的重点。以典型的较为简单的单相双绕组变压器作为研究对象，其结论同样适用于三相变压器等其他各类型的变压器。学习时，首先应弄清变压器运行时存在的各种物理量及它们的相互关系。

　　变压器的内部磁场分布比较复杂，为此将磁通分成主磁通和漏磁通来处理，这两部分磁通所经过的磁路性质和所起的作用不同。主磁通沿铁心闭合，铁心饱和现象使磁路为非线性，主磁通在一、二次侧中感应电动势，起传递能量的媒介作用；漏磁通通过非铁磁材料闭合，磁路是线性的，漏磁通只起电抗压降作用而不直接参与能量传递。这样处理以后，就可引入不同性质的电路元件——励磁阻抗和漏抗，去反映磁路对电路的影响，从而把较复杂的磁路问题简化成电路的问题，这是分析变压器的基本思想。

　　分析变压器空载、负载稳态运行时的电磁关系采用了三种方法，即基本方程式、等效电路和相量图。基本方程式是从电磁物理关系推导出来的，等效电路是从基本方程式出发得到的电路模型，相量图则是基本方程式的图示表示法。三种方法是完全一致的，但用途有所不同。在实际应用中定量计算用等效电路比较方便，若只作定性分析则采用相量图比较直观和简便。另外，采用简化等效电路和简化相量图更为方便，而且能够满足一般变压器的实用分析和计算。

　　励磁电抗 x_m 和漏电抗 x_1 及 x_2 是变压器的重要参数。每个电抗都与磁路中某种磁通相对应，x_m 与主磁通 Φ_m 相对应，并且与铁心材料的饱和程度有关，铁心越饱和，x_m 值越小，空载电流 I_0 越大；x_1、x_2 分别与通过油或空气的漏磁通 $\Phi_{1\sigma}$、$\Phi_{2\sigma}$ 相对应，其值很小且不变。r_m 为与铁心损耗对应的等效电阻，r_1、r_1 分别为一、二次绕组的电阻。

思考与练习

（1）变压器中主磁通与漏磁通的性质和作用有什么不同？在等效电路中是怎样来反映其作用的？

（2）变压器的 r_m 和 x_m 各代表什么物理意义？铁心饱和程度对 r_m 和 x_m 有何影响？

（3）变压器额定电压为 220/110V，如不慎将低压侧接到 220V 电源后，将会发生什么现象？如果不慎将一次侧接到直流 110V 电源上，又会发生什么现象？请分别说明原因。

（4）变压器若分别出现下列情况，则该变压器的主磁通、励磁电流、励磁阻抗和铁心损耗有什么变化？

1）铁心叠装时的钢片气隙增大；

2）铁心叠片少叠了 10%；

3）一次绕组少绕了 10%；

4）一次侧电压升高。

（5）电力变压器的调压分接头一般设在哪一侧？为什么？

（6）某变压器额定电压为 $10\pm2\times2.5\%/0.4kV$，图 2-39 所示为高压侧分接开关接线原理图。现在分接头在额定电压位置（即中间位置 3 挡位），为保持二次侧输出电压为额定电压，遇到下列情况分接开关应如何进行调节（调到多少挡位）？

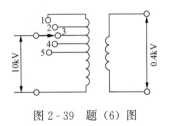

图 2-39 题（6）图

1）二次侧电压降低了 5%；

2）一次侧电压升高了 2.5%。

模块 6   变压器负载运行

模块描述

本模块介绍变压器在负载运行时的物理状况和运行特性。通过对感应电动势、变比、空载电流、空载损耗的讨论，将电动势平衡方程式、等效电路和相量图三种分析方法作较详细的阐述。运行特性主要介绍外特性和效率特性。

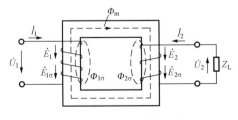

图 2-40 变压器负载运行

变压器一次绕组加上交流电源，二次绕组接入负载的运行方式称为变压器的负载运行，负载运行是变压器长期工作的运行方式，如图 2-40 所示。其中，二次侧电流 $\dot{I}_2$ 的正方向规定与二次侧电动势 $\dot{E}_2$ 一致，这是因为 $\dot{E}_2$ 被看成是电源电动势，$\dot{I}_2$ 与 $\dot{U}_2$ 的方向符合关联方向。

当负载接到二次绕组上时，就会产生二次侧电流 $\dot{I}_2$，变压器向负载输出电能。同时产生与一次侧磁动势 $\dot{F}_1$ 实际方向相反的二次侧磁动势 $\dot{F}_2=\dot{I}_2N_2$，换句话说，$\dot{F}_2$ 的作用是削

弱主磁通 $\dot{\Phi}_\mathrm{m}$ 的。根据恒磁通原理 $U_1 \approx 4.44fN_1\Phi_\mathrm{m}$，当电源电压不变时，主磁通 $\dot{\Phi}_\mathrm{m}$ 是基本不变的。为维持主磁通的恒定，此时，一次绕组中的电流从空载电流 $\dot{I}_0$ 增大到负载电流 $\dot{I}_1$，以抵消 $\dot{F}_2$ 的影响。这就是说，一、二次侧虽然没有电的直接联系，但是由于存在磁场的联系，当二次电流增加时，一次电流也增加，反之亦然。这样，一次电流随负载电流的变化而变化，实现了将电能从电网向负载的传递。

一、磁动势平衡方程式

变压器负载运行时，铁心中的主磁通由 $\dot{F}_1$ 和 $\dot{F}_2$ 共同产生，而主磁通又维持空载运行时的大小不变，说明合成磁动势 $\dot{F}_1 + \dot{F}_2$ 与空载磁动势 $\dot{F}_0$ 相等，据此可得出负载运行时的磁动势平衡方程式为

$$\dot{F}_1 + \dot{F}_2 = \dot{F}_0$$

或

$$\dot{I}_1 N_1 + \dot{I}_2 N_2 = \dot{I}_0 N_1 \tag{2-18}$$

将式（2-18）两边同时除以 N_1，得到

$$\dot{I}_1 + \dot{I}_2 \frac{N_2}{N_1} = \dot{I}_0$$

即

$$\dot{I}_1 = \dot{I}_0 + \left(-\dot{I}_2 \frac{N_2}{N_1}\right) = \dot{I}_0 + \left(-\dot{I}_2 \frac{1}{k}\right) = \dot{I}_0 + \dot{I}_{1\mathrm{L}} \tag{2-19}$$

$$\dot{I}_{1\mathrm{L}} = -\frac{\dot{I}_2}{k}$$

式中 $\dot{I}_{1\mathrm{L}}$——一次绕组电流的负载分量。

式（2-19）也说明从空载到负载时，一次侧电流会增加一个负载分量以平衡二次侧电流的作用，一次侧电流随二次侧电流的变化而变化。$\dot{I}_{1\mathrm{L}}$ 为变压器负载电流增加时，电网输入变压器的电流增加值。

二、电动势平衡方程式

按图 2-30 所规定的正方向，应用基尔霍夫电压定律，或将式（2-10）中的 $\dot{I}_0$ 变为 $\dot{I}_1$ 即可得到一次侧电压平衡方程式

$$\dot{U}_1 = -\dot{E}_1 + \dot{I}_1(r_1 + \mathrm{j}x_1) = -\dot{E}_1 + \dot{I}_1 Z_1 \tag{2-20}$$

与一次侧同理，二次侧电流也会产生漏磁通，引起相应的漏感应电动势 $\dot{E}_{2\sigma} = -\mathrm{j}\dot{I}_2 x_2$，并在二次绕组电阻上产生电压降 $\dot{I}_2 r_2$，故二次侧电动势平衡方程式为

$$\dot{U}_2 = \dot{E}_2 + \dot{E}_{2\sigma} - \dot{I}_2 r_2 = \dot{E}_2 + (-\mathrm{j}\dot{I}_2 x_2) - \dot{I}_2 r_2$$
$$= \dot{E}_2 - \dot{I}_2(r_2 + \mathrm{j}x_2) = \dot{E}_2 - \dot{I}_2 Z_2 \tag{2-21}$$
$$Z_2 = r_2 + \mathrm{j}x_2$$

式中 Z_2——二次侧漏阻抗，常数。

式（2-21）说明，变压器二次绕组感应出的电动势 $\dot{E}_2$，经二次绕组内阻抗电压降 $\dot{I}_2 Z_2$ 后，对负载输出的电压为 $\dot{U}_2$。

三、变压器的折算

综合前面的分析及正方向的规定，可列出变压器负载运行时的基本方程式组

$$\left.\begin{array}{l}\dot{U}_1 = -\dot{E}_1 + \dot{I}_1 Z_1 \\[4pt] \dot{U}_2 = \dot{E}_2 - \dot{I}_2 Z_2 \\[4pt] \dot{I}_1 + \dot{I}_2/k = \dot{I}_0 \\[4pt] \dot{E}_1 = k\dot{E}_2 \\[4pt] \dot{E}_1 = -\dot{I}_0 Z_{\mathrm{m}} \\[4pt] \dot{U}_2 = \dot{I}_2 Z_{\mathrm{L}}\end{array}\right\} \tag{2-22}$$

利用基本方程式组，可对变压器进行分析及定量计算。注意利用以上方程式对三相变压器进行分析或计算时，各物理量都要求是相值。解六个联立复数方程式组，是相当繁杂的，特别是变比 k 较大时，更是困难。因此需要有其他的方法，如等效电路、相量图等。

由基本方程式组可画出变压器负载运行时，一、二次侧各自的等效电路图，两个电路之间没有电的直接联系，如图 2 - 41 所示。

显然，这种电路不便进行计算和分析。因此，必须进行处理，以便将变压器一、二次侧电路连接起来并进行简化定量计算。

变压器折算法就是将变压器某一侧物理量和参数值折算到另一侧，使电路连接起来，便于计算和分析。折算前后的磁动势和各种功率均保持不变，即变压器折算前后的电磁本质不变。经过折算后的各物理量和参数称为折算值，在各自代表符号右上角加 "'" 来表示。

在电力变压器中，大多数是将低压侧折算到高压侧，也可反过来进行折算。下面以降压变压器为例分析并找到折算的方法，即将二次侧折算到一次侧的方法。

1. 电动势和电压的折算

在图 2 - 41 中，由于 $E_1 \neq E_2$，故一、二次等效电路不能连接。现假想将二次侧匝数提高 k 倍，使 $N_2' = N_1$，E_2 因此提高 k 倍，则经折算后的二次侧电动势为

$$E_2' = kE_2 = E_1 \tag{2-23}$$

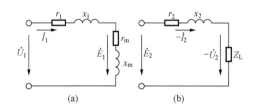

图 2 - 41 一、二次侧分离的等效电路

(a) 一次侧等效电路；(b) 二次侧等效电路

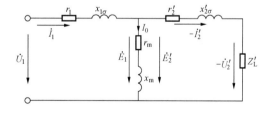

图 2 - 42 一、二次侧连接的等效电路

此时 $E_1 = E_2'$，两电动势端点相连，则可将两个等效电路连接起来，如图 2 - 42 所示。

同理

$$U_2' = kU_2$$

2. 电流的折算

根据折算前后磁动势不变的原则，且 $N_2' = N_1$，则

$$I_2 N_2 = I_2' N_2' = I_2' N_1$$

$$I_2' = \frac{N_2}{N_1} I_2 = \frac{1}{k} I_2 \tag{2-24}$$

3. 阻抗的折算

利用电压和电流的折算值可以计算出阻抗的折算值，以负载阻抗为例

$$Z'_L = \frac{U'_2}{I'_2} = \frac{kU_2}{I_2/k} = k^2 Z_L \tag{2-25}$$

同理
$$Z'_2 = k^2 Z_2, \quad r'_2 = k^2 r_2, \quad x'_2 = k^2 x_2$$

综上所述，将低压侧各量折算到高压侧时，凡以 A 为单位的物理量用其实际值除以变比 k，以 V 为单位的物理量乘以 k，而以 Ω 为单位的参数均乘以 k^2。若将高压侧各量折算到低压侧时，折算方法则相反。

折算后的基本方程组便成为

$$
\left.
\begin{aligned}
\dot{U}_1 &= -\dot{E}_1 + \dot{I}_1 Z_1 \\
\dot{U}'_2 &= \dot{E}'_2 - \dot{I}'_2 Z'_2 \\
\dot{I}_1 + \dot{I}'_2 &= \dot{I}_0 \\
\dot{E}_1 &= \dot{E}'_2 \\
\dot{E}_1 &= -\dot{I}_0 Z_m \\
\dot{U}'_2 &= \dot{I}'_2 Z'_L
\end{aligned}
\right\} \tag{2-26}
$$

若已知折算值，则可用逆运算的方法求得变压器参数的实际值。

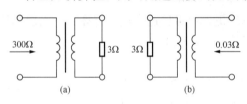

图 2-43　阻抗变换实例

(a) 折算到一次侧；(b) 折算到二次侧

【例 2-1】　图 2-43 所示为一台单相双绕组变压器，变比 $k=10$。

（1）将实际值 $R_L=3\Omega$ 的电阻接在低压侧，从高压侧看进去的电阻为多少？

（2）若将 3Ω 的电阻接在高压侧，则从低压侧看进去的电阻为多少？

解　这是阻抗的折算问题，根据变压器折算公式求解。

（1）$R'_L = k^2 R_L = 10^2 \times 3 = 300\Omega$，即低压侧的电阻 3Ω 从高压侧看进去是 300Ω。

（2）$R'_L = R_L/k^2 = 3/10^2 = 0.03\Omega$，即高压侧的电阻 3Ω 从低压侧看进去是 0.03Ω。

由本例可以看出，变压器又可作为一种阻抗变换器使用。

四、简化等效电路和短路阻抗

负载运行的变压器经折算后的等效电路为 T 形等效电路图，如图 2-42 所示。

变压器 T 形等效电路准确地反映了变压器的基本电磁关系，但进行实用运算时还是比较复杂，工程上常采用简化等效电路，进行简化计算。

变压器负载运行时，空载电流 I_0 所占比例很小，若将其忽略，令 $\dot{I}_0=0$，则 $\dot{I}_1=-\dot{I}'_2$，故可将励磁回路略去，使变压器的分析计算更为简便，简化等效电路如图 2-44 所示。

将图 2-44 中一、二次侧的参数合并，得到变压器短路电阻 r_k、短路电抗 x_k、短路阻抗 Z_k，即

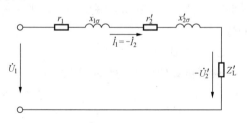

图 2-44　变压器简化等效电路

$$\left.\begin{array}{l} r_{\mathrm{k}} = r_1 + r_2' \\ x_{\mathrm{k}} = x_1 + x_2' \\ Z_{\mathrm{k}} = r_{\mathrm{k}} + \mathrm{j}x_{\mathrm{k}} \end{array}\right\} \qquad (2\text{-}27)$$

短路阻抗 Z_{k} 是变压器的一个很重要的参数，相当于电源的内阻抗。变压器运行中在不同的情况下短路阻抗起到不同的作用，分析如下。

（1）如 Z_{k} 值较小，则变压器正常运行时，其输出电压随负载波动的程度就小，电压稳定性好；Z_{k} 值较大则稳定性不好。

（2）如 Z_{k} 值较小，当变压器发生短路故障时，其稳态短路电流 I_{k} 会较大，对变压器危害大；Z_{k} 值较大则危害小。变压器稳态短路时的等效电路，如图 2-45 所示。

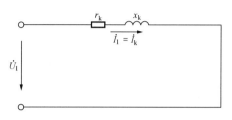

图 2-45 变压器短路时的等效电路

因此，变压器应根据运行的要求选择适当的短路阻抗值。

五、相量图

根据折算后的基本方程式，可绘制负载运行时的相量图。绘制相量图的步骤随已知条件的不同而变化。设已知负载情况，即已知 $\dot{U}_2$、$\dot{I}_2$、$\cos\varphi_2$（即负载性质）以及变压器的参数。由已知变比 k，计算出 $\dot{U}_2'$、$\dot{I}_2'$ 等相量的大小，则作图步骤如下。

设变压器负载为感性负载时，$\dot{I}_2'$ 滞后于 $\dot{U}_2'$ 的角度为 φ_2。

（1）选择 $\dot{U}_2'$ 作为参考相量，滞后 φ_2 角绘出 $\dot{I}_2'$。

（2）根据二次侧电动势平衡方程式 $\dot{E}_2' = \dot{U}_2' + (r_2' + \mathrm{j}x_2')\dot{I}_2'$，在 $\dot{U}_2'$ 上加上与 $\dot{I}_2'$ 平行的 $r_2'\dot{I}_2'$，再加上与 $\dot{I}_2'$ 垂直的 $\mathrm{j}x_2'\dot{I}_2'$ 得出 $\dot{E}_2'$。再绘出 $\dot{E}_1 = \dot{E}_2'$ 及 $-\dot{E}_1$。

（3）超前 $\dot{E}_1$ 90°绘出主磁通 $\dot{\Phi}_{\mathrm{m}}$。

（4）画出空载电流 $\dot{I}_0$ 及 $-\dot{I}_2'$，相量相加得出 $\dot{I}_1$。

（5）由一次侧电动势平衡方程 $\dot{U}_1 = -\dot{E}_1 + (r_1 + \mathrm{j}x_1)\dot{I}_1$，在 $-\dot{E}_1$ 上加上与 $\dot{I}_1$ 平行的 $r_1\dot{I}_1$，再加上与 $\dot{I}_1$ 垂直的 $\mathrm{j}x_1\dot{I}_1$，即得 $\dot{U}_1$。

感性负载相量图如图 2-46 所示。容性和纯电阻性负载可参照此法作出。

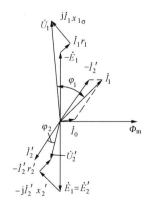

图 2-46 变压器感性负载相量图

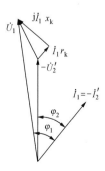

图 2-47 感性负载简化相量图

对于简化等效电路，可列出相应的方程式

$$\dot{U}_1 = -\dot{U}_2' + \dot{I}_1 r_k + j\dot{I}_1 x_k$$

和

$$\dot{I}_1 = -\dot{I}_2'$$

根据以上方程式可作出感性负载的简化相量图，如图 2-47 所示。

■ 模块小结

变压器的电动势和磁动势平衡方程式表示出了各种物理量的相互关系。变压器的负载对一次侧的影响是通过二次侧磁动势起作用的，磁动势平衡方程式将一、二次侧联系在一起。$U_1 \approx E_1 = 4.44 f N_1 \Phi_m$ 的结论十分重要，常常用来分析变压器的各种运行状况。公式说明主磁通 Φ_m 的大小主要取决于电源电压、频率和一次绕组匝数，与磁路所用材料的性质和尺寸无关。在一般情况下 U_1、f 和 N_1 都不会变动，所以变压器中主磁通一般是不变的，可以用此公式来解释变压器是怎样通过主磁通的桥梁作用来实现电功率传递的。

二次侧经折算后可将一、二次侧电路连接起来，便于变压器负载运行的计算与分析，要注意折算公式的应用。略去励磁回路可得到简化等效电路，从而导出短路阻抗的概念，短路阻抗相当于变压器的内阻抗，阻抗值的大小对变压器的运行有着不同的影响。

基本方程式、等效电路和相量图仍是分析变压器负载稳态运行时电磁关系的三种方法。

✎ 思考与练习

（1）变压器一、二次绕组之间没有电路的连接，为什么在负载运行时，二次侧电流变化时，一次侧电流也随之变化？

（2）画出变压器的 T 形等效电路图，按惯例标出各电磁量的正方向，写出一、二次侧电动势方程。

（3）短路阻抗由哪些阻抗构成？短路阻抗对变压器负荷运行有什么影响？

（4）变压器各量均采用惯例正方向，试分别作出：

1）纯电感性负载的相量图；

2）容性负载的相量图；

3）纯电阻性负载的相量图。

▶ 模块7　变压器的空载和短路试验

◐ 模块描述

本模块介绍变压器的空载试验和短路试验方法，进行励磁阻抗和短路阻抗参数的测定；简介标幺值的应用。

从等效电路可知，变压器的参数有励磁阻抗和短路阻抗。在设计变压器时这些参数是通过计算求得，而变压器在制成或修理后需要进行参数的测定试验。参数测定试验有两种，即空载试验和短路试验。

一、空载试验

空载试验用来测定变压器的励磁电阻 r_m、励磁电抗 x_m、空载损耗 p_0，以及变比 k 和空

载电流的百分数 $I_0\%$ 等。图 2-48（a）所示为单相变压器的空载试验接线图。其中 AX 为高压绕组，ax 为低压绕组。为了测试的安全和方便，常常采用将变压器高压侧开路，在低压侧施加额定电压的方法。此外，电压较低其试验设备的投资也较小。由于被测励磁阻抗的阻值较大，为减小测量误差，空载试验采用电压表前接法进行试验。

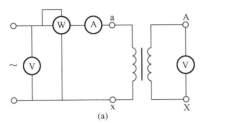 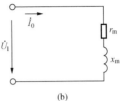

图 2-48　变压器空载试验

(a) 接线图；(b) 等效电路

用交流电流表、交流电压表和有功功率表分别测出空载电流 I_0、电源电压 U_1（也表示为 U_0）和空载损耗 p_0。考虑到 $r_m \gg r_1$，$x_m \gg x_1$，将 r_1 和 x_1 略去；又因电力变压器中 I_0 很小，空载时一次绕组铜损耗较小，可将其略去，认为铁损耗 $p_{Fe} = p_0$。空载等效电路如图 2-48（b）所示，可以认为变压器的励磁阻抗等于空载试验时测得的总阻抗 $z_0 = z_m$。于是，根据试验所得到 U_1、I_0 和 p_0，励磁回路参数可由下式计算得到

$$\left. \begin{array}{l} z_m = U_1/I_0 \\ r_m = p_0/I_0^2 \\ x_m = \sqrt{z_m^2 - r_m^2} \end{array} \right\} \qquad (2-28)$$

需要说明的是，上述计算结果是低压侧参数，一般降压变压器的励磁阻抗指的是高压侧参数，应将式（2-28）的参数进行折算，即用低压侧参数乘以 k^2 便可得到高压侧的参数。

变压器的变比 k 可由测得的高压侧电压除以低压侧电压得到，即

$$k = \frac{U_{20}(\text{高压})}{U_1(\text{低压})} \qquad (2-29)$$

空载电流的百分数计算式为

$$I_0\% = \frac{I_0}{I_{1N}} \times 100\% \qquad (2-30)$$

空载损耗直接用有功功率表测得的功率数表示。空载电流的百分数和空载损耗标识在变压器的铭牌上。

若施加电压从 $(0\sim1.2)U_N$，则可以测得一组数据来绘制空载特性曲线，该曲线为具有饱和特征的基本磁化曲线。

二、短路试验（负载试验）

短路试验用来测定变压器的短路电阻 r_k、短路电抗 x_k、短路阻抗 z_k 和短路损耗 p_k。

试验接线如图 2-49（a）所示。由于短路电流大，为了选择测试仪表的方便，通常采用将变压器低压侧短路，在高压侧施加电压的方法。又由于短路阻抗很小，为避免过大的短路电流将变压器绕组烧坏，施加的试验电压很低，约为额定电压的 10% 左右，通常使短路电流小于 1.3 倍的额定电流。另外，被测短路阻抗的阻值较小，为了减小测量误差，采用电压

表后接法进行试验。

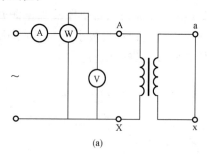 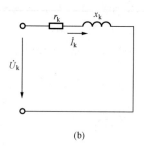

图 2 - 49 单相变压器短路试验

(a) 接线图；(b) 等效电路

用交流电流表、交流电压表和有功功率表分别测出短路电流 I_k、短路电压 U_k 和短路损耗 p_k。因为短路试验所施加的电源电压很低，主磁通很小，铁损耗可忽略不计，故认为铜损耗 $p_{Cu} = p_k$；又因 $I_0 \ll I_k$，故可将励磁回路略去，采用简化等效电路来分析和计算，如图 2 - 49 (b) 所示。

于是，根据试验所得到 U_k、I_k 和 p_k，短路参数可由下式计算得到

$$\left. \begin{aligned} z_k &= U_k/I_k \\ r_k &= p_k/I_k^2 \\ x_k &= \sqrt{z_k^2 - r_k^2} \end{aligned} \right\} \tag{2-31}$$

由于不能用试验的方法将短路阻抗值分解为一、二次绕组的漏阻抗值，可做如下处理

$$r_1 = r_2' = r_k/2$$
$$x_1 = x_2' = x_k/2$$

上述计算结果是变压器短路阻抗高压侧参数值，所以一般不再进行折算。若要求取低压侧参数，则应将其参数值除以 k^2。

由于电阻值会随温度变化，而变压器试验时的温度与实际运行时不同，因此还需进行温度换算。按照电力变压器国家标准的有关规定，应将室温（设为 θ℃）下测得的短路电阻换算到标准工作温度 75℃ 时的电阻值，相应的短路阻抗也需进行相应的换算。而漏电抗则与温度无关。

对于铜线变压器 $\qquad r_{k75℃} = \dfrac{235 + 75}{235 + \theta} r_k$

对于铝线变压器 $\qquad r_{k75℃} = \dfrac{225 + 75}{225 + \theta} r_k$

短路阻抗 $\qquad z_{k75℃} = \sqrt{r_{k75℃}^2 + x_k^2}$

短路阻抗 $z_{k75℃}$ 与一次侧额定电流的乘积称为短路电压，即 $U_k = I_{1N} z_{k75℃}$，用它与额定电压之比的百分值表示短路电压的百分数，即

$$u_k = U_k/U_{1N} \times 100\% \tag{2-32}$$

短路电压的百分数（简称短路电压）是电力变压器一个很重要的参数，通常标注在变压器铭牌上。中小型电力变压器主要考虑电压的稳定性，故取较小值，一般 $u_k = 4\% \sim 10\%$；而大型电力变压器主要考虑的是尽量减小变压器的短路电流，故取较大值，一般 $u_k = 12\% \sim 18\%$。

需要注意的是，变压器各参数均为一相绕组的值，所以，对三相变压器应先将测量的线电压、线电流根据接法转换成相电压、相电流，将测量的三相总功率值除以 3 后得到单相功率，再按上述方法进行计算。

【例 2 - 2】 三相降压变压器型号为 S9—2500/60，额定容量为 2500kVA，额定电压为 60/6.3kV，Yd 联结，室温 20℃，测得试验数据见表 2 - 3。

表 2 - 3   变 压 器 试 验 数 据 表

试验项目	电压（V）	电流（A）	功率（W）	备注
空载试验	6300	11.46	7700	低压侧加电源
短路试验	4800	24.06	26 500	高压侧加电源

试求：（1）高压侧和低压侧的额定电流；

（2）T 形等效电路中折算到高压侧各参数的欧姆值；

（3）空载电流的百分数和短路电压的百分数。

解 （1）
$$I_{1N} = \frac{S_N}{\sqrt{3}U_{1N}} = \frac{2500 \times 10^3}{\sqrt{3} \times 60 \times 10^3} = 24.1(A)$$

$$I_{2N} = \frac{S_N}{\sqrt{3}U_{2N}} = \frac{2500 \times 10^3}{\sqrt{3} \times 6.3 \times 10^3} = 229(A)$$

（2）对三相变压器的所有测量值要转换为一相的值再来计算。

空载试验是在三角形联结的低压侧施加电源，取空载试验参数计算

空载相电流
$$I_{20ph} = \frac{I_{20}}{\sqrt{3}} = \frac{11.46}{\sqrt{3}} = 6.62(A)$$

空载相电压
$$U_{2Nph} = U_{2N} = 6.3(kV)$$

则励磁阻抗
$$z_m = \frac{U_{2Nph}}{I_{20ph}} = \frac{6300}{6.62} = 951.7(\Omega)$$

励磁电阻
$$r_m = \frac{p_0/3}{I_{20ph}^2} = \frac{7700/3}{6.62^2} = 58.57(\Omega)$$

励磁电抗
$$x_m = \sqrt{z_m^2 - r_m^2} = \sqrt{951.7^2 - 58.57^2} = 949.9(\Omega)$$

变比为高低压侧的相电压之比
$$k = \frac{U_{1Nph}}{U_{2Nph}} = \frac{60/\sqrt{3}}{6.3} = 5.5$$

折算到高压侧的励磁参数为
$$z_m' = k^2 z_m = 5.5^2 \times 951.7 = 28\,789(\Omega)$$

$$r_m' = k^2 r_m = 5.5^2 \times 58.57 = 1771.7(\Omega)$$

$$x_m' = k^2 x_m = 5.5^2 \times 949.9 = 28\,734(\Omega)$$

短路试验在星形联结的高压侧施加电源，取短路试验参数计算

短路相电压
$$U_{1kph} = \frac{U_{1k}}{\sqrt{3}} = \frac{4800}{\sqrt{3}} = 2771(V)$$

短路阻抗
$$z_k = \frac{U_{1kph}}{I_{1k}} = \frac{2771}{24.1} = 115.2(\Omega)$$

短路电阻
$$r_k = \frac{p_k/3}{I_{1k}^2} = \frac{26\,500/3}{24.1^2} = 15.26(\Omega)$$

短路电抗 $x_k = \sqrt{z_k^2 - r_k^2} = \sqrt{115.2^2 - 15.26^2} = 114.2(\Omega)$

绕组是铜导线，换算到75℃时的短路参数为

$$r_{k75℃} = \frac{235+75}{235+20} \times 15.26 = 18.56(\Omega)$$

$$z_{k75℃} = \sqrt{r_{k75℃}^2 + x_k^2} = \sqrt{18.56^2 + 114.2^2} = 115.7(\Omega)$$

则

$$r_1 = r_2' = \frac{1}{2}r_{k75℃} = \frac{1}{2} \times 18.56 = 9.28(\Omega)$$

$$x_1 = x_2' = \frac{1}{2}x_k = \frac{1}{2} \times 114.2 = 57.1(\Omega)$$

（3）空载电流的百分数

$$I_0\% = \frac{I_{20ph}}{I_{2N}/\sqrt{3}} \times 100\% = \frac{6.62}{229/\sqrt{3}} \times 100\% = 5.02\%$$

短路电压的百分数

$$u_k = \frac{I_{1N}z_{k75℃}}{U_{1N}/\sqrt{3}} \times 100\% = \frac{24.1 \times 115.7}{60 \times 10^3/\sqrt{3}} \times 100\% = 8.05\%$$

三、标幺值

在电机和电力工程中，各物理量和参数除采用实际值表示和进行计算外，也可采用标幺值来表示和计算。实际值与选定的同单位的基值之比，称为标幺值，即

$$标幺值＝实际值/基值$$

标幺值均在原符号的右上角加"$*$"来表示，如U^*、I^*和Z^*等。

在变压器及其他电机中，通常取各物理量的额定值作为基值。

（1）电压和电流分别取一、二次侧的额定电压和额定电流作为基值，例如

$$U_1^* = U_1/U_{1N}, \quad U_2^* = U_2/U_{2N}$$

$$I_1^* = I_1/I_{1N}, \quad I_2^* = I_2/I_{2N}$$

对三相变压器或三相电机，则应注意，必须是实际相值/额定相值、实际线值/额定线值。

（2）功率取额定视在功率作为基值，例如

$$P_1^* = P_1/S_{1N}, \quad P_2^* = P_2/S_{2N}, \quad Q_2^* = Q_2/S_{2N}, \quad p_0^* = p_0/S_N$$

（3）一次绕组的阻抗基值取$z_{1N} = U_{1N}/I_{1N}$，二次绕组的阻抗基值取$z_{2N} = U_{2N}/I_{2N}$，例如

$$z_1^* = z_1/z_{1N}, \quad z_2^* = z_2/z_{2N}, \quad z_m^* = z_m/z_{1N}$$

$$z_k^* = z_k/z_{1N}, \quad r_k^* = r_k/z_{1N}, \quad x_k^* = x_k/z_{1N}$$

注意阻抗基值只有相值的概念，对三相变压器或三相电机，计算中应根据星形或三角形联结法，先求得一、二次侧绕组相电压和相电流，再用同一侧的数值计算阻抗基值。

采用标幺值主要有以下优点。

（1）采用标幺值便于工程上的计算和分析。例如额定电压、额定电流可表示为$U_{1N}^* = 1$、$I_{1N}^* = 1$（标幺值因此得名），在电力系统中进行大量数据的计算是很方便的。在分析方面，如某台变压器输出电流为600 A，不容易判断出该变压器是工作在轻载，还是重载或超载状态。用$I_1^* = 0.5$说明变压器工作在半载状态，用$I_1^* = 1.05$说明变压器处在超载5%状态，$U_1^* = 1.15$则说明电压超过额定电压15%等是很直观和方便的。

（2）标幺值是一种相对值，不论变压器的容量相差多大，用标幺值表示的参数及性能指

标变化范围小，便于对容量不同的变压器进行比较。例如 $I_{01}^* = 0.01$、$I_{02}^* = 0.05$ 说明两台变压器的空载电流分别占额定电流的 1% 和 5%，第一台变压器的空载电流所占比例要小些。

（3）采用标幺值时，由于一、二次侧的基值选取中已包含了变比关系，因此一、二次侧各量再不需进行折算了。例如 $r_2^* = r_2'^*$、$x_2^* = x_2'^*$ 等。

（4）采用的标幺值已无量纲，所以某些物理量和参数有着相同的数值，这便于计算和分析。例如 $z_k^* = U_k^*$，即短路阻抗标幺值＝短路电压标幺值。

标幺值的缺点是在计算方面，有时会造成误差较大以及物理意义不明确。

📖 **模块小结**

通过空载试验及短路试验可以分别获得变压器的励磁阻抗和短路阻抗，以及变比、空载和短路损耗、空载电流百分数和短路电压百分数等铭牌数据。

空载试验在低压侧施加电压，测得的励磁阻抗一般均应折算到高压侧；短路试验在高压侧施加电压进行试验，测得的短路阻抗应进行温度的换算。

不论在哪一侧加压试验，变比始终为高压侧相电压与低压侧相电压之比。

短路试验时，使短路电流为额定电流时一次侧所加的电压，称为短路电压 U_k，即 $U_k = I_{1N} z_{k75℃}$。短路电压是变压器的一个重要参数，常用它与额定电压之比的百分数来表示。当用标幺值来表示时，短路阻抗标幺值等于短路电压标幺值，$z_k^* = U_k^*$。

📐 **思考与练习**

（1）变压器采用标幺值分析问题带来哪些方便？

（2）短路阻抗标幺值 z_k^* 的大小对变压器运行性能有何影响？

（3）一台三相变压器额定容量为 750kVA，额定电压为 10/0.4kV，Yyn 联结，测得试验数据见表 2-4。

表 2-4 　　　　　　　　　　题（3）试验数据

试验项目	电压（V）	电流（A）	功率（W）	备注
空载试验	400	60	3800	低压侧加电源
短路试验	440	43.3	10 900	高压侧加电源

试求：1）高、低压侧的额定电压和电流；

2）画出 T 形等效电路，并计算出折算到高压侧各参数的欧姆值；

3）求空载电流的百分数 I_0%、短路电压的百分数 u_k。

▶ 模块 8　变压器的运行特性

🌐 **模块描述**

本模块介绍电力变压器的两个运行性能，包括电压变化率和效率。

变压器负载时的运行性能包括电压变化率和效率，是变压器的重要运行指标。前者反映了变压器输出电压的稳定性，后者反映的是变压器运行的经济性。

一、电压变化率

由于变压器内部有短路阻抗的存在，因此变压器带负载时会在短路阻抗上产生电压降，二次侧端电压将随负载的变动而变化，变化状况可用外特性来表示，外特性曲线如图 2 - 50

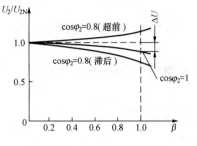

图 2 - 50　变压器的外特性

所示。其中输出电流的大小用负载系数 $\beta = I_1/I_{1N} = I_1^*$ 来表示。

从外特性曲线中可以看出：

（1）负载为纯阻性（$\cos\varphi_2 = 1$）时二次侧端电压仍略有下降，这是因为负载电流在短路阻抗（电源的内阻抗）上产生了电压降，负载越大，电压下降越多。

（2）若负载为感性，比如 $\cos\varphi_2 = 0.8$（滞后），电压随负载增大的下降幅度则比阻性负载要大一些，功率因数越低，下降幅度越大。此时负载主要为异步电动机、变压器等感性负载，是电压变化率出现最多的一种情况。

（3）若负载为容性，比如 $\cos\varphi_2 = 0.8$（超前），负载增大时电压反而上升，功率因数越低，上升幅度越大。此时负载主要为高压输电线等容性负载，是运行中较少出现的情况。

电压变化率定义为：变压器一次侧外施额定电压，二次侧空载和额定负载情况下电压的算术差与空载电压之比，并用百分数来表示，即

$$\Delta U\% = \frac{U_{2N} - U_2}{U_{2N}} \times 100\% \qquad (2 - 33)$$

式中 U_2——二次侧额定负载时的电压；

       U_{2N}——二次侧空载电压。

电压变化率还可根据变压器的参数，负载的性质和大小，由简化相量图求出，即

$$\Delta U\% = \beta(r_k^* \cos\varphi_2 + x_k^* \sin\varphi_2) \times 100\% \qquad (2 - 34)$$

$$\beta = I_1/I_{1N} = I_1^*$$

式中 β——负载系数，额定负载时 $\beta = 1$。

从式（2 - 34）中还可以看出，当负载为感性时，电流滞后于电压，$\varphi_2 > 0$，$\cos\varphi_2$ 和 $\sin\varphi_2$ 均为正，$\Delta U\%$ 为正值，说明二次侧端电压随感性负载的增大而下降；若负载为容性，$\varphi_2 < 0$，$\sin\varphi_2$ 为负，当 $(r_k^* \cos\varphi_2 + x_k^* \sin\varphi_2) < 0$ 时，$\Delta U\%$ 为负值，说明二次侧端电压随容性负载的增大出现了上升现象，即容性负载越大，二次侧端电压越高。

一般电力变压器在额定负荷运行时，其 $\Delta U\%$ 不应超过 $\pm 5\%$。为了保证电压的稳定性，通常采用改变高压绕组匝数的方法来调整二次侧电压的高低，即采用分接头调压。分接头数量从几个到二十几个不等，每个分接头的调整量为 $1\% \sim 2.5\%$。

当二次侧电压偏低时，可以减少高压绕组的匝数，使变比 k 变小，则二次侧的电压升高；同理，当二次侧电压偏高时，则反之。

【例 2 - 3】 一台三相电力变压器，$r_k^* = 0.024$，$x_k^* = 0.050\,4$。试计算额定负载时下列情况变压器的电压变化率 $\Delta U\%$。

（1）$\cos\varphi_2 = 0.8$（滞后）；

（2）$\cos\varphi_2 = 1.0$；

（3）$\cos\varphi_2 = 0.8$（超前）。

解 （1）额定负载时，$\cos\varphi_2 = 0.8$，$\sin\varphi_2 = 0.6$

$$\Delta U\% = (r_k^* \cos\varphi_2 + x_k^* \sin\varphi_2) \times 100\%$$
$$= (0.022 \times 0.8 + 0.045 \times 0.6) \times 100\% = 4.46\%$$

表明二次侧电压下降 4.46%。

（2）额定负载时，$\cos\varphi_2 = 1$，$\sin\varphi_2 = 0$

$$\Delta U\% = (r_k^* \cos\varphi_2 + x_k^* \sin\varphi_2) \times 100\%$$
$$= (0.022 \times 1.0 + 0.045 \times 0) \times 100\% = 2.2\%$$

表明二次侧电压下降 2.2%。

（3）额定负载时，$\cos\varphi_2 = 0.8$，$\sin\varphi_2 = -0.6$

$$\Delta U\% = (r_k^* \cos\varphi_2 + x_k^* \sin\varphi_2) \times 100\%$$
$$= (0.022 \times 0.8 - 0.045 \times 0.6) \times 100\% = -0.94\%$$

表明二次侧电压上升 0.94%。

二、效率

在变压器进行能量传递过程中会产生功率损耗，将输出功率与输入功率的比值称为变压器的效率，即

$$\eta = \frac{P_2}{P_1} \times 100\% \qquad (2-35)$$

效率反映了变压器运行的经济性。由于现代变压器采用了高磁导率低损耗的冷轧硅钢片铁心和铜绕组制成，因此变压器的效率比较高，一般中小型变压器的效率在 95% 以上，而大型变压器的效率则在 99% 以上。

电力变压器损耗包括铁损耗 p_{Fe} 和铜损耗 p_{Cu} 两大类。

铁损耗指的是变压器铁心中的涡流损耗、磁滞损耗以及附加铁耗，其大小近似与 U_1^2 成正比而基本不变，与负载电流无关，故为不变损耗。

铜损耗指的是变压器绕组电阻上产生的损耗和附加铜损耗，附加铜损耗主要是因为集肤效应导致导体中电流分布不匀引起的。铜损耗大小与 I_1^2 成正比，即随负载的增加而迅速增加，故铜损耗为可变损耗。

工程上常采用间接法测定变压器的效率，即

$$\eta = \frac{P_2}{P_1} = \frac{P_1 - \sum p}{P_1} = 1 - \frac{\sum p}{P_2 + \sum p} \times 100\% \qquad (2-36)$$

其中 $\sum p = p_{Fe} + p_{Cu}$。

为了使效率计算简便，可作如下假定。

（1）变压器负载运行时的铁损耗 p_{Fe} 等于额定电压下的空载损耗 p_0，即 $p_0 = p_{Fe}$，且铁心损耗不随负载变化。

（2）变压器额定负载时的短路损耗 p_{CuN} 等于额定电流的短路损耗 p_{kN}，即 $p_{CuN} = p_{kN}$。于是可得铜损耗的一般表达式，即

$$p_{Cu} = (I_1/I_{1N})^2 p_{kN} = \beta^2 p_{kN}$$

（3）计算 P_2 时，忽略负载运行时二次侧电压的变化，认为 $U_2 = U_{2N}$，即

$$P_2 = mU_2 I_2 \cos\varphi_2 = mU_{2N}\beta I_{2N}\cos\varphi_2 = \beta S_N \cos\varphi_2$$

式中 S_N——变压器的额定容量，m 为相数。

采用三个假设后，效率计算公式从式（2-36）变换为

$$\eta = \left(1 - \frac{p_{Fe} + \beta^2 p_{kN}}{\beta S_N \cos\varphi_2 + p_{Fe} + \beta^2 p_{kN}}\right) \times 100\% \qquad (2-37)$$

该效率计算公式出现的误差很小，能够满足工程计算的需要。

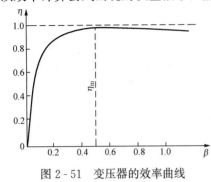

图 2-51　变压器的效率曲线

在负载 $\cos\varphi_2$ 不变的情况下，根据式（2-37）可看出效率随负载大小而变化，运行效率曲线如图 2-51 所示。从图 2-51 中可以看出：

（1）当负载很小时，不变的铁损耗 p_{Fe} 占主要损耗成分，此时效率较低。

（2）随着负载的增大，效率上升较快，在 $\beta = 0.5 \sim 1$ 的范围内效率都较高，在 $\beta = 0.5$ 达到最大值 η_m。这是因为当变压器负载增加时，铜损耗是以 β^2 的速度增加，当所带负荷较大时铜损耗 p_{Cu} 又成为损耗的主要成分，并使效率达到一最高值后略有下降。

（3）当负载超过额定值时，效率将下降更多。

对一台变压器来说，p_0 和 p_{kN} 的值是一定的，可通过空载和短路试验测出。产生最大效率时的负载系数可对式（2-37）求导得出，根据 $d\eta/d\beta = 0$，可得到

$$p_0 = \beta_m^2 p_{kN} \qquad (2-38)$$

式（2-38）说明当可变损耗增大到等于不变空载损耗时效率达到最大，即最大效率的负载系数为 $\beta_m = \sqrt{p_0/p_{kN}}$。

从全年的时段来看，由于负载时刻都在变化，电力变压器一般不会长期在额定负载运行，因此将 β_m 值都设计为 $0.5 \sim 0.6$，铁损耗设计为额定铜损耗的 $1/4 \sim 1/3$ 左右。而变压器在大部分时间都在这个区间工作，这便于提高全年的效率指标。

【例 2-4】　一台三相电力变压器，$S_N = 320\text{kVA}$，$p_0 = 1450\text{W}$，$p_{kN} = 5700\text{W}$。试求：

（1）额定负载且功率因数 $\cos\varphi_2 = 0.8$（滞后）时的效率。

（2）最大效率时的负载系数 β_m 及 $\cos\varphi_2 = 0.8$（滞后）时的最大效率 η_m。

解　（1）$\eta = \left(1 - \dfrac{p_{Fe} + \beta^2 p_{kN}}{\beta S_N \cos\varphi_2 + p_{Fe} + \beta^2 p_{kN}}\right) \times 100\%$

$\qquad = \left(1 - \dfrac{1450 + 1^2 \times 5700}{1 \times 320 \times 10^3 \times 0.8 + 1450 + 1^2 \times 5700}\right) \times 100\% = 97.3\%$

（2）$\beta_m = \sqrt{p_0/p_{kN}} = \sqrt{1450/5770} = 0.504$

$\qquad \eta_m = \left(1 - \dfrac{2p_{Fe}}{\beta_m S_N \cos\varphi_2 + 2p_{Fe}}\right) \times 100\%$

$\qquad = \left(1 - \dfrac{2 \times 1450}{0.504 \times 320 \times 10^3 \times 0.8 + 2 \times 1450}\right) \times 100\% = 97.8\%$

▇▇ 模块小结

变压器的电压变化率和效率是衡量变压器运行性能很重要的指标。电压变化率 ΔU 的大小表明了变压器运行时输出电压的稳定性，直接影响供电质量；效率 η 的高低则直接影响变压器的运行经济性。以上两个指标主要取决于负载的大小和性质以及变压器的各参数。因此，在选择变压器时要注意变压器的各参数，既要考虑制造成本，还要考虑对运行性能的影响。

📐 思考与练习

(1) 电压变化率与哪些因素有关？为什么大多数情况下电压变化率为正值？

(2) 为什么要将变压器效率最大值 β_m 设定为 0.5 左右？

(3) 一台三相电力变压器，$r_k^* = 0.02$，$x_k^* = 0.05$。试计算额定负载时下列情况变压器的电压变化率 $\Delta U\%$。

1) $\cos\varphi_2 = 1.0$；

2) $\cos\varphi_2 = 0.8$（超前）。

(4) 一台三相电力变压器，$S_N = 100\text{kVA}$，$p_0 = 600\text{W}$，$p_{kN} = 1920\text{W}$。试求：

1) 额定负载且功率因数 $\cos\varphi_2 = 0.8$（滞后）时的效率。

2) 最大效率时的负载系数 β_m 及 $\cos\varphi_2 = 0.8$（滞后）时的最大效率 η_m。

(5) 三相变压器 $S_N = 100\text{kVA}$，$U_{1N}/U_{2N} = 6/0.4\text{kV}$，Yyn 联结，铁损耗 $p_0 = 616\text{W}$，额定负载时的铜损耗 $p_{kN} = 1920\text{W}$，$r_k^* = 0.02$，$x_k^* = 0.038$。试求：变压器满载且功率因数 $\cos\varphi_2 = 0.8$（滞后）时的电压变化率 ΔU 及效率 η。

模块9 变压器的并联运行

🌐 模块描述

本模块介绍变压器并联运行条件，分析当变压器并联运行条件不满足时，变压器所出现的安全运行问题和负载分配不均的问题，介绍两台变压器并联运行的负载分配计算。

现代发电厂和变电站广泛采用变压器并联运行方式。变压器并联运行是指将两台或多台变压器的一、二次绕组分别接在公共母线上，共同向负载供电的运行方式，如图 2-52 所示。

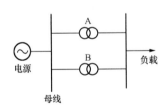

图 2-52 变压器并联
运行接线图

一、并联运行的主要优点

(1) 提高系统供电可靠性。当某台变压器发生故障或检修时，其余变压器仍可供给一定负载，减少用户停电，保证重点用户的供电。

(2) 提高系统运行经济性。可以根据负荷的大小调整投入并联运行的变压器台数，在负荷减小时将一部分变压器退出运行，从而减小空载损耗，提高运行效率。

(3) 减少变电站初次投资。用电负荷是在若干年内逐年增加的，根据国民经济发展分期分批添置变压器台数比较经济，同时有利于减少备用容量。

(4) 便于变电站扩大容量。单台变压器的制造容量是有限的，在大电网中需要传输大容量的电能时，则需要多台变压器并联运行来满足需要。

当然，并联台数过多则会使运行和倒闸操作复杂化，而且占地面积大、投资会更多。若变电站需增加容量较大时，可将多台小容量变压器更换成大容量后再并联运行，一般以两三台变压器并联运行为宜。

二、并联运行的条件

希望多台变压器并联后达到的理想状况是：空载运行时与单台空载一样，二次侧没有电流；负载运行时，各变压器的输出电流相位相同，且各台变压器所分担的负载，与其额定容量成正比，以确保设备容量能得到充分利用。

为此三相变压器并联运行需满足下述条件。

（1）变压器的一、二次侧额定电压分别相等（当联结组标号相同时则为变比相等）。

（2）变压器的联结组标号相同。

（3）变压器短路阻抗的标幺值相等（短路阻抗角也相等）。

此外，变压器的容量应相等。

其中（1）、（3）两个条件允许有偏差，第（2）个条件必须严格保证。

三、并联条件不满足时的问题

1. 变比不等时影响变压器的负荷分配

设 A、B 两台并联运行变压器的联结组、短路阻抗标幺值和额定容量等都相同，而变比 $k_A < k_B$，其一相绕组的原理接线如图 2-53 所示。变压器一次侧接在同一母线上，具有同一电压，即 $\dot{U}_{1A} = \dot{U}_{1B} = \dot{U}_1$。而变压器二次侧电压 $U_{2A} > U_{2B}$，在两台串联的二次侧绕组上存在电压差 $\Delta \dot{U} = \dot{U}_{2A} - \dot{U}_{2B}$。

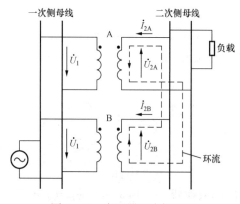

图 2-53　变压器二次侧环流

两台变压器均处于空载状态时，从图 2-53 中可以看出，二次绕组经由二次侧母线构成回路，该电压差使变压器二次侧之间产生了空载环流

$$\dot{I}_C = \frac{\Delta \dot{U}}{Z_{kA} + Z_{kB}} \qquad (2\text{-}39)$$

式中　Z_{kA} 和 Z_{kB}——折算到二次侧的两台变压器的短路阻抗。

由于 Z_{kA} 和 Z_{kB} 的阻值很小，即使不大的电压差也会产生较大的环流，环流方向如图 2-53 中虚线所示。由磁动势平衡关系可知，一次侧会有相应的环流产生，环流会使变压器的空载损耗增大。

当变压器带上负载运行时，环流会对实际电流产生影响，从而影响变压器的负荷分配。如图 2-53 中环流与变压器 A 的负载电流 $\dot{I}_{2A}$ 同方向，使变压器 A 二次侧电流增大；而环流与变压器 B 的负载电流 $\dot{I}_{2B}$ 反方向，使变压器 B 二次侧电流减小。如果变压器带额定负荷运行，变比小的变压器由于电流的增加处于过载状态，而变比大的变压器则由于电流的减小处于欠载状态。若要保证两台变压器均不过载运行，则应减少总负荷，使得变比小的变压器额定运行，变比大的变压器则在负载率更低的情况下欠载运行，变压器容量没有得到充分的利用。

如果两台变压器的变比相同，电压差为零，无环流存在，则各变压器如同单独空载运行时一样。负载运行可使两台变压器均满载运行，变压器容量得到充分的利用。

【例 2 - 5】 将两台额定容量为 100kVA 的单相变压器 A、B 并联运行，其额定电压分别为 6000/230V 和 6000/225V，已知 $u_{kA}=u_{kB}=5.5\%$，试求并联运行时的环流 I_c 为多大？

解 已知一次侧所加电压为 6000V，变比 $k_A<k_B$，则两台变压器二次侧电压差

$$\Delta U = 230 - 225 = 5(\text{V})$$

变压器二次侧额定电流为

$$I_{NA} = \frac{S_N}{U_{NA}} = \frac{100 \times 10^3}{230} = 435(\text{A})$$

$$I_{NB} = \frac{S_N}{U_{NB}} = \frac{100 \times 10^3}{225} = 444(\text{A})$$

根据短路阻抗标幺值的定义，可计算变压器折算到低压侧的短路阻抗分别为

$$Z_{kA} = \frac{5.5}{100} \times \frac{U_{NA}}{I_{NA}} = \frac{5.5}{100} \times \frac{230}{435} = 0.029\,1(\Omega)$$

$$Z_{kB} = \frac{5.5}{100} \times \frac{U_{NB}}{I_{NB}} = \frac{5.5}{100} \times \frac{225}{444} = 0.027\,9(\Omega)$$

二次侧环流为 $\quad I_c = \dfrac{230-225}{0.029\,1+0.027\,9} = \dfrac{5}{0.057\,0} = 87.8(\text{A})$

从例 2 - 5 可以看出，尽管两台变压器的二次侧电压只相差 5V，却产生了 87.8A 的空载环流，约占变压器额定电流的 20% 左右。也就是说，变压器还未带负载已有 20% 的容量被占用，所带总负载也要相应减少 20% 左右的容量，使变压器的利用率大为降低。

因此，并联运行的变压器，其变比只能允许有很小的偏差。为保证将环流占额定电流的比值控制在 5% 以内，则变比差值 $\Delta k = \dfrac{k_I - k_{II}}{\sqrt{k_I k_{II}}}$ 不得超过 0.5%，这可使变压器的利用率达到 95% 以上。

综上所述，变压器变比不等并联运行时，因为环流的存在，一是增加了损耗，二是使变压器的总容量不能被充分利用。为此，变比稍有不同的变压器如需并联运行时，容量大的变压器具有较小的变比为宜。

2. 联结组标号不同时对变压器造成危害

如果两台变压器的联结组标号不同，即使并联运行条件中的（1）、（3）完全相同，也不能并联。因为二次侧电压相位不同，将使二次侧出现电压差 $\Delta\dot{U}$，作用于两台变压器所构成的闭合回路中形成环流。以最小联结组标号之差来分析，例如联结组标号 Yy0 与 Yd11 的两台变压器，其二次侧对应线电压相位差为 30°，如图 2 - 54 所示。$\Delta U = 2U_{2N}\sin15° = 0.518U_{2N}$，$\Delta U$ 达到额定电压的 51.8%，这样大的电压差将在变压器绕组中产生巨大的环流，可能将变压器绕组烧坏。因此，联结组标号不同的变压器绝对不允许并联运行。

3. 短路阻抗的标幺值不等时影响变压器的负荷分配

图 2 - 55 所示为折合到二次侧的两台变压器并联运行时的等效电路。变压器 A 的短路阻抗为 $Z_{kA} = r_{kA} + jx_{kA}$，变压器 B 的短路阻抗为 $Z_{kB} = r_{kB} + jx_{kB}$，两台变压器的短路阻抗为并联。设两台变压器联结组标号和变比都相同，而短路阻抗的标幺值不等。

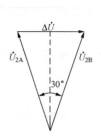

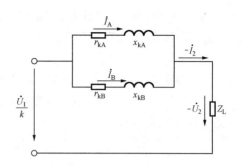

图 2 - 54　Yy0 与 Yd11 变压器
并联时二次侧电压相量

图 2 - 55　变压器并联
运行时的等效电路

因为短路阻抗是个复阻抗，要求两个短路阻抗的标幺值相等，就是既要求它们的大小相等又要求它们的阻抗角相等。下面从这两个方面进行分析。

（1）由图 2 - 55 可知，两台并联变压器的电流分配反比于各自的短路阻抗值的大小，即

$$\frac{I_A}{I_B} = \frac{z_{kB}}{z_{kA}} \qquad (2 - 40)$$

由于并联变压器的容量不一定相等，因此负荷电流的分配是否合理不能用实际值来判断，而应用标幺值来判断，即

$$\frac{I_A^*}{I_B^*} = \frac{\beta_A}{\beta_B} = \frac{z_{kB}^*}{z_{kA}^*} \qquad (2 - 41)$$

式（2 - 41）表明，并联运行变压器的负载系数与其短路阻抗的标幺值成反比。

若短路阻抗的标幺值相等，则两台变压器的负载系数相同，它们按相同的比例关系分配电流，同时半载或同时满载，两台变压器可以同时带上额定负载运行。

若短路阻抗的标幺值不相等，当短路阻抗标幺值大的变压器满载运行（$\beta=1$）时，短路阻抗标幺值小的变压器将处于过载状态（$\beta>1$）。如果不允许变压器过载运行，就要减小短路阻抗标幺值小的变压器负载到额定负载（$\beta=1$），另一台变压器同时按比例减小负载而处于欠载状态（$\beta<1$），使变压器所带的总负载减小，变压器容量不能得到充分利用。

所以，要求并联运行的各台变压器的短路阻抗标幺值，与所有各台并联运行的变压器的短路阻抗标幺值算术平均值之差不超过 $\pm10\%$。为此，短路阻抗标幺值有所不同的变压器如需并联运行时，容量大的变压器尽量选择小的短路阻抗标幺值为宜。

由于容量小的变压器短路阻抗标幺值小，因此与大容量变压器并联运行时负载分配比例大一些，即容量小的变压器先达到满载，变压器的容量利用率低，因此要求并联运行的两台变压器容量比不超过 3：1。

（2）当短路阻抗的大小相等而阻抗角不相等时，$\dot{I}_A$ 和 $\dot{I}_B$ 的相位会不相等，两台变压器供给负载的总电流 $\dot{I}_2$ 的值会小于 $\dot{I}_A$ 和 $\dot{I}_B$ 的算术和，即两台变压器向负载可能供出的容量将小于两台变压器额定容量之和，使设备的容量不能充分利用。一般情况下，并联运行的变压器额定容量之间相差越大，短路阻抗角的差值越大，设备的利用率越低。对并联运行的变压器，当它们的额定容量比不超过 3：1 时，则认为其短路阻抗的幅角相等。

综合前面的分析可知，变压器并联运行时，变比小和短路阻抗标幺值小的变压器易过载，所以在我国颁布的电力行业标准《电力变压器运行规程》中规定，对短路阻抗标幺值不相等的变压器，可适当提高短路阻抗标幺值大的变压器的二次电压，使并联运行变压器的容量均能充分利用。

【例 2-6】 设有两台三相变压器并联运行，其数据见表 2-5。

表 2-5   例 2-6 的 数 据

变压器编号	额定容量（kVA）	额定电压（kV）	联结组标号	短路电压 u_k
A	1000	35/10	Yd11	6.75%
B	1800	35/10	Yd11	8.25%

试求：

（1）在不允许任何一台变压器过载运行时，两台变压器最大可担负的负荷 S_m 为多少？变压器总利用率为多少？

（2）当总负荷为 2800kVA 时，各变压器所承担的负荷为多少？

解 （1）因为 $z_{kA}^* = u_{kA}/100 = 0.0675$，$z_{kB}^* = u_{kB}/100 = 0.0825$

由于变压器 A 的 z_{kA}^* 小，会先达到满载，故令 $\beta_A = 1$。利用式（2-41），得

$$\frac{1}{\beta_B} = \frac{0.0825}{0.0675}$$

求得

$$\beta_B = 0.818$$

两台变压器最大可担负的负载

$$S_m = \beta_A S_{NA} + \beta_B S_{NB} = 1 \times 1000 + 0.818 \times 1800 = 2472 \text{(kVA)}$$

变压器总利用率

$$\frac{S_m}{S_{NA} + S_{NB}} = \frac{2472}{1000 + 1800} = 88.3\%$$

可见，两台变压器并联运行时容量没有全部利用，造成变压器容量的浪费。

（2）由已知条件可列出方程组

$$\begin{cases} \beta_A S_{NA} + \beta_B S_{NB} = 2800 \text{(kVA)} \\ \beta_A : \beta_B = \dfrac{1}{z_{kA}^*} : \dfrac{1}{z_{kB}^*} = \dfrac{1}{0.0675} : \dfrac{1}{0.0825} \end{cases}$$

解得

$$\beta_A = 1.132, \quad \beta_B = 0.965$$

$$S_A = 1132\text{kVA} > 1000\text{kVA}, \quad S_B = 1668\text{kVA} < 1800\text{kVA}$$

可见变压器 A 已超载，而变压器 B 为欠载。

▊ 模块小结

变压器并联运行的理想条件是：①变比相等（一、二次侧额定电压相等）；②联结组标号相同；③短路阻抗标幺值相等（且短路阻抗角相等）。前两个条件保证并联运行时不产生环流，后一个条件是保证并联运行的变压器负载能合理分配。工程实际中，除联结组号必须相同外，其他两个条件允许有一定的偏差。

容量不等的变压器负载分配也不等，故两台变压器容量比不超过 3:1。

思考与练习

（1）何谓变压器的并联运行？并联运行有何优点？

（2）变压器理想并联运行的条件有哪些？这些条件在工程实际应用中有无变化？

（3）并联运行的变压器，若短路阻抗的标幺值或变比不相等，将会出现什么情况？

（4）如果两台短路阻抗的标幺值略有差别的变压器并联运行，希望短路阻抗的标幺值小的那台变压器的额定容量是大些好还是小些好？

（5）如果两台变比略有差别的变压器并联运行，希望变比大的那台变压器的额定容量是大些好还是小些好？

（6）两台变压器的短路阻抗标幺值、联结组号和额定容量都相同，但变比不相等，设 $k_1 < k_2$，并联运行后，输出容量间的关系为 $s_1 > s_2$，还是 $s_1 < s_2$？

（7）两台变压器的变比、联结组号和额定容量都相同，但短路阻抗标幺值不相等，设 $z_{k1}^* > z_{k2}^*$，并联运行后，输出容量间的关系为 $s_1 > s_2$，还是 $s_1 < s_2$？

（8）变比不等的变压器并联运行，二次绕组内有环流，一次绕组也有吗？

（9）设有两台三相变压器并联运行，其数据见表 2-6。

表 2-6　　　　　　　　　　题　（9）　数　据

变压器编号	额定容量（kVA）	额定电压（kV）	联结组标号	阻抗电压 u_k
A	5600	35/6.3	Yd11	7.5%
B	3200	35/6.3	Yd11	6.9%

试求：在不允许任何一台变压器过载运行时，两台变压器最大可担负的负载为多少？设备容量的总利用率为多少？

（10）某住宅小区原有一台 $S_N = 800kVA$ 的变压器供电，其数据为 $U_{1N}/U_{1N} = 10/0.4kV$，$u_k = 6.5\%$，联结组标号为 Yyn0。由于人民生活水平和用电质量的提高，用电量由 750kVA 增加到 1400kVA，准备增加一台变压器并联运行，有 4 台可供选择的变压器数据见表 2-7。

表 2-7　　　　　　　　　　题　（10）　数　据

变压器编号	额定容量（kVA）	额定电压（kV）	联结组标号	阻抗电压 u_k
A	800	10/0.4	Yyn0	5.5
B	630	10/0.4	Yyn2	6.55
C	630	10/0.4	Yyn0	6.55
D	630	10/0.42	Yyn0	6.55

试确定选择哪一台变压器最合适。

模块 10 电力变压器过负荷运行

模块描述

本模块介绍电力变压器的发热和冷却方法，绝缘的等值老化原则。介绍电力变压器的过负荷运行方式。

变压器的额定容量是指在规定的冷却条件下，变压器在额定电压、额定电流下连续运行时所输出的容量。此时变压器在规定的环境温度下运行，其各部分的温度都不会超过国家标准规定的温度。在这种情况下，变压器可获得经济合理的效率和正常预期寿命，电力变压器的正常寿命约为 20 年。

实际运行的电力变压器负荷变化范围很大，不可能总是固定在额定值运行。变压器大部分情况下所带负荷是小于或等于其额定容量的，但有时又必须在一个短时间内超过额定容量运行，即短时过负荷运行。变压器因此有必要规定一个短时容许输出的功率，即变压器的过负荷能力。在一定条件下，负荷能力可以超过额定容量，但负荷能力的大小和持续时间是不确定的。主要条件是应满足温度与电流的限值。

一、变压器的发热和冷却

1. 变压器的发热

变压器在运行时，绕组和铁心中的损耗将转变成为热量，使变压器各部分的温度升高，这些热量以传导和对流的方式向外扩散。当产生的热量与扩散的热量相等时，变压器各部分的温度就达到了稳定值。变压器温度与周围冷却介质温度之差称为温升。

变压器达到稳定温升的时间，因变压器容量的大小和冷却方式而异。小容量和干式变压器，运行 10h 就可认为达到了稳定温升，而大型变压器则要经过 24h 左右才能达到稳定温升。

对油浸式变压器来说，它是利用变压器油的对流作用，将绕组、铁心等部件产生的热量传至油箱壁，再散发到空气当中去，图 2-56 所示为油浸式变压器沿高度的温度分布图。

试验测定，油浸式变压器中温度最高的地方在绕组内，其轴向位置约在从下边算起的绕组高度的70%~75%、径向位置约在从内径算起的 1/3 处。对于自然油循环的变压器，绕组中最高的温度比其平均温度约高 13℃。

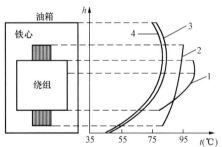

图 2-56 油浸式变压器沿高度的温度分布
1—绕组温度；2—铁心温度；
3—油温；4—油箱壁温

2. 变压器的冷却

为了使变压器能够长期安全运行，并提高带负荷能力，需对变压器进行冷却。常用的冷却方式有以下几种。

（1）油浸自冷式。小容量变压器普遍采用此种冷却方式，它是依靠变压器油的自然对流将绕组和铁心的热量带走。为提高散热效果，在油箱外侧连接有许多散热管或散热片。

（2）油浸风冷式。容量大些的变压器可在油浸自冷式的散热器上加装风扇，用以提高散热器的散热效果。

（3）强迫油循环冷却方式。大容量变压器需采用强迫油循环风冷或强迫油循环水冷方式，用油泵使油在散热器中加快流动再进行风冷或水冷，使变压器散热更快。更大容量的变压器已普遍采用导向冷却技术，在高低压绕组和铁心内部设有一定的油路，使进入油箱的冷油全部通过绕组和铁心内部流出，这样带走了大量热量，可有效提高散热效果。

二、等值老化原则

变压器的使用寿命基本上取决于绝缘材料的寿命。绝缘材料在长期运行中，其机械、电气性能衰减，逐渐失去其初期所具有的性质，产生绝缘老化现象。变压器的绝缘老化，主要是受温度、湿度、氧气和油中的劣化产物的影响，其中温度对老化的影响最明显。温度越高，绝缘老化速度越快，变压器的寿命也越短。

绝缘材料分为 6 个级别，每种绝缘材料都规定了极限容许温度。

油浸式电力变压器的绕组一般用经过浸渍处理的纸和变压器油做绝缘材料，属 A 级绝缘。实践表明，对于 A 级绝缘的电力变压器，当绕组最热点的温度一直维持为 98℃ 时，其使用年限约为 20 年；温度为 104℃ 时，约为 10 年；温度为 116℃ 时，约为 2.5 年。也就是说，在一定的温度变化范围内，温度每升高 6℃，变压器寿命将缩短一半，此即所谓的绝缘老化的 6℃ 原则。相反，如果绕组最热点的温度不到 98℃，如在 92℃ 长期工作，变压器将减缓老化，其使用寿命会大于 20 年。

实际上变压器的负荷及环境温度是经常变化的，绕组温度也随之而变化，不会一直维持其最热点温度在 98℃ 状态下运行。当变压器的负荷较小或环境温度较低时，绕组最热点温度会低于 98℃，其绝缘寿命损失小；在某些时间段内，当变压器的负荷会超过额定容量或环境温度较高时，绕组最热点温度会高于 98℃，其绝缘寿命损失大。为了解决上述问题，可以在某些时间段内，允许变压器绕组最热点温度高于 98℃ 运行；在另一些时间段内，变压器绕组最热点温度是低于 98℃ 运行，使两种情况下绝缘寿命的损失恰好能相互补偿，保持变压器正常使用寿命为 20 年不变，这就是所谓的等值老化原则。

三、电力变压器的过负荷运行

为满足某种运行需要，在一些时间段内允许电力变压器在大于额定容量状态下运行，称为过负荷运行。按过负荷运行的不同目的，电力变压器的过负荷运行又分为正常过负荷运行和事故过负荷运行。

1. 正常过负荷运行

不牺牲变压器正常使用寿命的过负荷运行称为正常过负荷运行。

正常过负荷运行是应用等值老化原则：在高峰负荷期间，让变压器在一段时间内超过额定负荷运行，缩短其正常使用寿命；在低峰负荷期间，让变压器小于额定负荷运行，延长其正常使用寿命，保证让延长的寿命与过负荷运行期间损失的寿命相互补偿。

在需要的时候允许电力变压器正常过负荷运行，可以使变压器的负荷能力得到充分利用。为了保证变压器的正常使用寿命，我国规定了正常过负荷运行期间，变压器负荷及温度的最高限值为：绕组最热点温度，中小型变压器不得超过 140℃，大型变压器不得超过 120℃；自然油循环变压器负荷不得超过额定容量的 1.3 倍，强迫油循环变压器负荷不得超过额定容量的 1.2 倍。

　　为保护变压器安全，电力变压器一般尽量避免过负荷运行，一旦出现过负荷现象，应密切监视变压器各部分温度和电流，尽快采取措施调整负荷，使变压器回到额定状态以下运行。

　　2. 事故过负荷运行

　　在电力系统发生事故时，一部分变压器不能供电，为保证不中断对重要用户的供电，则允许另一部分变压器在短时间内过负荷运行，称为事故过负荷运行，也称为短时急救过负荷运行。

　　在事故过负荷运行状态下，将加速变压器的绝缘老化，缩短变压器的正常使用寿命。但保证了对重要用户的供电，避免出现更重大损失，牺牲变压器的寿命是值得的，这是它与正常过负荷运行的主要区别。

　　事故过负荷运行时，对变压器运行时间的限制，国家标准已有规定。表2-8给出了油浸强迫油循环冷却变压器事故过负荷运行时间的规定。表2-9给出了油浸自然循环冷却变压器事故过负荷运行时间的规定。

表 2-8　　　　　　油浸强迫油循环冷却变压器事故过负荷运行时间允许值

过负荷倍数	环境温度（℃）				
	0	10	20	30	40
1.1	24：00	24：00	24：00	14：30	5：10
1.2	24：00	21：00	8：00	3：30	1：35
1.3	11：00	5：10	2：45	1：30	0：45
1.4	3：40	2：10	1：20	0：45	0：15
1.5	1：50	1：10	0：40	0：16	0：07
1.6	1：00	0：35	0：16	0：08	0：05
1.7	0：30	0：15	0：09	0：05	不允许

表 2-9　　　　　　油浸自然油循环冷却变压器事故过负荷运行时间允许值

过负荷倍数	环境温度（℃）				
	0	10	20	30	40
1.1	24：00	24：00	24：00	19：00	7：00
1.2	24：00	24：00	13：00	5：50	2：45
1.3	23：00	10：00	5：30	3：00	1：30
1.4	8：30	5：10	3：10	1：45	0：55
1.5	4：45	3：00	2：00	1：10	0：35
1.6	3：00	2：05	1：20	0：45	0：18
1.7	2：05	1：25	0：55	0：25	0：09
1.8	1：30	1：00	0：30	0：13	0：06
1.9	1：00	0：35	0：18	0：09	0：05
2.0	0：40	0：22	0：11	0：06	不允许

变压器经过事故过负荷运行以后，应将事故过负荷的大小和持续时间做详细记录。

与正常过负荷一样，电力变压器一旦出现事故过负荷现象，应密切监视变压器各部分温度和故障电流，并尽快采取措施排除故障，使变压器回到正常运行状态。若在规定的短时间内或超过极限值仍未排除故障，应将变压器从电网中切除。

模块小结

变压器所带负荷一般不应超过额定容量，但根据需要，也可以短时过负荷运行。过负荷运行分为正常过负荷与事故过负荷两种，不牺牲变压器正常使用寿命的过负荷运行称为正常过负荷运行，而事故过负荷运行将牺牲变压器的正常使用寿命。允许过负荷运行的时间长短，应根据负荷电流和油温限值来确定。

思考与练习

（1）变压器发热的原因是什么？变压器发热的最热点出现在何处？

（2）电力变压器常用的冷却方法有哪些？

（3）电力变压器过负荷有哪几种类型？

第三单元 其他变压器的应用

前面所讨论的三相变压器，每相都有高、低压两个绕组，所以称为双绕组变压器，是电力系统中使用最广泛的一类变压器。但在某些场合，还需要使用一些其他类型的变压器。下面介绍几种电力系统中常用的特殊变压器，即三绕组变压器、自耦变压器、分裂变压器和互感器等。

▶ 模块11 三绕组变压器的应用

● 模块描述

本模块介绍三绕组电力变压器的应用场合、结构特点、容量配合等。

一、三绕组变压器的应用

在发电厂和变电站中，常常需要把几种不同电压等级的输电系统联系起来。由于输电距离的不同，发电机发出的电能有时需要采用两种不同等级的输出电压，大型枢纽变电站也需要同时将高电压变为两种不同电压等级，若采用普通双绕组变压器一般需用两台变压器进行逐级降压。

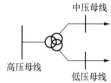

图2-57 三绕组变压器接线图

为了减少变压器台数，降低成本，同时减少占地面积，可采用一台三绕组变压器来代替两台双绕组变压器。三绕组变压器接线如图2-57所示。此外，变压器的运行和维护更为简单方便，所以三绕组变压器在电力系统中得到广泛应用。

二、结构特点

三绕组变压器的结构与双绕组变压器基本相同，只是在每相铁心柱上套有三个绕组，即高压绕组1、中压绕组2和低压绕组3。

三个绕组的布置，升压变压器与降压变压器是不同的，应按如下原则来考虑。

（1）有利于高压绕组的绝缘。高压绕组与接地的铁心距离要大些，这更有利于绝缘要求，降低变压器的绝缘成本。因此，所有变压器都将高压绕组放置在最外层。

（2）有利于绕组之间功率的传递。按照两个绕组距离越近，传输效率越高的原则，对于降压变压器，一般将低压绕组3放置在最里层，中压绕组2则放置在中间，如图2-58（a）所示（只画出A相）。对于升压变压器，功率是从低压侧向高、中压侧传递，所以把中压绕组靠近铁心柱，低压绕组放在中间，便于向高压和低压绕组

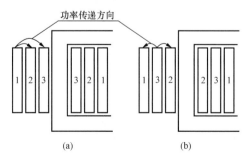

图2-58 三绕组变压器绕组布置图
（a）降压变压器；（b）升压变压器

传输功率，如图 2 - 58（b）所示。

当然，如果降压变压器的功率主要是由高压侧向低压侧传递，也可采用图 2 - 58（b）所示的绕组布置方式。

三、容量配合及标准联结组标号

变压器绕组容量指的是绕组通过功率的能力。双绕组变压器的输入和输出容量基本相等，所以一、二次侧绕组的设计容量相等，即等于各绕组额定电压和额定电流的乘积。变压器铭牌上所标定的额定容量即为一、二次侧绕组的额定容量。

三绕组变压器的各绕组容量可以设计为相等，也可设计为不相等，在满足供电需要的同时可降低变压器制造成本。三绕组变压器铭牌上标注的额定容量指的是最大的一个绕组容量，其他两个绕组的容量等于或小于额定容量。按照国家标准，将额定容量表示为 100％时，三个绕组的容量配合见表 2 - 10。

表 2 - 10　　　　　　　　　三绕组变压器的容量配合关系

变压器类型	绕组容量（％）			备注
	高压	中压	低压	
三绕组变压器	100	100	50	用于降压变压器
	100	50	100	降压、升压变压器均可
	100	100	100	用于升压变压器
三绕组自耦变压器	100	100	50	220kV 及 110kV
	100	100	30	500kV

需要指出的是，表 2 - 10 所示数值只是代表每个绕组通过容量的能力，并不是指三个绕组按此比例进行容量的传递，实际的容量分配是由各侧的负载决定的。运行时，所带负载既不能超过变压器的额定容量，又不能超过该侧绕组本身的额定容量。例如容量比例为 100/100/50 的降压变压器，中、低压绕组输出容量之和，应小于或等于高压绕组额定容量，而且每个绕组的输出容量也不能超过该绕组本身的额定容量。

三相三绕组电力变压器的标准联结组标号有 YNyn0d11 和 YNyn0y0 两种，其中联结组是按高、中、低压绕组次序来表示的，两个联结组标号都是以高压绕组线电压为长针来确定的。例如 YNyn0d11，表明高、中压均为有中性线的星形联结，高中压绕组的联结组标号为YNyn0；低压绕组为三角形联结，高低压绕组的联结组标号为 YNd11。

四、等效电路

三绕组变压器有 3 个变比和 3 个阻抗值。通过空载试验可测出其空载电流、铁心损耗和变比，试验方法类似于双绕组变压器。若 3 个绕组上的相电压分别为 U_1、U_{20}、U_{30}，则三绕组变压器的 3 个变比为

$$k_{12} = N_1/N_2 \approx U_1/U_{20}$$
$$k_{13} = N_1/N_3 \approx U_1/U_{30}$$
$$k_{23} = N_2/N_3 \approx U_{20}/U_{30}$$

三绕组变压器负载运行时，3 个绕组中均有电流流过，与双绕组变压器的能量传递过程相同，只是多一个绕组，由 3 个绕组共同维持主磁通。若略去空载电流不计，则变压器的磁动势平衡方程式为

$$\dot{I}_1 N_1 + \dot{I}_2 N_2 + \dot{I}_3 N_3 = 0 \qquad (2 - 42)$$

将式（2-42）两边同除以 N_1，有

$$\dot{I}_1 + \frac{1}{k_{12}}\dot{I}_2 + \frac{1}{k_{13}}\dot{I}_3 = 0$$

将其代入折算关系　　　　　　$\dot{I}_1 + \dot{I}_2' + \dot{I}_3' = 0$

经过推导，可以得出不考虑 I_0 时的三绕组变压器简化等效电路，如图 2-59 所示。

图 2-59 中 $Z_1 = r_1 + \mathrm{j}x_1$ 为第 1 绕组的短路阻抗；$Z_2' = r_2' + \mathrm{j}x_2'$ 为第 2 绕组折算到第 1 绕组的短路阻抗；$Z_3' = r_3' + \mathrm{j}x_3'$ 为第 3 绕组折算到第 1 绕组的短路阻抗；短路电阻 r_1、r_2'、r_3' 和短路电抗 x_1、x_2'、x_3' 可以通过 3 次短路试验求得。

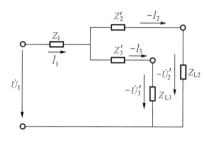

图 2-59　三绕组变压器简化等效电路

📖 模块小结

三绕组变压器可用于联系几种不同电压等级的输电系统。工作原理与双绕组变压器基本相同，但有自身的特点。

三绕组变压器绕组的排列应考虑绝缘的方便、能量的传递效率。

🔖 思考与练习

（1）在电力系统中，三绕组变压器应用于什么场合？有什么优点？

（2）降压三绕组变压器和升压三绕组变压器在结构上有什么不同？

（3）三绕组变压器的额定容量是怎样确定的？三个绕组的容量有哪几种配合？

模块 12　自 耦 变 压 器 的 应 用

🌐 模块描述

本模块介绍自耦变压器的应用场合、结构特点，其中包括三相电力自耦变压器和自耦调压器等。

普通变压器一、二次绕组之间只有磁的耦合，而自耦变压器与普通变压器的最大不同点在于一、二次绕组之间不仅有磁的耦合，还有电的直接联系。在高电压、大容量、小变比的输电系统中，常采用自耦变压器，称为电力自耦变压器。小容量的自耦变压器输出电压可以做成滑动调压方式，称为自耦调压器，广泛应用于各种电气试验和控制装置中。

一、三相电力自耦变压器

1. 结构特点

将一台双绕组变压器转变为自耦变压器，其演变过程如图 2-60 所示。图 2-60（a）所示为双绕组变压器的原理图，由于感应电动势与匝数成正比，设一次绕组匝数 N_1 对应的感应电动势为 E_1，二次绕组 N_2 对应的感应电动势为 E_2。以尾端 X 和 x 为参考点，在一次绕组上可以找到与二次感应电动势相等的点 a'，由于这两部分电动势相等，用导线联结起来不会对电路有影响，如图 2-60（b）所示。省去原二次绕组，使用一个绕组即可，如图 2-60

（c）所示。这种一、二次绕组有共同部分的变压器就称为自耦变压器。只属于一次侧的线圈称为串联绕组，同属于一、二次侧的线圈称为公共绕组，用 N_2 来表示。一次绕组的匝数为串联绕组和公共绕组匝数之和，仍用 N_1 来表示。

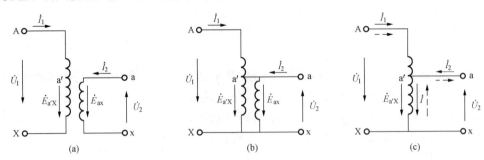

图 2 - 60　从双绕组变压器演变为自耦变压器

（a）双绕组变压器；（b）a′a 间短路；（c）自耦变压器

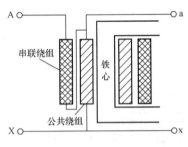

图 2 - 61　降压自耦变压器接线图

实用电力自耦变压器将串联绕组和公共绕组分别绕制，套在同一个铁心柱上，公共绕组放置于内层，串联绕组放置于外层，绕组接线如图 2 - 61 所示。

单相自耦电力变压器的标准联结组别为 Ia0（a 表示自耦），三相自耦三绕组电力变压器的标准联结组别为 YNa0d11。

2. 电压、电流和变比

自耦变压器加上负载后便有一、二次侧电流 $\dot{I}_1$、$\dot{I}_2$ 和公共绕组电流 $\dot{I}$ 流过，经过分析得知当某一时刻 $\dot{I}_1$ 与参考方向相同，$\dot{I}_2$ 和 $\dot{I}$ 则与参考方向相反，实际电流流向如图 2 - 60（c）虚线箭头所示。因此变压器输出电流有效值的关系为

$$I_2 = I_1 + I \tag{2 - 43}$$

当变压器一次侧施加额定电压，使变压器空载运行并略去阻抗电压降时，则自耦变压器的变比为

$$k_a = \frac{U_{1N}}{U_{2N}} = \frac{N_1}{N_2}$$

变比公式与双绕组变压器变比公式相同，N_1 为串联绕组和公共绕组的匝数之和，N_2 为公共绕组的匝数。

3. 容量关系

自耦变压器的额定容量、额定电压、额定电流之间的关系与双绕组变压器相同，即

$$S_N = U_{1N} I_{1N} = U_{2N} I_{2N}$$

串联绕组的容量为

$$S_{Aa} = U_{Aa} I_{1N} = \left(U_{1N} \frac{N_1 - N_2}{N_1} \right) I_{1N} = S_N \left(1 - \frac{1}{k_a} \right)$$

公共绕组的容量为

$$S_{ax} = U_{ax} I_{ax} = U_{2N} I_{2N} \left(1 - \frac{1}{k_a} \right) = S_N \left(1 - \frac{1}{k_a} \right)$$

上述公式表明：

（1）串联绕组和公共绕组的容量是相等的。

（2）各绕组容量（也称为设计容量或电磁容量）小于额定容量，且其大小与变比 k_a 有关。例如，$k_a = 220\text{kV}/110\text{kV} = 2$ 时，绕组容量只有 $S_N (1 - 1/2) = 0.5 S_N$；而当 $k_a = 154\text{kV}/110\text{kV} = 1.4$ 时，绕组容量只有 $S_N (1 - 1/1.4) \approx 0.3 S_N$。

双绕组变压器的绕组容量总是等于额定容量，与变比无关。因此当额定容量相等时，自耦变压器不仅比双绕组变压器少用了一个绕组，且其绕组容量比双绕组变压器的绕组容量要小，从而减少了硅钢片和铜材料的使用，节省了材料，减小了变压器的体积和质量，便于运输与安装，从而可以降低投资成本。同时由于材料减少，使其损耗降低、效率提高。

当变压器负载运行时，自耦变压器传递给负载的容量由两部分组成，如图 2-62 所示。一部分是通过电磁感应作用从一次侧传递到二次侧的容量，称为电磁容量，这与双绕组变压器传递方式相同；另一部分是由电源经串联绕组直接传递到负载的容量，称为传导容量。正是由于传导容量的存在，自耦变压器的绕组容量才会小于其额定容量。

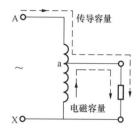

图 2-62　能量传递方式

已知二次侧电压为 U_2，二次侧输出电流为 $I_2 = I_1 + I$，因此，由一次侧传递到二次侧的总容量为

$$S_2 = U_2 I_2 = U_2 (I_1 + I) = U_2 I_1 + U_2 I \tag{2-44}$$

式中　$U_2 I_1$——传导容量；

　　　$U_2 I$——电磁容量。

因为电磁容量占总传输容量的 $1 - \dfrac{1}{k_a}$，所以传导容量占 $1 - \left(1 - \dfrac{1}{k_a}\right) = \dfrac{1}{k_a}$。例如，$k_a = 3$ 时，电磁容量占总容量的 66.6%，传导容量为 33.3%；$k_a = 1.4$ 时，电磁容量约占总容量的 30%，而传导容量占总容量的 70%。可见当两个电压等级越接近，变比 k_a 越小，传导容量越大，变压器的效益越高。在工程上，为了保证自耦变压器有较高的传输效益，变比 k_a 的取值以小于 2.5 为宜。

4. 自耦变压器的主要问题

自耦变压器有前述的优点，但相对于双绕组变压器也存在一些需要注意的问题。

（1）由于自耦变压器的短路阻抗标幺值比同容量的双绕组变压器小，故短路电流较大。为了提高自耦变压器承受突然短路的能力，设计时应注意绕组的机械强度，必要时适当增大短路电抗以限制短路电流。

（2）由于一、二次绕组间有电的直接联系，高压侧发生故障会直接影响到低压侧。为此，自耦变压器的运行方式、继电保护及过电压保护装置等都比双绕组变压器复杂。例如，为避免当高压侧过电压时，引起低压绕组绝缘的损坏，一、二次侧都必须装设避雷器；为防止高压侧发生单相接地时引起低压侧非接地相对地电压升得较高，造成对地绝缘击穿，自耦变压器的中性点必须接地或经小电抗接地。

二、自耦调压器

自耦变压器的另一个用途是作为调压器使用，其方法是将二次侧 a 端改成滑动触头的形式与绕组相连。调压器一般采用环形铁心，旋转调压手柄可使输出电压连续变化。为了保证额定输出电压的大小，应使滑动端输出的最大电压稍大于电源的额定电压，即将滑动触头接触的 N_2 匝数稍多于电源绕组匝数 N_1，如图 2 - 63（a）所示。如 220/0～250V 的单相调压器，调节范围从 0V 到 250V，当电源电压稍低于 220V 时，调压功能仍能保证输出电压为 220V。

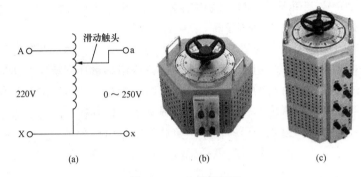

图 2 - 63　自耦调压器

（a）接线原理图；（b）单相调压器；（c）三相调压器

三相调压器是由三台单相调压器叠装而成，如图 2 - 63（c）所示，将三个滑动触头和调压手柄同装在一个轴上，以便对称地调节输出电压。

▥ 模块小结

自耦变压器的结构特点是一、二次绕组不仅有磁的耦合而且还有电的联系。因此，负载得到的功率有一部分是通过电路直接传递的，这使得自耦变压器与同容量的双绕组变压器相比，绕组容量减小了，从而节省材料，降低损耗，提高效率和缩小尺寸。

变比越小的变压器功率传输效益越高，自耦电力变压器在电压等级相近的电力网中应用较为广泛，单相三绕组自耦变压器多用于超高压及以上大容量的三相组式电力变压器中。

✍ 思考与练习

（1）自耦变压器的绕组容量为什么能小于额定容量？自耦变压器的变比为什么不要超过 2.5？

（2）自耦变压器作电力变压器使用还有哪些问题？

（3）若将调压器 A 端接中性线，X 端接相线能否进行调压？实际应用中会出现什么问题？

（4）一台单相自耦变压器的额定电压 $U_{1N}/U_{2N}＝220kV/180kV$，$I_{2N}＝400A$。试求：

1）变压器的额定容量 S_N、一次侧额定电流 I_{1N} 和二次绕组额定电流 I；

2）变压器的额定电磁容量和额定传导容量。

模块 13　分裂变压器的应用

◉ 模块描述

本模块简介分裂变压器的应用场合、结构特点和作用特点等。

分裂绕组变压器，简称分裂变压器，主要在大型发电厂中使用，一是用于两台发电机共

用一台分裂变压器向电网供电；二是采用分裂变压器向两段厂用电母线供电，如图 2 - 64
所示。

一、结构特点

分裂变压器有多种形式，这里只讨论使用较多的双分裂变压器。双分裂变压器是将一台
电力变压器的一个绕组（通常是低压绕组）分裂成在电气上彼此无关，仅只有弱磁联系的两
个支路的变压器。两个分裂绕组结构相同，容量相等，且均为额定容量的二分之一或略大于
二分之一。

图 2 - 65 为三相双绕组分裂变压器的原理接线图和绕组布置图（只画出 A 相）。高压绕
组 AX 为不分裂绕组，由两部分并联而成。低压绕组分裂成独立的两个绕组，分别由 $a_2 x_2$
和 $a_3 x_3$ 引出，一般两个分裂绕组的额定电压相同。由于分裂绕组之间没有电的直接联系，
因此各绕组的额定电压也可以不同，但应尽量接近（如 6kV 和 10kV）。变压器运行时，每
个绕组可以单独运行，也可带不同容量同时运行。两个分裂绕组额定电压相同时，还可将其
并联运行，并联后可视为一台无分裂绕组的双绕组变压器。双分裂变压器实质上是一种特殊
的三绕组变压器。

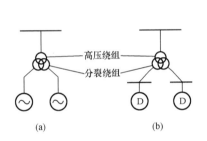

图 2 - 64　分裂变压器接线图
(a) 两台发电机共用分裂变压器；
(b) 分裂变压器向两段厂用母线供电

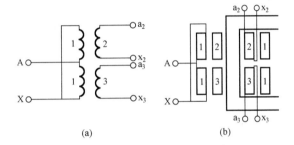

图 2 - 65　三相双绕组分裂变压器绕组连接图
(a) 原理接线图；(b) 绕组布置图

高压绕组接成星形，两个分裂绕组接成三角形的分裂变压器，在两个分裂绕组间规定以
"-"隔开表示，所以其联结组标号为 YNd11-d11。

二、等效电路及阻抗参数

（1）等效电路。双分裂变压器在电路形式上与三绕组变压器相同，故等效电路与普通三
绕组变压器相同，如图 2 - 66 所示。分裂变压器对应
于不同的运行方式有着不同的阻抗参数。

（2）穿越阻抗 Z_c。当分裂变压器的低压分裂绕组
并联成一个绕组对高压绕组运行时，称为穿越运行，
此时变压器所呈现的短路阻抗称为穿越阻抗 Z_c，即

$$Z_c = Z_1 + Z_2' \mathbin{/\!/} Z_3' = Z_1 + Z_2'/2$$

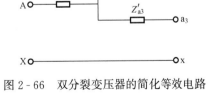

图 2 - 66　双分裂变压器的简化等效电路

穿越阻抗 Z_c 相当于普通双绕组变压器的短路
阻抗。

（3）半穿越阻抗 Z_h。当分裂变压器只有一个低压分裂绕组对高压绕组运行，另一个
分裂绕组开路时，称为半穿越运行，此时变压器所呈现的短路阻抗称为半穿越阻抗
Z_h，即

$$Z_h = Z_1 + Z'_2$$

（4）分裂阻抗 Z_f。高压绕组开路，一个低压分裂绕组对另一个低压分裂绕组的运行，两个低压绕组之间存在着功率传递，称为分裂运行。此时，两个低压分裂绕组之间的短路阻抗称为分裂阻抗 Z_f，即

$$Z_f = Z'_2 + Z'_3 = 2Z'_2$$

由于两个分裂绕组相距较远，磁联系较弱，所以 Z_f 有较大值。

由以上阻抗的定义，可得以下关系式

$$Z_c = Z_1 + Z_f/4$$

（5）分裂系数 k_f。分裂阻抗与穿越阻抗之比称为分裂系数 k_f，即

$$k_f = Z_f/Z_c$$

我国生产的三相分裂变压器的分裂系数一般取 3～4，即表明分裂阻抗是穿越阻抗的 3～4 倍。

三、分裂变压器的优点

（1）限制短路电流作用明显。当一支分裂绕组短路时，由电网供给的短路电流流经分裂变压器的阻抗较大，使得短路电流比普通绕组变压器要小得多。对于大容量的变压器，由于短路电流的减小，使得可以采用较为轻型的断路器来切除故障，节省了投资。

（2）发生短路故障时能保持母线电压较高。采用分裂变压器对两段母线供电，当某一段母线发生短路故障时，除能有效限制短路电流外，另一支分裂绕组所接的母线还可保持较高的残余电压，即电压降低幅度较小，从而提高了供电可靠性。例如国产 SFFL—15000/10 型三相双分裂变压器，分裂系数 k_f＝3.42，当一支分裂绕组所接母线发生短路故障时，高压侧电压降低不多，另一支分裂绕组出口端的残压也可近似地保持为额定电压的 92%。这个电压已远远大于高温高压电厂必须维持残压为 65% 的规定值，从而保证了厂用电的稳定。

（3）可以改善电动机的起动条件。由于分裂变压器的穿越阻抗比同容量的双绕组变压器的短路阻抗要小些，所以，起动电流引起的电压降也要小些，有利于厂用大型电动机的起动。

分裂变压器的缺点是制造工艺复杂、价格较贵。

▥ 模块小结

分裂绕组间的阻抗较大，两支路之间相互影响小。

分裂主要应用于大型发电厂，由于分裂变压器可减小厂用电系统短路故障时的短路电流，使厂用电系统的可靠性提高。并且降低对母线、断路器等电气设备的投资，但分裂变压器的成本较高。

◪ 思考与练习

（1）分裂变压器相对于普通变压器在结构有哪些不同？

（2）分裂变压器主要应用于什么场合？

（3）分裂变压器有哪些优点？

模块 14 互感器的应用

模块描述

本模块简介电力系统中互感器的应用，其中包括电压互感器、电流互感器等。

在电力系统中大量使用电压互感器和电流互感器，其目的是可以用常规量程仪表进行高电压和大电流的测量，并使测量回路与高压线路隔离，以保障工作人员和测试设备安全。互感器工作原理与变压器基本相同。

一、电压互感器

电压互感器接线原理如图 2-67 所示。一次绕组并接到被测量的高压线路上，二次绕组接到电压表或功率表的电压线圈。由于电压表的内阻很大，此时互感器相当于一台降压变压器空载运行。按要求设计一、二次侧的匝数比，即电压比或变比 $k_u = U_1/U_2 = N_1/N_2$，就可将高压降为低压进行测量。

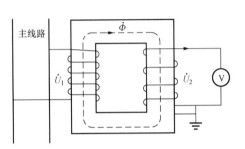

图 2-67 电压互感器原理图

二次侧额定电压都统一设计为 100V，如电压比 220/0.1（kV）、10/0.1（kV）等。用低量程的电压表读数乘以变比即为被测电压，实际应用中已将低压测量仪表刻度换算成高压值刻度，直接读取数据即可。

电压互感器存在有误差，产生误差的原因是由于漏阻抗和励磁电流的存在。因此电压互感器一般采用高导磁性的硅钢片制成，磁路尽可能有较小气隙，并使铁心不饱和以减小励磁电流，同时在绕组排列上尽量减小漏磁通以减小漏电抗，并适当采用较粗导线以减小电阻。

电压互感器有额定容量，电压互感器所接仪表数量要受到额定容量的限制。如有超过，则过大的负载电流将引起较大的漏阻抗压降，使测量误差增大。国家标准按相对误差计算电压互感器误差，按准确度的高低规定为 0.2、0.5、1、3 四个标准等级，供不同场合使用。

使用电压互感器时应特别注意以下两点。

（1）低压侧绝对不允许短路，否则会产生很大的短路电流，烧坏互感器的绕组。

（2）为确保安全，低压侧绕组和铁心必须可靠接地。

二、电流互感器

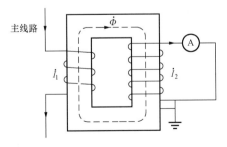

图 2-68 电流互感器原理图

电流互感器接线原理如图 2-68 所示。一次绕组串接到被测量的线路中，二次绕组接到电流表或功率表的电流线圈。一次绕组的匝数很少，有时只有 1 匝，二次绕组的匝数很多。由于电流表的内阻很小，因此电流互感器工作时相当于变压器的短路运行状态。按要求设计一、二次侧的匝数比，即电流比 $k_i = I_1/I_2 = N_2/N_1$，就可将大电流变为小电流进行测量。

二次侧额定电流一般都设计为 5A，如电流比 600/5（A）、5000/5（A）等。用小量程的电流表读数乘以电流比即为被测电流，实际应用中已将小量程测量仪表刻度换算成大电流刻度，直接读取数据即可。

电流互感器也存在有误差，产生误差的原因与电压互感器相同。从铁心制造来看，由于励磁电流受负载电流变化的影响较电压互感器更为严重，因此电流互感器采用高导磁性的硅钢片制成，尽可能减小气隙，使铁心处于不饱和状态。同时也要在绕组排列上尽量减小漏磁通以减小漏电抗。

电流互感器也有额定容量，电流互感器所接仪表数量也要受到额定容量的限制。因为所接仪表均为串联，如超过规定数量，则过多的仪表电压累计将使二次侧电压升高，不再是短路状态。这样会使一次侧电压升高，从而使励磁电流增人，使测量误差增大。国家标准按相对误差计算电流互感器误差，按准确度的高低规定为 0.2、0.5、1、3、10 五个标准等级，供不同场合使用。

使用电流互感器时应特别注意以下两点。

（1）二次侧绝对不允许开路，否则会烧坏铁心及绕组，并产生很高电压危及工作人员的生命安全。原因分析：二次电流与一次电流产生的磁动势大小几乎相等，但方向相反，使合成磁动势和励磁电流很小。若二次侧开路，二次电流产生的磁动势消失，一次侧电流全部成为励磁电流，使磁通过大，铁心进入深度饱和，铁心损耗急剧增加，会烧坏铁心及绕组。同时由于二次绕组匝数很多，过大的磁通会在二次侧开路端感应出很高的电压危及安全。

（2）为确保安全，二次绕组和铁心必须可靠接地。

📚 模块小结

互感器是电力系统中的测量设备，电压互感器运行时近似于变压器的空载运行，因此二次侧绝对不能短路，否则会因短路电流过大烧坏绕组。电流互感器运行时近似于变压器的短路运行，二次侧绝对不能开路，否则会烧坏铁心和绕组，并在二次侧产生高电压，危及现场操作人员的生命安全。此外，应将互感器二次侧进行可靠接地。

📝 思考与练习

（1）现场使用电压互感器、电流互感器应注意什么？

（2）为什么电流互感器在使用时严禁二次侧开路？

（3）电流互感器与变压器二次侧开路有什么区别？

第四单元　变压器异常运行与维护

模块 15　电力变压器异常状态的影响

🔵 模块描述

本模块介绍电力变压器的三种异常状态对变压器的影响，即空载合闸和突然短路的暂态影响、不对称运行等。

前面所讨论的变压器运行都属于稳态运行范畴。当变压器空载合闸、负载侧突然短路、开关的通断以及遭雷击时等都会使原稳定状态发生变化，其电压、电流和磁通等都要经过急剧变化才能达到新的稳定状态。从一种稳定状态过渡到另一种稳定状态，称为变压器的暂态过程或瞬变过程。尽管暂态过程持续时间很短，但对变压器的影响却很大，有时会产生严重的过电流或过电压，甚至会损坏变压器。

一、变压器空载合闸

1. 空载合闸时的现象

在变压器二次侧开路的情况下，将一次侧开关投入到电网上称为空载合闸。图 2-69 所示为变压器空载线路图，电网电压 u_1 按正弦规律变化，在 $t=0$ 时合上电源开关，将变压器接通到电网上。大型变压器稳态运行时，空载励磁电流不到额定电流的 1%，但是当变压器空载合闸时，可能会出现很大而很短暂的冲击电流，在合闸处还会出现很大的火花，并伴有声响。此电流大大超过正常的励磁电流，可达到几倍的额定电流，由于时间很短，故该励磁电流也

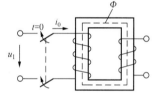

图 2-69　变压器的空载合闸

称为励磁涌流。而有时在合闸时没有火花和声响，也没有出现很大的电流，实际上每次合闸时更多现象是介于二者之间的。

2. 励磁涌流

经过理论分析，变压器空载合闸时，铁心中磁通大小是一个变化的量，其变化规律为

$$\Phi = \Phi_m[\cos\alpha - \cos(\omega t + \alpha)] \tag{2-45}$$

式中　α——空载合闸瞬间电压 u_1 的初相角。

式（2-45）说明，磁通由两部分构成：一部分是按余弦变化的磁通（即正弦变化规律），另一部分是最大值为 Φ_m 的暂态分量。合闸时磁通有无暂态分量的出现与合闸瞬间电压 u_1 的初相角有关。

根据变压器空载运行分析，空载电压 u_1 超前磁通 Φ_m 约 $90°$，下面以图 2-70 所示两种极端情况来进行分析。

（1）当合闸瞬间 u_1 的初相位 $\alpha=90°$ 时合闸，由式（2-45）可知

$$\Phi = \Phi_m[\cos 90° - \cos(\omega t + 90°)] = \Phi_m\sin\omega t$$

说明磁通为一个正弦量，铁心中没有出现其他磁通分量，变压器立即进入稳态空载运行，励磁电流为正常情况，合闸对变压器没有任何影响。

（2）当合闸瞬间 u_1 的初相位 $\alpha=0°$ 时，由式（2-45）可知

$$\Phi=\Phi_m[\cos0°-\cos(\omega t+0°)]=\Phi_m-\Phi_m\cos\omega t$$

说明磁通除按余弦变化的磁通（即正弦变化规律）外，还有最大值为 Φ_m 的暂态分量出现，经过一段时间的衰减，恢复到正常磁通情况。磁通波形如图 2-71 所示。

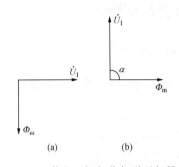

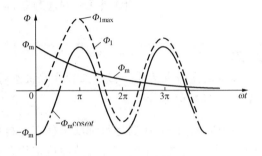

图 2-70　空载电压初相位与磁通相量关系
(a) $\alpha=0°$；(b) $\alpha=90°$

图 2-71　$\alpha=0°$ 合闸时的磁通波形

磁通波形图表明，当 $t=0$ 时，磁通暂态分量为 Φ_m，但合成磁通 $\Phi=0$；在空载合闸后的半个周期瞬间 $\omega t=\pi$，即 $t=\pi/\omega$ 时（工频时 $t=0.01s$），合成磁通 Φ 出现最大值 Φ_{max}，近似于 $2\Phi_m$，若考虑剩磁，铁心中磁通有可能达更高数值。此时铁心进入深度饱和，相应的励磁电流急剧增加，此电流大大超过正常的励磁电流，达到几倍的额定电流，如图 2-72 所示。

由于一次绕组电阻 r_1 的存在，励磁涌流随着时间的推移会逐渐衰减，最后达到稳定空载运行状态，空载合闸的励磁涌流波形如图 2-73 所示。

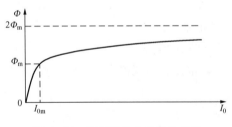

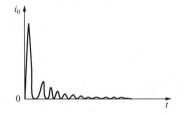

图 2-72　变压器铁心的磁化曲线

图 2-73　空载合闸的励磁涌流

3. 励磁涌流的影响

实际操作中，随机合闸的时刻大部分都是处于上述分析的两种情况之间。励磁涌流随时间衰减的速度取决于一次绕组的时间常数 $T=\dfrac{L_1}{r_1}$，L_1 为一次绕组的电感。一般小型变压器的电阻较大，衰减较快，1s 之内可达到稳态；但巨型变压器的电阻较小，衰减较慢，有的变压器要 20s 左右才能进入稳态运行。

在三相变压器中，由于三相电压彼此相差 120°，合闸时总会有一相的初相角接近于 0°，因此出现励磁涌流的现象较多。

空载合闸出现的励磁涌流数值不是很大，衰减也较快，对变压器本身没有直接的危害。但励磁涌流有可能使变压器的过流保护误动作而引起跳闸。因此，应采用能识别或躲开励磁涌流影响的保护装置。

如遇变压器空载合闸时跳闸，可先对变压器及线路进行检查（如检修变压器后未拆除接地线而出现短路故障等），查明原因经处理后，再重复进行合闸。

二、变压器突然短路

1. 突然短路时的现象

当变压器的一次侧接到额定电压的电网上，二次侧的出线端发生短路故障，称为突然短路。突然短路会在变压器一、二次绕组中产生很大的电流，由于断路器跳闸需要一定时间，变压器绕组在这段时间里会受到短路电流的冲击。

2. 突然短路电流

图 2-74 所示为变压器突然短路时的等效电路。设电网电压 u_1 按正弦规律变化，r_k 为短路电阻，$L_k = x_k/\omega$ 为短路电感，短路阻抗角为 90°；在 $t=0$ 时发生突然短路，变压器短路前空载运行，即 $t=0$ 时，$i_k=0$；变压器接到无穷大电网，即短路电流不会引起电网电压下降。变压器二次侧突然短路的情况与

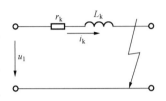

图 2-74　变压器突然短路

RL 串联电路突然接到正弦电压上的瞬变过程相似。经过理论分析，突然短路电流的表达式为

$$i_k = -\sqrt{2}I_k\cos(\omega t + \alpha) + \sqrt{2}I_k\cos\alpha e^{-\frac{t}{T_k}}$$
$$= i_k' + i_k'' \tag{2-46}$$

式中　i_k'——突然短路电流的稳态分量；

　　　i_k''——突然短路电流的暂态分量；

　　　α——突然短路瞬时电源电压 u_1 的初相角；

$T_k = \dfrac{L_k}{r_k}$——暂态分量衰减的时间常数。

式（2-46）表明，短路电流与发生突然短路时电压的初相位 α 有关，下面分两种特殊情况讨论。

（1）当 $\alpha = 90°$ 时突然短路，由式（2-46）可知

$$i_k = \sqrt{2}I_k\sin\omega t$$

说明在电压 u_1 初相位为 90° 时发生突然短路时，暂态分量 $i_k'' = 0$，突然短路一发生变压器立即进入稳态短路状态，突然短路电流最小。

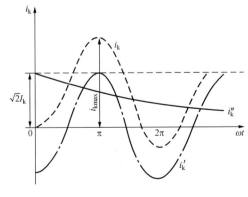

图 2-75　$\alpha = 0°$ 时突然短路电流曲线

（2）$\alpha = 0°$ 时突然短路，由式（2-46）可知

$$i_k = -\sqrt{2}I_k\cos\omega t + \sqrt{2}I_k e^{-\frac{t}{T_k}} \tag{2-47}$$

与式（2-47）相对应的电流变化曲线如图 2-75 所示。由图可见，在突然短路后的半个周期 $\omega t = \pi$ 瞬间，短路电流达最大值。

将 $t = \pi/\omega$ 代入式（2-47），得短路电流的最大值为

$$i_{kmax} = \sqrt{2}I_k + \sqrt{2}I_k e^{-\frac{1}{T_k} \times \frac{\pi}{\omega}} = (1 + e^{-\frac{\pi}{\omega T_k}})\sqrt{2}I_k$$
$$= k_y\sqrt{2}I_k$$

其中 $k_y = (1 + e^{-\frac{\pi}{\omega T_k}})$ 是突然短路电流最大值与

稳态短路电流最大值的比值。中、小容量的变压器 $k_y = 1.2 \sim 1.4$，大容量变压器 $k_y = 1.7 \sim 1.8$。

当采用标幺值表示时，短路电流最大值的标幺值为

$$i_{kmax}^* = \frac{i_{kmax}}{\sqrt{2} I_N} = k_y \frac{I_k}{I_N} = k_y \frac{U_{1N}}{I_{1N} Z_k} = k_y \frac{1}{Z_k^*} \qquad (2-48)$$

式（2-47）表明，i_{kmax}^* 与 Z_k^* 成反比，即短路阻抗的标幺值越小，短路电流越大。若 $Z_k^* = 0.06$，则 $i_{kmax}^* = (1.2 \sim 1.8) \times \frac{1}{0.06} = (20 \sim 30)$，即突然短路电流最大值是额定电流最大值的 20～30 倍，这是一个很大的冲击电流。

对于三相变压器，由于各相电压在时间上互差 120°相位角，因此总会有一相处于突然短路电流达最大或接近于最大的情况。

3. 突然短路电流的影响

突然短路电流的影响，主要是使变压器绕组受到强大电磁力的作用。

变压器绕组中的电流与漏磁通相互作用产生电磁力 F，而 F 正比于 I^2。这就是说，当突然短路的冲击电流达到额定电流幅值的 20～30 倍时，产生的冲击电磁力将达到正常运行时的 400～900 倍。冲击电磁力发生在短路后的 0.01s 左右，断路器一般来不及动作，所以冲击电磁力将会对绕组产生很大的破坏力，使绕组受到挤压、拉伸或扭曲，因而出现扯断、变形而损坏绝缘的情况。因此，变压器在设计制造时应考虑突然短路时冲击电磁力的作用，如将绕组做成圆筒状，浸渍固化，在受力大、易变形的地方加强机械支撑等。

由于绕组铜损耗也与 I^2 成正比，突然短路产生的大电流同样会产生很大的铜损耗使绕组发热。但因继电保护动作时间不到 1s，变压器很快从电网切除，故绕组不会因过热而烧坏。

三、三相变压器的不对称运行

三相变压器外加对称电压而三相负载不对称时，称为不对称运行。实际工作中，变压器的三相负载经常会出现不对称的情况，例如接有大容量的单相负载（如单相电炉、电焊机以及电气机车等）。有时不对称情况还比较严重，例如出现不对称故障（如发生单相接地短路）等。不对称运行时三相电流的大小不相等，或各相之间的相位差出现不为 120°的情况。

由于连接组与磁路结构的不同，有的三相变压器具有承担不对称负载的能力，有的则没有。电气工程中，常常采用对称分量法对变压器的不对称运行状态进行分析，以确定其承担不对称负载的能力。

1. 对称分量法

不对称运行问题的分析常采用对称分量法。所谓对称分量法就是将一组不对称的三相电流或电压分解成三组对称的电流或电压，然后对三组对称的电流和电压进行分析和计算。分解出的对称分量称为正序、负序和零序分量。下面以电流为例说明对称分量法的基本原理。

正序电流指的是大小相等、相位互差 120°、相序为 A—B—C 的三相电流；负序电流指的是大小相等、相位互差 120°、相序为 A—C—B 的三相电流；零序电流指的是大小相等、相位相同的三相电流。正、负、零序分量分别在各电流符号右下角加注"＋"、"－"、"0"来表示。如果将这三组互不相干的对称电流各相分别叠加起来，便构成一组三相不对称电流 $\dot{I}_A$、$\dot{I}_B$、$\dot{I}_C$，如图 2-76 所示。由此可说明，任何一组对称的正、负、零序分量叠加在一

起时，就可得到一组三相不对称的分量。

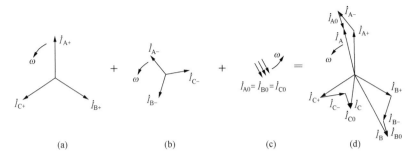

图 2-76 对称分量及合成的不对称分量

(a) 正序电流分量；(b) 负序电流分量；(c) 零序电流分量；(d) 合成的不对称电流

根据以上分析，三相不对称电流为

$$\left.\begin{array}{l} \dot{I}_A = \dot{I}_{A+} + \dot{I}_{A-} + \dot{I}_{A0} \\ \dot{I}_B = \dot{I}_{B+} + \dot{I}_{B-} + \dot{I}_{B0} \\ \dot{I}_C = \dot{I}_{C+} + \dot{I}_{C-} + \dot{I}_{C0} \end{array}\right\} \tag{2-49}$$

反过来说，任何一组不对称的三相电流均可分解为一定的三相对称的正、负、零序分量。从图 2-76 可以看出，各相序分量中各相电流的关系为

$$\left.\begin{array}{l} \dot{I}_{B+} = a^2 \dot{I}_{A+}, \dot{I}_{C+} = a \dot{I}_{A+} \\ \dot{I}_{B-} = a \dot{I}_{A-}, \dot{I}_{C-} = a^2 \dot{I}_{A-} \\ \dot{I}_{A0} = \dot{I}_{B0} = \dot{I}_{C0} \end{array}\right\} \tag{2-50}$$

式中 a——一种复数运算符号，也称为旋转因子。

$a = e^{j120^\circ}$，或写为 $a = 1\angle 120^\circ$，它是一个幅值为 1 的单位相量，相角为 120°。

由于

$$a = 1\angle 120^\circ = \cos\frac{2}{3}\pi + j\sin\frac{2}{3}\pi = -\frac{1}{2} + j\frac{\sqrt{3}}{2}$$

$$a^2 = 1\angle 240^\circ = -\frac{1}{2} - j\frac{\sqrt{3}}{2}$$

$$a^3 = 1\angle 0^\circ = 1$$

因而

$$a^2 + a + 1 = 0$$

将式（2-50）代入式（2-49）后求解可得

$$\left.\begin{array}{l} \dot{I}_{A+} = \frac{1}{3}(\dot{I}_A + a\dot{I}_B + a^2\dot{I}_C) \\[2mm] \dot{I}_{A-} = \frac{1}{3}(\dot{I}_A + a^2\dot{I}_B + a\dot{I}_C) \\[2mm] \dot{I}_{A0} = \frac{1}{3}(\dot{I}_A + \dot{I}_B + \dot{I}_C) \end{array}\right\} \tag{2-51}$$

式（2-51）用于已知不对称的三相电流，求得 A 相的各对称分量值。然后根据式（2-50）可确定 B 相和 C 相的对称分量。

2. Yyn 联结三相变压器带单相负载的能力

Yyn 联结的三相心式变压器，常用作配电变压器，带动力与照明混合的不对称负载。

通过对其带单相负载状况的分析，可以得出 Yyn 联结的三相心式变压器带不对称负载的能力。

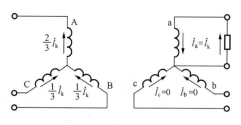

图 2-77 Yyn 联结变压器带单相负载

（1）单相负载的电流。Yyn 联结的三相变压器带单相负载接线图如图 2-77 所示，为简单起见，假设一次侧各量已折算到二次侧，同时不在一次侧各量上加符号"'"。带单相负载相当于三相电源供电方式运行时，二次侧发生了单相接地事故的状况。

因为只有 a 相带负载，故变压器二次侧电流是一组不对称的电流，即

$$\dot{I}_a = \dot{I}, \ \dot{I}_b = 0, \ \dot{I}_c = 0$$

将其代入式（2-51）和式（2-50），可得二次侧正序、负序和零序电流

$$\dot{I}_{a+} = \frac{1}{3}\dot{I}, \ \dot{I}_{a-} = \frac{1}{3}\dot{I}, \ \dot{I}_{a0} = \frac{1}{3}\dot{I}$$

$$\dot{I}_{b+} = \frac{1}{3}a^2\dot{I}, \ \dot{I}_{b-} = \frac{1}{3}a\dot{I}, \ \dot{I}_{b0} = \frac{1}{3}\dot{I}$$

$$\dot{I}_{c+} = \frac{1}{3}a\dot{I}, \ \dot{I}_{c-} = \frac{1}{3}a^2\dot{I}, \ \dot{I}_{c0} = \frac{1}{3}\dot{I}$$

根据磁动势平衡原理，也将对应产生一次侧的正序、负序和零序电流，忽略励磁电流，则得到一次侧电流的对称分量为

$$\dot{I}_{A+} = -\frac{1}{3}\dot{I}, \ \dot{I}_{A-} = -\frac{1}{3}\dot{I}$$

$$\dot{I}_{B+} = -\frac{1}{3}a^2\dot{I}, \ \dot{I}_{B-} = -\frac{1}{3}a\dot{I}$$

$$\dot{I}_{C+} = -\frac{1}{3}a\dot{I}, \ \dot{I}_{C-} = -\frac{1}{3}a^2\dot{I}$$

由于一次侧无中性线，故零序电流不能在一次绕组中流通，因此只有正序和负序分量，一次侧各相的不对称电流值为

$$\dot{I}_A = \dot{I}_{A+} + \dot{I}_{A-} = -\frac{2}{3}\dot{I}$$

$$\dot{I}_B = \dot{I}_{B+} + \dot{I}_{B-} = \frac{1}{3}\dot{I}$$

$$\dot{I}_C = \dot{I}_{C+} + \dot{I}_{C-} = \frac{1}{3}\dot{I}$$

一、二次侧电流的相量关系如图 2-78 所示。可见在一次绕组中，$\frac{1}{3}\dot{I}$ 的电流分别从 B、C 相流进，$\frac{2}{3}\dot{I}$ 的电流从 A 相流出。

可见，Yyn 联结的三相心式变压器是可以带单相负载运行的，《电力变压器运行规程》规定此类型变压器可以在单相接地短路的状态下运行 1～2h。

（2）单相负载的电压。变压器空载对称运行时的二次侧感应电动势 $\dot{E}_{2a}$、$\dot{E}_{2b}$ 和 $\dot{E}_{2c}$ 是

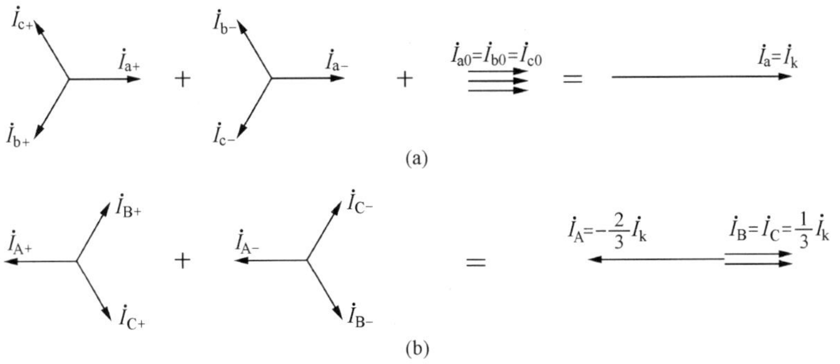

$\dot{I}_{c+}$ $\dot{I}_{a+}$ $+$ $\dot{I}_{b-}$ $\dot{I}_{a-}$ $+$ $\dot{I}_{a0}=\dot{I}_{b0}=\dot{I}_{c0}$ $=$ $\dot{I}_a=\dot{I}_k$
$\dot{I}_{b+}$ $\dot{I}_{c-}$

(a)

$\dot{I}_{A+}$ $\dot{I}_{B+}$ $+$ $\dot{I}_{A-}$ $\dot{I}_{C-}$ $=$ $\dot{I}_A=-\dfrac{2}{3}\dot{I}_k$ $\dot{I}_B=\dot{I}_C=\dfrac{1}{3}\dot{I}_k$
$\dot{I}_{C+}$ $\dot{I}_{B-}$

(b)

图 2-78　Yyn 连接变压器的单相短路时电流的相量关系
(a) 二次侧电流相量；(b) 一次侧电流相量

三相对称的，它们大小相等、相位互差 120°。当 Yyn 联结的三相变压器带单相负载时，二次侧出现正序、负序、零序电流，但一次侧只能流通正、负序电流。由磁动势平衡关系可知，二次侧的零序电流得不到一次侧相应的零序电流来平衡。于是零序电流起了励磁电流的作用，产生一组零序磁通与二次绕组相交链。各相零序磁通的大小相等、方向相同，会在二次侧三相绕组中分别感应出同大小、同方向的零序电动势 $\dot{E}_{0a}$、$\dot{E}_{0b}$ 和 $\dot{E}_{0c}$。零序电动势分别叠加在 $\dot{E}_{2a}$、$\dot{E}_{2b}$ 和 $\dot{E}_{2c}$ 上，二次绕组各相的感应电动势出现了不对称的现象，大小不等、相位角也不是互差 120°，必然也导致二次绕组三相相电压的不对称，使带负载的 a 相的相电压下降，b 相和 c 相的相电压升高。这种现象也称为中点位移。

二次侧三相相电压的不对称的程度与零序磁通的大小有关，而在零序电流大小一定的情况下，零序磁通的大小又与三相变压器的磁路结构有关。

对于三相心式变压器，零序磁通无法在铁心中构成回路，而是以油、油箱壁及部分铁心构成回路，因此磁阻较大、零序磁通较小，感应的零序电动势较小，引起的二次侧三相相电压不对称的程度较小。因此，Yyn 联结的三相心式变压器可以带单相负载运行，即有带不对称负载的能力，但中性线电流不允许超过额定电流的 25%，或按制造厂的规定来确定中性线电流的大小。

对于三相组式变压器，零序磁通可在变压器各相铁心中构成回路，因此磁阻较小、零序磁通较大，感应的零序电动势较大，引起的二次侧三相相电压不对称的程度较大。结果使带负载的相电压下降很多，无法满足负载的要求，而空载的两相电压升高，可能造成负载与电气设备出现过电压的危险。因此，Yyn 联结的三相组式变压器不能带单相负载运行，即没有带不对称负载的能力。

3. 其他联结组三相变压器的不对称运行

由上述分析得知，Yyn 联结的组式变压器不能带单相负载运行，其原因是由于二次侧有零序分量电流流过，而一次侧则无零序分量电流流过，二次侧的零序分量电流成了励磁电流。对于 Yd、YNd、YNy、Yy 等其他联结组的三相变压器，由于二次侧没有中性线引出，也就没有零序分量电流。因此，它们都能够担负各种不对称的负载。

▋▋ 模块小结

变压器在空载合闸和突然短路的暂态过程中会产生冲击电流，其大小取决于暂态过程开始瞬间电源电压的初相位角 α。当 $\alpha=90°$ 时没有瞬变过程，直接进入稳态。当 $\alpha=0°$ 时，电流最大。空载合闸时出现的励磁涌流，不会产生危害，主要在保护设计中要避免误动作。突然短路产生的短路电流使绕组受到巨大的电磁力作用，可能使变压器绕组和绝缘受到破坏。

分析三相变压器的不对称运行时常采用对称分量法。Yyn 联结的三相组式变压器，由于二次侧的零序电流产生的零序磁通可以在铁心中构成回路，产生的零序电动势大，使二次侧三相电压严重不对称，故其没有带单相负载的能力，不能采用。Yyn 联结的三相心式变压器由于零序磁阻大、零序磁通小，二次侧三相电压不对称程度较小，能承担单相负载。对于二次侧不能流通零序分量电流的变压器，它们都能够担负各种不对称的负载。

▨ 思考与练习

（1）是否每次空载合闸都会出现励磁涌流？何时会出现最大的励磁涌流？大致为额定电流的多少倍？

（2）什么情况下突然短路电流最大？大致是额定电流的多少倍？此电流对变压器有什么危害？

（3）当发生短路时，继电保护装置动作会使开关跳闸，短路冲击电流为什么还会对变压器造成危害？

（4）为什么 Yyn 联结的三相变压器不能采用组式结构，而可以采用心式结构？

▶ 模块 16　电力变压器的运行监视与维护

● 模块描述

本模块简单介绍了电力变压器的运行监视和运行维护，其中变压器的运行维护又包含了对强油风扇冷却装置、净油器等多个部分的运行维护项目。

为保证变压器安全可靠地运行，值班人员应对运行中的变压器各部位及各种表计进行监视与巡视检查，及时发现和处理异常情况，将设备的缺陷、故障甚至事故消除在萌芽状态。不但要对正常运行中的变压器做好各项检查，还要在雷雨大风、冰雹雪雾等异常天气状况时，有针对性地对其进行检查，确保变压器的稳定运行。

一、变压器的运行监视

变压器运行时，运行值班人员应根据控制仪盘上的仪表（有功表、无功表、电流表、电压表、温度表等）来监视变压器的运行情况，使负荷电流不超过额定值，电压不得过高，温度在允许范围内，并要求每小时记录一次表计指示值。对无温度遥测装置的变压器，在巡视时抄录变压器上层油温，若变压器过负荷运行，除应积极采取措施外（如改变运行方式或降低负荷），还应加强监视，并在运行记录中记录过负荷情况。

二、变压器的运行维护

1. 油浸式变压器的维护

（1）油浸式变压器正常巡视检查项目。

运行值班人员应定期对变压器及其附属设备进行全面检查，每班至少一次（发电厂低压厂用变压器每天检查一次，每周进行一次夜间检查），检查项目如下。

1）油色：淡黄透明，无突变，油位正常。

2）上层油温75℃以下。

3）变压器运行声音正常。

4）套管无渗油、无破损、放电现象，套管油色油位正常。

5）压力释放头无喷油现象。

6）气体继电器无气体、无漏油及二次线腐蚀现象，观察窗应打开。

7）本体各部连接部分螺丝无松动，紧密无渗油。

8）检查引线接头接触良好，以及引线和接点无烧伤、发热、氧化变色、抛股等现象，接地装置无松脱。

9）呼吸器内干燥剂未吸湿变色。

10）防爆门隔膜应完好、畅通，硅胶无变色。

11）检查变压器铁心接地线和外壳接地线。

12）风扇声音正常，运转方向正确，无抖动擦壳现象。

13）检查调压分接头位置指示应正确。

14）潜油泵无渗漏油，无反转、过热、摩擦、杂音现象，泵出口压力及油继电器流向指示正常。

15）冷控箱及分控箱内清洁、干燥，各部分无发热现象，各电器元件工作正常。

（2）油浸变压器特殊巡视检查项目。

当系统发生短路故障或天气突然发生变化（如大风、大雨、大雪及气温骤冷骤热等）时，运行值班人员应对变压器及其附属设备进行重点检查。

1）变压器或系统发生短路后的检查。检查变压器有无爆裂、移位、变形、焦味、烧伤、闪络及喷油，油色是否变黑，油温是否正常，电气连接部分有无发热、熔断、瓷质外绝缘有无破裂，接地引下线有无烧断。

2）大风、雷雨、冰雹后的检查。检查引线摆动情况及有无断股，引线和变压器上有无搭挂落物，瓷套管有无放电闪络痕迹及破裂现象。

3）浓雾、毛毛雨、下雪时的检查。检查瓷套管有无沿表面放电闪络，各引线接头发热部位在小雨中或落雪后应无水蒸气上升或落雪融化现象，导电部分应无水柱。

4）气温骤变时的检查。气温骤冷或骤热时，应检查油枕油位和瓷套管油位是否正常，油温和温升正常，各侧连接引线有无变形、断股或接头发热发红现象。

5）过负荷运行时的检查。检查并记录负荷电流，检查油温和油位的变化，检查变压器的声音是否正常。检查接头发热应正常，试温蜡片无熔化现象。检查冷却器投入数量应足够，且运行正常，检查防爆膜、压力释放器应未动作。

6）新投入或经大修的变压器投入运行后的检查。在4h内，每小时巡视检查一次，除了正常巡视项目外，应增加检查内容：①变压器声音是否正常，如发现声特大、不均匀或有放电声，则可认为内部有故障；②油位变化应正常，随温度的提高应略有上升；③用手触及每一组冷却器，温度应正常，以证实冷却器的有关阀门已打开；④油温变化应正常，变压器带负荷后，油温应缓慢上升。

2. 干式变压器的维护

干式变压器以空气为冷却介质，整个器身均封闭在固体绝缘材料之中，没有火灾和爆炸的危险。运行巡视应检查下列项目。

(1) 高低压侧接头无过热，出线电缆头无漏油、渗油现象。

(2) 绕组的温升，根据变压器采用的绝缘等级，其温升不超过规定值。

(3) 变压器运行声音正常、无异味。

(4) 瓷瓶无裂纹、放电痕迹。

(5) 变压器内通风良好，室温正常，室内屋顶无渗、漏水现象。

3. 变压器分接开关的维护。

变压器的分接开关分无载分接开关和有载分接开关，运行中均应按要求进行维护。

(1) 无载分接开关的维护。无载分接开关变换分接头时，变压器必须停电，做好安全措施后，在运行值班人员的配合下，由检修人员进行。在切换分接开关触头时，一般将分接开关各正、反方向转动 5 圈，以消除触头上的氧化膜和油污，使触头接触良好。分接头切换完毕，应检查分接头位置是否正确，检查是否在锁紧位置。同时，还应测量绕组挡位的直流电阻应合格，并作好分接头变换记录。之后，方可拆除安全措施，进行送电操作。

(2) 有载分接开关的维护。有载分接开关的运行维护，应按制造厂的规定进行。

4. 强油风扇冷却装置的维护

冷却装置运行时，应检查冷却器进、出油管的碟阀在开启位置；散热器进风通畅，入口干净无杂物；检查潜油泵转向正确，运行中无杂音和明显振动；风扇电动机转向正确，风扇叶片无擦壳；冷却器控制箱内分路电源自动开关闭合良好，无振动及异常响声；检查冷却系统总控制箱正常；冷却器无渗漏油现象。

5. 胶袋密封油枕的维护

为了减缓变压器的氧化，在油枕的油面上放置一个隔膜或胶囊，胶囊的上口与大气相通，而使油枕的油面与大气完全隔离，胶囊的体积随油温的变化增大或减小。该油枕的运行维护工作主要有下述两个方面。

(1) 在油枕加油时，应注意尽量将胶囊外面与油枕内壁间的空气排尽；否则，会造成假油位及气体继电器动作，故应全密封加油。

(2) 油枕加油时，应注意油量及进油速度要适当，防止油速太快，油量过多时，可能造成防爆管喷油，释压器发信号或喷油。

6. 净油器的维护

在变压器箱壳的上部和下部，各有一个法兰接口，在此两法兰接口中间装有一个盛满硅胶或活性氧化铝的金属桶（硅胶用于清除油中的潮气、沉渣、油和绝缘材料的氧化物及油运行中产生的游离酸）。其维护工作主要有：变压器运行时，检查净油器上下阀门的开启位置，保持油在其间的通畅流动。净油器内的硅胶较长时间使用后应进行更换，换上合格的硅胶（硅胶应干燥去潮、颗粒大小在 3～3.5 左右，硅胶用筛子筛净微粒和灰尘）。净油器投入运行时，先打开下部阀门，使油充满净油器，并打开净油器上部排气小阀，使其内空气排出，当小阀门溢油时，即可关闭小阀门，然后打开净油器上阀门。

▌▌▌ 模块小结

做好电力变压器的运行监视工作，能及时掌握变压器的运行情况，以保证变压器安全稳定运行；变压器的巡视维护主要包括了油浸式变压器的维护、分接开关的维护、强油风扇冷却装置的维护、胶带密封油枕的维护和净油器的维护等内容，按照项目要求，针对运行中的变压器开展有针对性的巡视维护工作，能将事故防患于未然，减少事故带来的损失。

> **思考与练习**
>
> （1）电力变压器的监视主要包含哪些内容？
>
> （2）运行中的油浸式变压器巡视维护有哪些具体内容？

▶ 模块 17　电力变压器的保养与检修

● 模块描述

本模块简介电力变压器的保养及检修项目，同时对保养和检修周期进行了详细说明。

变压器维护包含了变压器的保养以及检修，其目的是为了保障变压器的健康水平，在合理诊断的基础上尽最大力度排除变压器在运行中即将可能出现的缺陷或故障隐患，确保其正常运行。因此，实际工作中应按照正确的方法和合理的周期对变压器进行保养，并结合运行情况制定相关检修计划和内容。

一、电力变压器的保养

1. 变压器保养的主要内容

变压器的保养主要包括处理变压器的渗漏情况、检查及清扫套管瓷裙、冷却器进出口温度测量及清洗、更换吸湿型呼吸器的吸湿剂等等，有的保养工作通常被列为小修项目。变压器保养的主要内容如下。

（1）及时清除巡视中发现的缺陷、破裂或老化的胶垫更换、连接点检查拧紧。

（2）处理变压器的渗漏情况。变压器的渗漏分"油侧渗漏"和"气侧渗漏"两种。通常所说的渗漏油，是油箱（或套管）内的油向大气中渗漏，属于"油侧渗漏"。而大气向油箱或套管内渗透，则为"气侧渗漏"。无论是哪种渗漏，最终都会使大气中的水分、气体和其他杂质吸进油箱或套管的内部，引发事故。因此，要及时处理变压器的渗漏情况，保障变压器的正常运行。

（3）检查及清扫套管瓷裙等外绝缘。检查及清扫套管瓷裙的外绝缘以及变压器本体，确保套管的绝缘强度符合标准，保障变压器安全稳定运行。

（4）做好油质监测。变压器如果漏油、油位过高或过低、油温异常、油色或油质变化等都属于不正常现象，若疏于管理，让其继续运行，可能会造成停电、设备损坏，甚至引起火灾。因此，应加强对变压器油质的监测及补油工作，做好变压器油的维护。

（5）及时检查、更换变压器呼吸器的硅胶。呼吸器一旦堵塞，油箱内压力就不能维持在正常状态，轻则出现假油位，重则气体继电器或压力释放阀动作，形成事故。因此，应做好变压器呼吸器硅胶的检查及更换工作。

（6）检查及更换储油柜隔膜的维护保养。储油柜中隔膜袋（隔膜）老化、破裂或积水经常发生，对变压器的安全运行构成很大威胁。因此，应及时检查及更换储油柜隔膜袋。

（7）变压器的外壳应保证可靠接地，接地电阻应小于或等于 4Ω。

2. 变压器的保养周期

（1）油样化验（耐压、杂质）。35kV 及以上的变压器油样化验一般每年一次，35kV 以下的两年检一次。变压器长期满负载或超负载运行者可缩短周期。

（2）变压器工作接地电阻值每两年测量一次。

（3）停电清扫和检查的周期，根据周围环境和负荷情况确定，一般半年至一年一次。

二、变压器的检修项目和周期

1. 变压器的大修项目

（1）绕组、引线及屏蔽装置的检修。

（2）铁心、铁心紧固件（包括穿心螺杆、夹件、拉带、绑带等）、压钉、压板及接地片的检修。

（3）冷却系统的检修，即对散热器、油泵、水泵、风扇、阀门及管道等附属设备的检修。

（4）油箱及附件的检修，即对箱盖、箱体及各种阀门、储油柜、净油器、防爆筒（压力释放器）及气体继电器等的检修。

（5）密封胶垫的更换和组件试漏。

（6）分接开关的检修。

（7）绝缘套管的检修。

（8）测量仪表及信号装置的检修。

（9）操作控制箱的检修和试验。

（10）必要时对绝缘进行干燥处理。

（11）变压器油的处理或换油。

（12）清扫油箱并进行油漆喷涂。

（13）大修试验和试验运行。

2. 变压器的小修项目

（1）处理已发现的缺陷。

（2）放出储油柜积污器中的油污。

（3）检修油位计，调整油位。

（4）检修油保护装置和测温装置。

（5）检修调压装置、测量装置及控制箱，并进行测试。

（6）检修接地系统。

（7）检修全部阀门，检查全部密封装置的密封状态，处理渗漏油。

（8）清扫外绝缘，检查导电接头。

（9）清扫油箱和附件，必要时进行补漆。

（10）按有关规定进行测量和试验。

3. 变压器的检修周期

（1）大修周期。正常运行的主要变压器在投运后的第 5 年内和以后每 5～10 年内应吊心大修一次；变压器及线路配电变压器如果未曾过载运行，一般是 10 年大修一次。对于新安装的变压器或运输后投入变压器运行满一年时，均应吊心检修一次，以后每隔 5～10 年大修一次。当发现运行的变压器有异常情况，判断油箱内有故障时，应提前大修。

（2）小修周期。小修一般是一年一次，对于安装在 2～3 级污秽地区的变压器，其小修周期应该按当地的规程要求执行。为了减少停电次数，许多地区一般将小修安排与预防测试试验一并进行。

（3）冷却系统检修周期。冷却系统小修一般随变压器本体检修同时进行，而大修则视情况而定。

各种变压器检修周期见表 2-11。

表 2-11　　　　　　　　　　　　变压器检修周期

检修类别		小　修	大　修
电力变压器		1 年	5～10 年
电炉变压器		1～3 个月	4 年
整流变压器		1～3 个月	5 年
冷却系统	冷油器	随本体同时进行	1～2 年
	散热器及强油循环风冷却器	随本体同时进行	随本体或必要时进行

模块小结

电力变压器在电力系统中处于极其重要的地位，其保养的好坏，直接关系到供电企业的经济效益和广大用户的电能质量以及整个电网系统的安全运行。保养的要点是杜绝设备的安全隐患，及早发现设备的异常状态，及时进行处理，防止事故扩大。变压器的保养须按照检查项目进行。为保证变压器有良好的工作状态，应根据工作实际，结合检修周期安排计划检修。

思考与练习

（1）变压器保养的主要项目有哪些？

（2）简述变压器的检修周期。

模块 18　电力变压器的常见故障

模块描述

本模块简介电力变压器日常运行过程中的一些常见故障及其处理方法。

电力变压器存在的故障，无论是热性的或者是电性的，也无论是内部的还是外部的，都是引发变压器事故的隐患，这一点是人们的共识，因为有许多事故教训足以证明。

变压器的故障种类多种多样，变压器投运时间各异，所经历的过电压、过电流以及维护使用情况都不尽相同，故障发生的趋势也不同。从有故障到损坏，常会有一个渐变的过程，只有充分了解变压器的实际运行状态，综合应用各种在线及历史数据，并运用各种诊断技术才能及时发现故障隐患，提高检测和诊断故障的准确性。

变压器在运行时发生事故若处理不当，将会造成变压器的损坏、用户大面积停电的严重后果。因此，当变压器发生故障时，运行值班人员要善于分析故障现象，准确判断故障产生的原因，从而迅速正确地进行处理，使损失减少到最小。

在变压器发生的故障中，主要包括绕组故障、铁心故障及套管和分接开关等部分的故障。其中，绕组发生的故障最多，其次是铁心故障，其余部分故障较少。表 2 - 12 列出了变压器常见故障的类型、现象、产生原因及处理方法。

表 2 - 12　　　　　变压器常见故障的类型、现象、产生的原因及处理方法

故障种类	故障现象	故障原因	处理方法
绕组匝间或层间短路	(1) 变压器异常发热； (2) 油温升高； (3) 油发出特殊的"嗞嗞"声； (4) 电源侧电流增大； (5) 高压熔断器熔断； (6) 气体继电器动作； (7) 储油柜冒黑烟	(1) 变压器运行年久，绕组绝缘老化； (2) 绕组绝缘受潮； (3) 绕组绕制不当，使绝缘局部受损； (4) 油道内落入杂物，使油道堵塞，局部过热	(1) 更换或修复所损坏的绕组、衬垫和绝缘筒； (2) 进行浸漆和干燥处理； (3) 更换或修复绕组； (4) 清理油道
绕组接地或相间短路	(1) 高压熔断器熔断； (2) 安全气道薄膜破裂、喷油； (3) 气体继电器动作； (4) 变压器油燃烧； (5) 变压器振动	(1) 绕组主绝缘老化或有破损等重大缺陷； (2) 变压器进水，绝缘油严重受潮； (3) 油面过低，露出油面的引线绝缘距离不足而击穿； (4) 绕组内落入杂物； (5) 过电压击穿绕组绝缘	(1) 更换或修复绕组； (2) 更换或处理变压器油； (3) 检修渗漏油部位，注油至正常位置； (4) 清除杂物； (5) 更换或修复绕组绝缘，并限制过电压的幅值
绕组变形或断线	(1) 变压器发出异常声音； (2) 断线相无电流指示	(1) 制造装配不良，绕组未压紧； (2) 短路电流的电磁力作用； (3) 导线焊接不良； (4) 雷击造成断线； (5) 制造上缺陷，强度不够	(1) 修复变形部位，必要时更换绕组； (2) 拧紧压圈螺钉，紧固松脱的衬垫、撑条； (3) 割除熔蚀或截面缩小的导线或补换新导线； (4) 修补绝缘，并作浸漆干燥处理； (5) 修复改善结构，提高机械强度
铁心片间绝缘损坏	(1) 空载损耗变大； (2) 铁心发热，油温升高，油色变深； (3) 吊出变压器器身检查可见硅钢片漆膜脱落或发热； (4) 变压器发出异常声响	(1) 硅钢片间绝缘老化； (2) 受强烈振动，片间发生位移或摩擦； (3) 铁心紧固件松动； (4) 铁心接地后发热烧坏片间绝缘	(1) 对绝缘损坏的硅钢片重新涂刷绝缘漆； (2) 紧固铁心夹件； (3) 按铁心接地故障处理方法
铁心多点接地或接地不良	(1) 高压熔断器熔断； (2) 铁心发热，油温升高，油色变黑； (3) 气体继电器动作； (4) 吊出器身检查可见硅钢片局部烧熔	(1) 铁心与穿心螺杆间的绝缘老化，引起铁心多点接地； (2) 铁心接地片断开； (3) 铁心接地片松动	(1) 更换穿心螺杆与铁心间的绝缘管和绝缘衬； (2) 更换新接地片或将接地片压紧

续表

故障种类	故障现象	故障原因	处理方法
套管闪络	（1）高压熔断器熔断； （2）套管表面有放电痕迹	（1）套管表面积灰脏污； （2）套管有裂纹或破损； （3）套管密封不严，绝缘受损； （4）套管间掉入杂物	（1）清除套管表面的积灰和脏污； （2）更换套管； （3）更换封垫； （4）清除杂物
分接开关烧损	（1）高压熔断器熔断； （2）油温升高； （3）触点表面产生放电声； （4）变压器油发出"咕嘟"声	（1）动触头弹簧压力不够，或过渡电阻损坏； （2）开关配备不良，造成接触不良； （3）连接螺栓松动； （4）绝缘板绝缘性能变劣； （5）变压器油位下降，使分接开关暴露在空气中； （6）分接开关位置错位	（1）更换或修复触头接触面，更换弹簧或过渡电阻； （2）按要求重新装配并进行调整； （3）紧固松动的螺栓； （4）更换绝缘板； （5）补注变压器油至正常油位； （6）纠正错位
变压器油变劣	油色变暗	（1）变压器故障引起放电造成变压器油分解； （2）变压器油长期受热氧化使油质变劣	对变压器油进行过滤或换新油

模块小结

电力变压器的故障诊断与状态检修作为我国电力系统实现体制转变、提高电力设备的科学管理水平的有力措施，是今后在电力生产中努力和发展的方向。变压器在运行中，值班人员应定期巡视，了解变压器的运行情况，发现问题及时解决，力争把故障消灭在初始状态。

思考与练习

（1）变压器的故障主要有哪些？

（2）变压器哪种故障最多？并简述故障原因和处理方法。

第三部分 同步发电机

发电机是根据电磁感应原理将机械能转变为电能的一种装置。交流同步发电机是现代电力系统中发电厂的主体设备，将热能、水能、核能等各种形式的能源转变为电能。

同步发电机是同步电机最主要的用途，如图 3-1 所示。同步发电机还可用作调相机，调节电网无功功率，用以改善电网的电压质量；也可作电动机使用，一般用于转速不随负载变化的大型电力拖动系统中，可以改善电网的功率因数。本部分重点介绍同步发电机的基本结构和工作原理、单机和并网运行功率调节和运行特性等。

图 3-1　三相交流同步发电机

第一单元　同步发电机基本知识

模块 1　同步发电机的铭牌和类型

🌐 **模块描述**

本模块主要介绍汽轮同步发电机和水轮同步发电机的铭牌，包括同步发电机的额定值及其他铭牌参数，简介同步发电机的类型。

一、同步发电机的铭牌

铭牌是用来向用户介绍该台电机的特点和额定数据的。同步发电机的外壳醒目的部位装有铭牌，见表 3-1 和表 3-2。铭牌上通常标有型号、额定值、冷却方式和绝缘等级等内容。

表 3-1　　　　　　　　　汽轮发电机铭牌

型号	QFSN-600-2	额定功率因数	0.9
额定视在功率	728MVA	绝缘等级	定子 F，转子 B
额定功率	655.2MW	产品标准	IEC 34-3
额定电压	22000V	额定氢压	0.414MPa

续表

型号	QFSN - 600 - 2	额定功率因数	0.9
额定电流	19105A	额定励磁电流	4727A
额定转速	3000r/min	定子绕组冷却水	0.2MPa，流量 96t/h
额定频率	50Hz	生产厂家	东方电机股份有限公司

表 3 - 2　　　　　　　　　　　　水 轮 发 电 机 铭 牌

水轮机型号	HLS152—LJ—790	转轮直径	7900mm
最大水头	179m	额定功率	714MW
额定水头	140m	额定转速	107.1r/min
最小水头	97m	飞逸转速	214 r/min
额定流量	554.52m³/s	出厂编号	1—100314
发电机型号	SF 700—56/16090	额定频率	50Hz，相数 3
额定功率	700MW	绝缘等级	F
额定电压	18000V	推力负荷	3600t
额定电流	24948A	出厂编号	1—100314
额定功率因数	0.9	生产厂家	哈尔滨电机厂

1. 型号

我国生产的发电机都是由汉语拼音大写字母与阿拉伯数字组成。其中汉语拼音字母是从发电机型号全名称中选择有代表意义的汉字，取该汉字的第一个拼音字母组成。

例如型号 QFSN—600—2，其意义为：QF—汽轮发电机；SN—发电机的冷却方式为水氢氢；600—发电机的额定功率，MW；2—发电机的磁极个数。

又如型号 SF700—56/16090，其意义为：SF—水轮发电机；700—发电机的额定功率（MW）；56—磁极个数；16090—定子铁心外径。

2. 额定值

同步发电机的额定值是制造厂对电机正常工作所作的使用规定，也是设计和试验电机的依据。主要有以下几个。

（1）额定电压 U_N。指三相同步发电机额定运行时输出端口的线电压，单位为 V 或 kV。

（2）额定电流 I_N。指三相同步发电机额定运行时输出的线电流，单位为 A 或 kA。

（3）额定功率 P_N（或额定容量 S_N）。指三相交流同步发电机在额定运行时输出的有功功率（或视在功率），单位为 kW 或 MW（kVA 或 MVA）。

（4）额定功率因数 $\cos\varphi_N$。指发电机在额定运行时的功率因数，一般为滞后性质。

各额定值之间存在下列关系

$$P_N = \sqrt{3}U_N I_N \cos\varphi_N \tag{3-1}$$

$$S_N = \sqrt{3}U_N I_N \tag{3-2}$$

除上述额定值外，铭牌上还列出发电机的额定频率 f_N、额定转速 n_N、额定励磁电流 I_{fN}、额定励磁电压 U_{fN} 和额定温升等。

【例 3 - 1】 一台三相同步发电机的额定功率 $P_N = 600MW$，额定电压 $U_N = 20kV$，Y 接法，$\cos\varphi_N = 0.9$（滞后），求三相同步发电机的额定电流和额定视在功率。

解 （1）根据三相同步发电机额定功率计算公式求额定电流，即

$$I_N = \frac{P_N}{\sqrt{3}U_N\cos\varphi_N} = \frac{600 \times 10^6}{\sqrt{3} \times 20000 \times 0.9} = 19245(A)$$

（2）求额定视在功率

$$S_N = \frac{P_N}{\cos\varphi_N} = \frac{600}{0.9} = 666.7(MVA)$$

二、同步发电机的类型

同步发电机的分类方式有多种，一般按原动机、按转子结构、按安装方式、按冷却介质不同等分类。

1. 按原动机的不同分类

按原动机的不同分为汽轮发电机、水轮发电机、风力发电机、柴油发电机等。汽轮发电机根据不同的能源形式，又有燃煤、燃气和原子能汽轮发电机；水轮发电机还包括电动发电机。不管是何种能源形式，都将其转换为机械能，因此将把不同能源变换为机械能的设备统称为原动机。

在我国电力系统中使用最广泛的是汽轮发电机和水轮发电机，近年来发展最快的是风力发电机和原子能发电机。

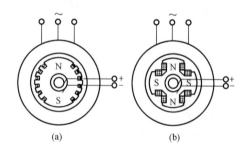

图 3 - 2　旋转磁极式同步电机的类型
（a）隐极式；（b）凸极式

2. 按转子不同形状分类

按转子不同形状分为隐极式和凸极式，隐极式气隙均匀，转子做成圆柱形。凸极式有明显的磁极，气隙是不均匀的，极弧底下气隙较小，极间部分气隙较大，如图 3 - 2 所示。汽轮发电机转子为隐极式，水轮发电机转子为凸极式。

3. 按安装方式分类

按安装方式分为卧式和立式。汽轮发电机一般做成卧式结构，而水轮发电机一般做成立式结构。

4. 按冷却介质分类

按冷却介质分为空气冷却式、氢气冷却式、水冷却式或多种形式的不同组合冷却方式。比如：

（1）水氢氢组合。即定子绕组为水内冷，转子绕组为氢内冷，定子铁心为氢冷。

（2）水水氢组合。即定子和转子绕组为水内冷（双水内冷），定子铁心为氢冷。

📖 模块小结

发电机是根据电磁感应原理将机械能转变为电能的一种装置。同步发电机是同步电机最主要的用途，现代电力系统中广泛使用三相交流同步发电机。

同步发电机的铭牌中主要有型号、额定值和技术参数等。同步发电机的额定功率常用有功功率表示（有时还用视在功率表示），注意各额定值之间的关系。

同步发电机有原动机种类、转子形状、安装方式和冷却介质等分类方法。

📝 思考与练习

（1）同步发电机的原动机有哪些种类？分别用于何种能源形式？

（2）一台 QFSN—600—2 型汽轮发电机，$U_N = 20\text{kV}$，$\cos\varphi_N = 0.9$（滞后），试求：

1）发电机额定电流 I_N。

2）在额定运行时，发电机发出的有功功率 P_N 和无功功率 Q_N。

（3）根据表 3-2 给出的水轮发电机铭牌求发电机的额定电流和额定视在功率。

模块 2　同步发电机基本结构

🌐 模块描述

　　本模块主要介绍汽轮发电机和水轮发电机的基本结构，简介同步发电机的冷却方式和温控系统。

　　现代发电机均为旋转磁极式同步发电机。定子包括三相绕组、铁心、机座、端盖、电刷等部件，转子包括直流励磁绕组、磁极铁心、磁轭、集电环及阻尼绕组等部件。

　　大型同步发电机在火电厂或核电厂中通常采用汽轮机来拖动，称为汽轮发电机，汽轮发电机转速高、极数少，整体为卧式结构，转子为隐极式结构；水电厂通常采用水轮机来拖动，称为水轮发电机，水轮发电机转速低、极数多，整体为立式结构，转子为凸极式结构。同步电动机、柴油发电机和调相机转子一般也做成凸极式。

一、隐极式同步发电机的结构

　　隐极式发电机多为汽轮发电机，现代汽轮发电机极数均为 2 极，转速为 3000r/min，由于转速高，汽轮发电机的直径较小，长度较长。汽轮发电机由定子、转子、端盖及轴承组成，如图 3-3 所示。

图 3-3　卧式汽轮发电机

图 3-4　汽轮发电机的定子绕组

1. 定子

　　隐极发电机的定子由定子铁心、定子绕组、机座、端盖、挡风装置等部件组成，如图 3-4 所示。定子铁心由厚度为 0.35mm 或 0.5mm 的涂漆硅钢片叠成，每叠厚 30～60mm。各叠之间留有 10mm 的通风槽，以利于铁心散热。当定子铁心的外径大于 1000mm 时，其每层硅钢片常由若干块扇形片拼装而成。叠装时把各层扇形片间的接缝互相错开,压紧后仍为一整体的圆筒形铁心。整个铁心固定于机座上。在定子铁心内圆槽内嵌放定子线圈,按一定规律连接成三相对称绕组,一般均采用三相双层短距叠绕组。为减小由于集肤效应引起的附加损耗,绕组导线常由若干股相互绝缘的扁铜线并联,并且在槽内及端部还要按一定方式进行编织换位。定子机座除支撑定子铁心外,还要满足通风散热的需要。一般机座都是由钢板焊接而成。

2. 转子

转子由转子铁心、励磁绕组、护环、中心环、集电环及风扇等部件组成,如图 3-5 所示。

(1)转子铁心。转子铁心既是电机磁路的主要组成部分,又承受着由于高速旋转产生的巨大离心力,因而其材料既要求有良好的导磁性能,又需要有很高的机械强度。因此,一般都由具有高强度和高导磁性的合金钢锻造而成,并与转轴锻成一个整体。

在转子铁心表面沿轴向铣有槽,槽内嵌放励磁绕组。沿转子外圆在一个极距内约有 1/3 部分没有开槽,称为大齿,即主磁极的位置,如图 3-6 所示。

图 3-5 汽轮发电机的转子

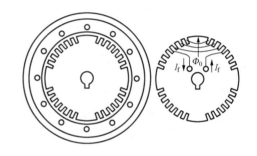

图 3-6 隐极式转子截面

(2)励磁绕组。转子励磁绕组由扁铜线绕成的同心式线圈串联组成,利用不导磁、高强度材料做成的槽楔将励磁绕组在槽内压紧,如图 3-5 所示。护环用以保护励磁绕组的端部不致因离心力而甩出。中心环用以支持护环,并阻止励磁绕组的轴向移动。集电环装在转轴一端,通过引线接到励磁绕组的两端,直流励磁电流经电刷与集电环的滑动接触而引入励磁绕组。

(3)阻尼绕组。某些大型汽轮发电机转子上装有阻尼绕组,它是一种短路绕组,由放在槽内的铜条和转子两端的铜环焊接成闭合回路。阻尼绕组的作用有两个:一是在同步发电机发生短路或不对称运行时,利用阻尼绕组感应电流削弱负序旋转磁场的作用;二是在同步发电机发生振荡时起阻尼作用,使振荡衰减。

(4)紧固件。转子紧固件包括护环和中心环。由于汽轮发电机转速较高,绕组端部受到的离心力大,因此必须用护环和中心环可靠地固定。

(5)风扇。由于汽轮发电机转子细长,通风冷却比较困难,因此,转子两端装有轴流式或离心式风扇,用以改善发热条件。

二、凸极式同步发电机的结构

大中型容量的凸极式水轮发电机一般采用立式结构,如图 3-7 所示。水轮发电机的结构也包括定子和转子两大部分,由于水轮发电机转速低,只有通过增加磁极数来得到额定频率。立式水轮发电机的结构又可分为悬式和伞式两种。悬式的特点是推力轴承装在转子的上部，伞式的特点是推力轴承装在转子的下部。悬式适用于中高速机组，优点是径向机械稳定性好，轴承损耗较小，轴承的维修维护方便。伞式适用于低速大容量机组。下面介绍水轮发电机的定子、转子、机架、轴承等主要部件。图 3-8 所示为悬式水轮发电机结构图。

图 3-7　立式水轮发电机

1. 定子

水轮发电机的定子由机座、定子铁心、定子绕组组成。

（1）机座。用来支撑定子铁心、轴承、端盖等，并构成冷却风路。对于直径较大的机座，为了运输方便，将定子铁心和机座一起分成若干部分，运到电厂工地后再进行组装。

（2）定子铁心。定子铁心的基本结构与汽轮发电机相同。大中容量的水轮发电机定子铁心由扇形硅钢片叠成。

（3）定子绕组。水轮发电机的定子绕组结构与汽轮发电机相似。区别在于水轮发电机的极数多，定子绕组多采用双层波绕组。

2. 转子

转子主要由转子铁心、转子支架和磁轭、励磁绕组、阻尼绕组、转轴等组成。

（1）转子铁心和转子支架。转子铁心由磁极铁心和磁轭铁心组成。磁极铁心有叠片和实心两种。叠片磁极铁心通常用 1～1.5mm 厚的钢板冲片叠成，在磁极的两端面上加上磁极压板，用铆钉铆成一个整体，并用"T"形尾与磁轭连接。磁轭和转轴间用转子支架支撑着。转子支架固定在转轴上，直径较大的转子支架，分为轮辐和轮臂两部分。由于转子磁极凸起，故称为凸极式转子，如图 3-9 所示。

（2）励磁绕组。同步发电机的励磁绕组多为集中式绕组，采用绝缘扁铜线绕制而成，套装在磁极铁心上。

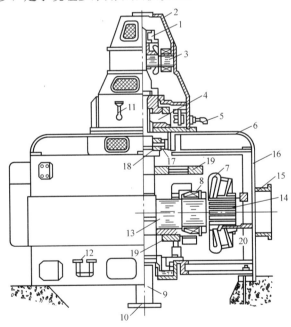

图 3-8　悬式水轮发电机结构图

1—励磁机换向器；2—端盖；3—励磁机主机；4—推力轴承；5—冷却水进出水管；6—上端盖；7—定子绕组；8—磁极线圈；9—主轴；10—靠背轮；11—油面高度指示器；12—出线盒；13—磁轭与装配支架；14—定子铁心；15—风罩；16—发电机机座；17—碳刷；18—滑环；19—制动环；20—端部撑架

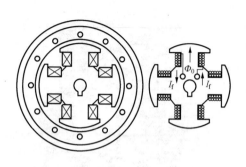

图 3-9　凸极式转子截面

（3）阻尼绕组。在水轮发电机的磁极极靴上一般装有阻尼绕组，整个阻尼绕组由插入极靴阻尼孔中的铜条和端部铜环焊接而成。其作用是减少并联运行时转子振荡的振幅。

（4）转轴。转轴一般采用高强度钢锻造而成，大中型发电机的转轴是空心的。

3. 机架

机架是水轮发电机安装轴承或放置制动器、励磁机等设施的支承部件，它由中心体和支臂组成。

4. 轴承

水轮发电机的轴承分为导轴承和推力轴承两种。

（1）导轴承。其作用是约束轴线位移和防止轴摆动，主要承受径向力。

（2）推力轴承。推力轴承承受水轮发电机组所有转动部分重量，包括水轮机的轴向水推力。推力轴承由推力头、镜板、推力瓦和轴承座等构成，是水轮发电机组中的关键部件。

三、同步发电机的冷却方式和温控系统

1. 冷却方式

同步发电机运行时会产生各种损耗，这些损耗转变为热量将使发电机有关部件温度升高。温度过高会加速电机绝缘材料的老化，从而缩短电机的使用寿命，还会危及电机的安全运行。所以要采取适当的冷却方式，将电机中产生的热量散发出去，使发电机工作在允许的温度范围内。

水轮发电机由于直径大，轴向长度短，体积大，冷却问题容易解决，多采用循环空气冷却方式。中小容量汽轮发电机单位体积发热量较小，冷却方式多采用风冷。

对于大型汽轮发电机，发热和冷却的问题非常突出。汽轮发电机直径小、轴向长度长，中部热量不易散去，解决冷却问题比较困难，主要是通过改变冷却方式来提高冷却效果。在冷却介质方面，用氢气、水来代替空气；对绕组的冷却由外冷变为内冷；冷却系统自成闭合循环系统。对于 50MW 以上的汽轮发电机，用氢气代替空气作为冷却介质。与空气相比较，氢气的导热能力是空气的 5 倍，密度仅为空气的 1/14，故氢冷发电机损耗小，冷却效果较好。定子和转子都用水冷的方式称为双水内冷方式。

用纯净的水作冷却介质，在相同要求下，相对于空气来说可大大减少单位时间的流量，减少发电机的体积，而且水电导率低，化学性能稳定，流动性好，导热性能高。目前大型汽轮发电机广泛采用转子氢冷、定子水内冷，如我国目前投入运行的 300MW 和 600MW 汽轮发电机很多都是采用水氢氢的冷却组合方式，即采用定子水内冷、转子氢气内冷和铁心氢气冷却。

2. 温度监控系统

温度监控系统主要用来监视发电机的运行状态。例如，在汽端定子槽部上下层棒线之间埋设热电阻测量定子绕组温度，在出线盒小汇流管装设热电偶测量主引线及 6 个出线瓷套端子的回水温度，在汽端出水汇流管的水接头装热电偶测量出水温度，在定子边段铁心、压指、磁屏蔽、定子铁心中部热风区的齿部和轭部等处埋设热电偶测量铁心温度，在汽端和励

端轴承瓦块上装设热电偶测量轴承温度，在汽端和励端冷却器罩的冷风侧及热风侧装设热电阻测量风的温度等。最后将这些测温元件连接到温度巡检装置，在运行中进行监控。

📊 模块小结

同步电机的结构包括电磁结构、绝缘结构、励磁系统和冷却系统四大部分。

高压大容量的同步发电机均为旋转磁极式结构，定子有与异步电动机基本相同的三相绕组、铁心及机座、端盖、电刷等部件，转子包括直流励磁绕组、磁极铁心、集电环及阻尼绕组等。

同步发电机按照主磁极的形状分为隐极式和凸极式两种，汽轮发电机（隐极机）转速高、极数少（多为两极），多为卧式结构；水轮发电机（凸极机）转速低、极数多，多为立式结构。

同步发电机有多种冷却方式，氢气冷却和水内冷为定子绕组和转子绕组的主要冷却方式。

✏️ 思考与练习

（1）汽轮发电机和水轮发电机在极数、转子结构、转速、安装方式上各有什么特点？

（2）同步发电机有哪几种冷却方式？

模块 3　同步发电机工作原理

🌐 模块描述

本模块介绍同步发电机的基本工作原理，即三相交流电动势的形成原理。

电力系统的三相交流工频电压是由同步发电机产生的，其电动势波形如图 3-10 所示。描述该电动势的参数有频率、幅值、波形以及 A、B、C 相之间的相位差和相序等。

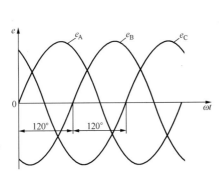

图 3-10　定子三相电动势波形

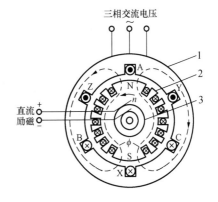

图 3-11　同步发电机工作原理

同步发电机的工作原理如图 3-11 所示，它由定子和转子两部分组成。同步发电机的定子和异步电动机的定子基本相同，即在定子铁心内圆均匀分布的槽内嵌放三相对称绕组 AX、BY、CZ，转子由转轴、磁极铁心、励磁绕组和滑环组成。当励磁绕组经碳刷和滑环通以直流励磁电流后，根据右手螺旋定则，转子立即建立恒定磁场，该磁场经转子铁心、气隙和定子铁心形成闭合回路，如图 3-11 中虚线所示。当原动机拖动发电机转子旋转时，恒定磁场随转子旋转形成旋转磁场，定子绕组切割磁力线感应交流电动势，其方向由右手定则判定。定子绕组交替切割 N 极和 S 极，产生交变感应电动势。

（1）电动势的频率为

$$f = \frac{pn}{60} \tag{3-3}$$

式中　p——发电机的磁极对数；

　　　n——转子每分钟转数，r/min。

式（3-3）说明：发电机发出的频率与其转速之间有严格不变的关系。

例如发电机的极对数为 1（即 2 极发电机），若要发出工频为 50Hz 电压，则发电机的转速

$$n = \frac{60 \times f}{p} = \frac{60 \times 50}{1} = 3000(\text{r/min})$$

若发电机的极对数为 2（即 4 极发电机），则发电机的转速为

$$n = \frac{60 \times f}{p} = \frac{60 \times 50}{2} = 1500(\text{r/min})$$

依次类推，6 极发电机的转速为 1000r/min，8 极发电机的转速为 750r/min，等等。

（2）电动势的大小。根据电磁感应原理 $e = Blv$，感应电动势的大小正比于励磁电流大小、定子绕组的匝数和发电机的转速。

（3）电动势的波形为正弦波。由于定子绕组交替切割旋转磁力线，磁力线大小变化的规律近似为正弦变化，故可产生正弦变化的波形。

（4）三相电动势为 120°相位差。A、B、C 三相绕组在定子铁心中分别以 120°空间电角度布置，由于发电机转子旋转方向从 A 相转向 B 相，再转向 C 相，三相绕组分别按 A—B—C 顺序依次切割磁力线，故产生的正弦波在相位上相差 120°电角度，相序为 A—B—C。

当同步发电机接上负载，在感应电动势的作用下，三相绕组产生三相电流，向负载输出功率，同步发电机将机械能转换成了电能。

同步发电机是进行机电能量转换的一种电磁旋转机械，它依赖定、转子之间的气隙磁场将机械能转换为电能，之所以称之为同步发电机是因为其感应的电动势频率与转子转速之间存在着严格不变的关系，即 $f = pn/60$。当电网频率一定时，电机转速为恒定值，这是同步电机和异步电机的基本差别之一。

▦ 模块小结

同步发电机的工作原理可描述为：当同步发电机被原动机（水轮机或汽轮机等）拖动旋转后，转子中的励磁绕组加上直流励磁，在定、转子的气隙间将产生旋转磁场，定子上的三相对称绕组将依次切割交变磁场而感应出三相对称电动势，接上负载输出三相交变电流。这样原动机输入的机械能通过同步发电机转换为交流电能输出。

同步发电机是进行机电能量转换的一种电磁旋转机械，它依赖定、转子之间的气隙磁场将机械能转变为电能，之所以称之为"同步"，是因为其感应的电动势频率 f 和转子转速 n 之间存在着严格不变的关系。

思考与练习
　　（1）试述同步发电机的工作原理。
　　（2）电力系统中三相交流电压的频率和相序是怎样形成的？
　　（3）感应电动势的大小与发电机的哪些因素有关？
　　（4）一台汽轮发电机 $f=50\text{Hz}$，$n=1500\text{r/min}$，磁极数 $2p=?$　若一台水轮发电机的 $f=50\text{Hz}$，$p=48$，转速 $n=?$

模块4　同步发电机励磁方式

● 模块描述

　　本模块介绍同步发电机的三种常用的励磁方式，即静止整流器励磁方式、旋转整流器励磁方式和自并励励磁方式。

　　供给同步发电机转子励磁电流的装置称为励磁系统，是同步发电机的重要组成部分，对发电机及电力系统的安全运行有着直接的影响。同步发电机励磁系统一般由两部分组成，一部分用于向发电机的励磁绕组提供直流电源，以建立直流磁场，其中包括励磁变压器、起励单元、整流装置、开关等，通常称为励磁功率输出部分，也称功率单元；另一部分用于在正常运行或发生异常和事故时调节励磁电流以满足系统或单机运行的需要，这部分包括励磁调节器、强励单元、强减单元、各种限制、PSS（电力系统稳定器）和自动灭磁等，一般称为励磁控制部分，也称励磁调节器。

　　发电机的励磁方式是指同步发电机获得直流励磁电流的方式，同步发电机运行时由励磁绕组通入直流电流建立主磁场。按直流电流产生及进入励磁绕组方式的不同，可分为以下几类励磁方式。

一、静止整流器励磁方式

　　利用同轴交流发电机加整流装置代替直流励磁机的方式称为静止半导体励磁系统。交流励磁机静止整流器励磁系统由交流副励磁机、交流励磁机和励磁调节电路等组成，其原理图如图3-12所示。同步发电机的励磁电流由主励磁机经静止硅二极管整流后供给，主励磁机的励磁电流由副励磁机经晶闸管整流后供给，副励磁机多采用永磁式同步发电机。为了加快励磁系统的响应，励磁机一般取较高的频率，以减少励磁绕组的电感及时间常数。主励磁机

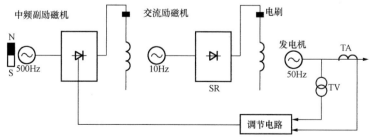

图3-12　静止整流器励磁系统原理图

的频率通常选用100Hz，副励磁机采用中频500Hz的同步发电机。

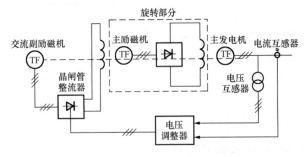

图 3-13　旋转整流器励磁系统原理图

二、旋转整流器励磁方式

旋转整流器励磁不需要电刷和集电环装置，故此种励磁也称为无刷励磁。旋转整流器励磁与静止整流器励磁方式不同之处在于，主励磁机为电枢旋转式，即励磁绕组装在定子上，电枢绕组装在转子上，主励磁机的电枢绕组与硅二极管整流器和同步发电机励磁绕组同轴旋转。主励磁机经旋转的硅二极管整

流器给励磁绕组供给直流电流，省去了电刷和集电环，其原理图如图3 13所示。

三、自并励励磁方式

在发电机的各种励磁方式中，自并励方式以其接线简单、可靠性高、造价低、电压响应速度快、灭磁效果好等特点而被广泛应用，现代大型同步发电机多采用自并励励磁方式。

自并励励磁方式的电源取自发电机机端并联变压器。励磁电流经励磁整流变压器→晶闸管整流器→电刷→集电环供给，由于取消了主、副励磁机，整个励磁装置无转动部件，其原理接线如图3-14所示。

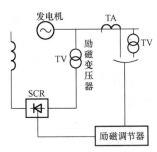

图 3-14　自并励励磁系统原理图

自并励励磁方式的特点是：接线比较简单，只要发电机在运行，就有励磁电源；该接线方式可靠性高，当外部故障切除后，强励能力便迅速发挥出来。缺点是励磁电源易受机端电压的影响。

📖 模块小结

同步发电机的励磁方式指供给同步电机转子磁极励磁电流的取得方式。根据直流电流的产生和通入方式的不同，分为直流励磁机励磁和整流器励磁。整流器励磁又可分为静止整流器励磁和旋转整流器励磁。

现代大型发电机组常采用自并励励磁方式。

📝 思考与练习

（1）同步发电机有哪些励磁方式？各有什么优缺点？

（2）自并励励磁方式有什么特点？

▶ 模块5　同步发电机定子绕组

◑ 模块描述

本模块介绍同步发电机的定子绕组结构，主要介绍三相双层叠绕组和三相双层波绕组的构成。

同步发电机的定子绕组也称为交流绕组，它们多为双层绕组。双层绕组的每个槽内放置两个线圈边，分上、下两层，每个线圈的一个有效边放置在某槽的上层，另一个有效边则放置在相隔节距 y 的另一个槽下层。双层绕组的线圈数等于定子槽数，如图 3-15 所示。其构成原则和步骤与单层绕组基本相同，根据双层绕组线圈的形状和端部连接方式的不同，可分为双层叠绕组和双层波绕组两种。

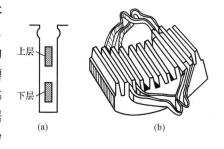

图 3-15　双层绕组

（a）双层绕组槽内布置；（b）有效部分和端部

一、三相双层叠绕组

汽轮发电机的定子绕组多采用叠绕组。图 3-16 所示为 36 槽 4 极三相双层叠绕组的 A 相绕组展开图。叠绕组的优点是短距时能节省部分用铜和便于得到较多的支路数；缺点是线圈组之间的连接线较长，在多极大电机中，这些连接线的用铜量较大。

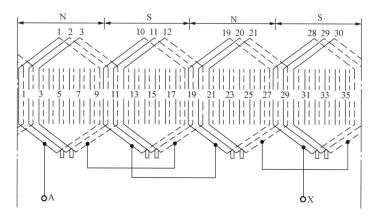

图 3-16　三相双层叠绕组 A 相展开图（$a=1$）

二、三相双层波绕组

通常水轮发电机的定子绕组采用波绕组。三相双层波绕组与叠绕组的差别在于线圈端部形状和线圈之间连接顺序不同，如图 3-17 所示。

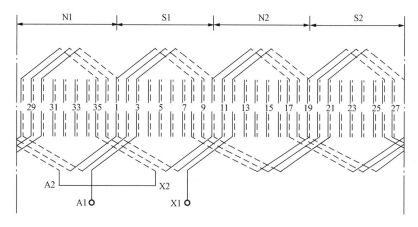

图 3-17　三相双层波绕组 A 相展开图

波绕组的节距有：

第一节距 y_1——线圈的两个有效边之间的距离。

第二节距 y_2——线圈的下层有效边与其紧连的下一个线圈的上层有效边之间的距离。

合成节距 y——两个紧随相连线圈的上层有效边（或下层有效边）之间的距离。

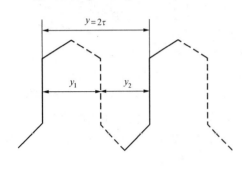

图 3-18 波绕组节距

上述各节距的关系为 $y=y_1+y_2$。为使线圈获得最大电动势，两个紧随的线圈应处在同极性下磁极的位置上。因此，合成节距应满足 $y=y_1+y_2=2mq=Z/p$（槽），如图 3-18 所示。

波绕组的优点是可以减少线圈之间的连接线，节省用铜量，降低电机成本。

【例 3-2】 一台二相双层绕组，极数 $2p=4$，定子槽数 $Z=24$，每相并联支路数 $a=1$，试作出三相双层叠绕组展开图。

解 （1）根据定子槽数 Z，极数 $2p$，计算出 q、α、τ 及确定线圈节距 y

槽距角 $\qquad \alpha=p\times360°/Z=2\times360°/24=30°$

极距 $\qquad \tau=Z/2p=24/4=6$（槽）

每极每相槽数 $\qquad q=Z/2pm=24/(2\times2\times3)=2$（槽／极相）

取 $\qquad\qquad\qquad\qquad y=5$（槽）

（2）分相：按每极每相槽数 q 分相，线圈的下层边按 $y=5$ 槽确定，见表 3-3。

表 3-3 双层叠绕组 60°相带排列

极距		$\tau(N)$			$\tau(S)$		
相带（y=5 槽）		A	Z	B	X	C	Y
第一对极 N1；S1	上层边	1、2	3、4	5、6	7、8	9、10	11、12
	下层边	6′、7′	8′、9′	10′、11′	12′、13′	14′、15′	16′、17′
第二对极 N2；S2	上层边	13、14	15、16	17、18	19、20	21、22	23、24
	下层边	18′、19′	20′、21′	22′、23′	24′、1′	2′、3′	4′、5′

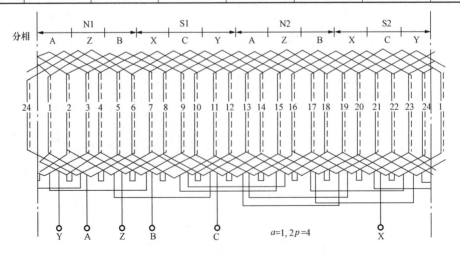

图 3-19 三相 24 槽 4 极双层叠绕组展开图

（3）画槽并编号。实线表示上层边，虚线表示下层边。

（4）连接成线圈、极相组和相绕组（并联支路数 $a=1$）。

（5）按三相对称原则（各相互差 $120°$）连接成三相绕组，三相 24 槽 4 极双层叠绕组展开图如图 3-19 所示。

▉ 模块小结

汽轮发电机定子绕组多采用双层叠绕组，水轮发电机定子绕组多采用双层波绕组。

绕组展开图的绘制能清楚表明各相绕组的分布和接线情况，绘图前需进行绕组参数的计算，然后依照参数绘制展开图。还可先进行相带的划分和画电动势星形图，然后绘制展开图。

🔲 思考与练习

（1）绘制展开图需要计算哪些参数？怎样计算？

（2）一台三相双层绕组，极数 $2p=4$，定子槽数 $Z=24$，每相并联支路数 $a=2$，试画出三相双层叠绕组 B 相展开图，并标出 A、C 相的首端。

（3）一台三相同步发电机为双层叠绕组，极数 $2p=4$，定子槽数 $Z=36$，每相并联支路数 $a=1$，线圈节距 $y=\frac{7}{9}\tau$，试在槽电动势星形图上标出 $60°$ 相带的分相情况，绘制 A 相的绕组展开图，并标出 B 相和 C 相的首端位置。

模块6　交流电动势的形成

🔵 模块描述

本模块主要介绍同步发电机的交流电动势的形成和计算，简介改善电动势波形的方法。

交流绕组的作用之一是感应电动势。同步发电机交流绕组的电动势是由导体切割交替变换的 N、S 极磁场而感应，交流绕组不带负载时产生的电动势称为空载电动势，用 E_0 表示。空载电动势的大小及其波形与气隙磁场大小和分布、绕组的排列和连接方法有关。相绕组基波空载电动势的有效值为

$$E_{01} = 4.44 f N k_{w1} \Phi_1 \tag{3-4}$$

相绕组电动势由各线圈感应的电动势所组成。相绕组基波电动势的有效值与变压器相绕组感应电动势相比，其计算公式仅差一个基波绕组系数 k_{w1}。其规律为：线圈动电势→线圈组电动势→相电动势，分述如下。

一、线圈电动势及短距系数

一个线圈有两个有效边，单匝线圈的电动势称为匝电动势，它是不同槽内两根导体电动势的合成，其大小与线圈的节距有关。

1. 整距线圈的电动势

设一个线圈有 N_c 匝，对整距线匝而言，$y=\tau$。两根导体的感应电动势相量大小相等，

相位差 180°，故整距线匝线圈电动势为

$$E_{c1} = 4.44fN_c\Phi_1 \tag{3-5}$$

2. 短距系数 k_{y1}

当 $y < \tau$ 时，短距线匝如图 3-20（b）中虚线所示。设短距线匝两根导体相距的空间电角度为 γ。由图 3-20（c）可知，短距线匝电动势为两根导体电动势的相量和，由于采用短距使节距 y 减小，其感应电动势角度也发生变化，据相量图中的几何关系得知合成电动势减小，线圈电动势的有效值为

$$E_{c(y<\tau)} = k_{y1}E_{c1} = 4.44fk_{y1}\Phi_1 \tag{3-6}$$

式（3-6）中 k_{y1} 为短距系数，它等于短距线匝电动势和整距线匝电动势之比，同时表示线圈短距时感应电动势比整距时应打的折扣，其计算公式为

$$k_{y1} = \sin\frac{\gamma}{2} = \sin\left(\frac{y}{\tau} \times 90°\right)$$

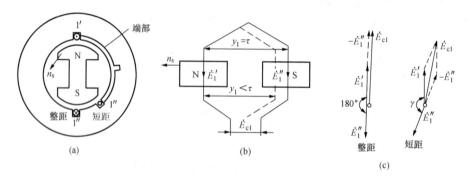

图 3-20　线圈布置及线圈电动势

（a）线圈布置；（b）展开图；（c）电动势相量

二、线圈组电动势及分布系数

1. 线圈组电动势 E_{q1}

无论单层或双层绕组，每个线圈组都由 q 个线圈串联组成，其合成电动势 E_{q1} 为

$$E_{q1} = 2R\sin\frac{q\alpha}{2}$$

若将每个极下的 q 个线圈都集中起来放置在一个槽中（即 $q=1$），则称为集中绕组。集中绕组的各线圈电动势同相位、同大小，其电动势为

$$E_{q1} = qE_{c1} = 4.44fqN_ck_{y1}\Phi_1$$

若将每个极下的 q 个线圈分散放置于槽中，则称为分布绕组。设 $q=3$，则

$$\dot{E}_{q1} = \dot{E}_{c1} + \dot{E}_{c2} + \dot{E}_{c3}$$

线圈组电动势的相量图如图 3-21 所示。显然，分布放置的线圈组电动势小于集中布置的线圈组电动势，分布布置的线圈组电动势有效值为

$$E_q = k_{q1}qE_c = 4.44fqN_ck_{y1}k_{q1}\Phi_1 = 4.44fqN_ck_{w1}\Phi_1 \tag{3-7}$$

2. 分布系数 k_{q1}

式（3-7）中的 k_{q1} 称为绕组的分布系数。k_{q1} 指分布布置的线圈组电动势与集中布置的线圈组电动势之比。其大小为

$$k_{q1} = \frac{E_{q1}}{qE_c} = \frac{\sin\dfrac{q\alpha}{2}}{q\sin\dfrac{\alpha}{2}}$$

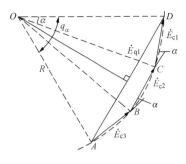

$q>1$ 时，$k_{q1}<1$，k_{q1} 表示分布布置的线圈组电动势对应于集中布置的线圈组电动势应打的折扣。短距系数和分布系数的乘积称为绕组系数，用 $k_{w1}=k_{y1}k_{q1}$ 表示。它表示交流绕组既计及短距又计及分布影响时，线圈组电动势应打的折扣。

图 3-21　绕圈组电动势的相量图

三、相绕组基波电动势的计算

设一相绕组的串联总匝数为 N，对于双层绕组，每相有 $2pq$ 个线圈，每相串联的总匝数为 $N=\dfrac{2pqN_c}{a}$；对于单层绕组，每相有 pq 个线圈，每相串联的总匝数为 $N=\dfrac{pqN_c}{a}$；则一相绕组基波电动势的有效值为

$$E_{ph1} = 4.44fNk_{w1}\Phi_1 \tag{3-8}$$

【例 3-3】　一台三相同步发电机，采用双层绕组，定子槽数 $Z=30$，极数 $2p=2$，节距 $y=12$，每个线圈匝数 $N_c=2$，并联支路数 $a=1$，频率 $f=50\text{Hz}$，每极磁通量 $\Phi_1=1.56\text{Wb}$。试求：

(1) 线圈电动势；

(2) 线圈组电动势；

(3) 相电动势。

解　极距　　　　　　　　　$\tau = Z/2p = 30/2 = 15$（槽）

槽距电角　　　　　　　$\alpha = \dfrac{p\times360°}{Z} = \dfrac{1\times360°}{30} = 12°$

每极每相槽数　　　　$q = \dfrac{Z}{2pm} = \dfrac{30}{2\times1\times3} = 5$

(1) 短距系数　　　　$k_{y1} = \sin\dfrac{y_1}{\tau}\times90° = \sin\dfrac{12}{15}\times90° = 0.951$

线圈电动势　$E_c = 4.44fk_{y1}N_c\Phi_1 = 4.44\times50\times0.951\times2\times1.56 = 658.7$（V）

(2) 分布系数　　　　$k_{q1} = \dfrac{\sin\dfrac{q\alpha}{2}}{q\sin\dfrac{\alpha}{2}} = \dfrac{\sin\dfrac{5\times12}{2}}{5\sin\dfrac{12}{2}} = 0.957$

绕组系数　　　　　$k_{w1} = k_{y1}k_{q1} = 0.951\times0.957 = 0.91$

线圈组电动势　$E_q = 4.44fqN_ck_{w1}\Phi_1 = 4.44\times50\times5\times2\times0.91\times1.56 = 3152$（V）

(3) 每相串联总匝数　　$N = \dfrac{2pqN_c}{a} = \dfrac{2\times1\times5\times2}{1} = 20$

相电动势　$E_{01} = 4.44fNk_{w1}\Phi_1 = 4.44\times50\times20\times0.91\times1.56 = 6303$（V）

四、改善电动势波形的方法

同步电机中，无论是隐极机或是凸极机，其磁场分布通常不可能为正弦波，发电机电动势中除基波电动势外，还存在一系列高次谐波。高次谐波的存在，会使电动势波形发生畸变，造成发电机附加损耗增加，效率下降，温度升高；严重时会造成输电线路谐振而产生过

电压；使异步电动机的运行性能变坏等。因此，必须尽可能削弱电动势中的高次谐波，特别是影响较大的 3、5、7 次谐波电动势。

为了改善电动势的波形，常用的方法有以下几种。

（1）改善主磁极磁场的分布。对于凸极发电机，通过改善磁极的极靴外形，对于隐极机通过改善励磁绕组的分布范围，使磁极磁场沿定子表面的分布接近于正弦波。

（2）三相绕组接成 Y 形接线。3 次谐波分量三相大小相等、相位相同，当三相绕组接成星形时可消除线电动势中 3 次及其倍数的奇次谐波分量。

（3）采用短距绕组。只要合理地选择线圈节距，使某次谐波的短距系数等于或接近于零，就可消除或削弱该次谐波电动势。如选择 $y=4/5\tau$，可消除 5 次谐波分量电动势。

（4）采用分布绕组。通过适当地选择每极每相槽数 q，可使某次谐波的分布系数等于或接近于零，从而削弱该次谐波电动势。随着 q 的增大，基波的分布系数减小不多，但高次谐波系数却显著减小，从而改善了电动势的波形。一般交流电机选 $q=2\sim6$，在多极水轮发电机中，常用分数槽绕组来削除高次谐波电动势。

另外，对于高次谐波电动势，可采用半闭口槽、斜槽和分数槽绕组来消除。

模块小结

交流绕组感应电动势的大小取决于转子每极磁通的多少、转速的高低、电源频率的大小、支路串联总匝数的多少及绕组的结构。

三相绕组的构成原则是：力求获得最大的基波电动势，尽可能地削弱谐波电动势，并保证三相电动势对称。要求每极每相槽数要相等，相带排列要正确，一般采用 60° 相带，各相绕组在空间互差 120° 空间电角度。

同步发电机的波形中总是存在各种谐波分量，为改善波形有多种方法，如选择适当的短距和分布系数（采用短距和分布绕组后会使感应电动势减小），采用 Y 形连接等。

思考与练习

（1）说明短距系数 k_{y1} 和分布系数 k_{q1} 的物理意义。

（2）改善发电机电动势波形有哪些方法？

（3）一台 2 极三相同步发电机，定子槽数 $Z=54$，$a=1$，$y=22\tau/27$，$N_c=2$，Y 连接，频率为 50Hz，空载线电压 $U_0=6.3$kV，试求每极磁通量 Φ_0。

（4）一台汽轮发电机，极数 $2p=2$，定子槽数 $Z=36$，$y=14$，线圈匝数 $N_c=1$，每相并联支路数 $a=1$，频率 50Hz，每极磁通 $\Phi_0=2.63$Wb，试求线圈组电动势 E_{q1} 和相电动势 E_{ph1}。

第二单元　同步发电机单机运行

现代电力网中的同步发电机都是并网运行，只有很少的小容量的备用发电机作单机运行，即单台发电机发电供给负载的运行方式。本单元讨论同步发电机单机运行，以便于对同步发电机对称负载时的电枢反应、电压和频率的稳定、有功功率和无功功率的调节的理解。并在此基础上分析同步发电机的电压、电动势、电流、同步电抗、功率因数和励磁电流等之间的关系。同步发电机对称负载下的运行特性曲线是确定电机主要参数、评价电机性能的基本依据之一。

▶ 模块 7　电枢反应及功率调节

🔧 **模块描述**

　　本模块介绍同步发电机的电枢反应及同步电抗。重点用电枢反应解释同步发电机单机运行的有功功率和无功功率的调节方法。

一、对称负载时电枢反应的概念

同步发电机负载运行时，电枢磁动势 $\overline{F}_a$（基波）对主极磁动势 $\overline{F}_{f_1}$（基波）的影响，称为电枢反应。

同步发电机在空载运行时，只有转子中通以直流励磁电流建立的磁场，称为主极磁场。接上三相对称负载后，定子绕组（电枢绕组）中将流过三相对称电流（也称为电枢电流），该电流产生一个以 n_1 旋转的电枢磁场。因此，负载运行时在同步发电机的气隙中同时存在着两个磁场：主极磁场和电枢磁场。这两个磁场以相同的转速、相同的转向旋转着，两者之和构成了负载时气隙的合成磁场。

电枢磁场在气隙中使原气隙磁场的大小和位置均发生变化，这种影响习惯上称为电枢反应。电枢反应的性质与负载的性质和大小有关，主要取决于 $\overline{F}_a$ 与 $\overline{F}_{f_1}$ 的空间相对位置，而 $\overline{F}_a$ 与 $\overline{F}_{f_1}$ 的空间相对位置与空载电动势 $\dot{E}_0$ 及负载电流 $\dot{I}$ 的夹角 ψ 有关（近似于 $\dot{U}$ 及 $\dot{I}$ 的夹角 φ）。ψ 称为内功率因数角，其大小与负载的大小、性质以及发电机的参数有关。根据 ψ 的不同，分为五种情况进行讨论。

二、$\psi = 0°$ 时的电枢反应及有功功率调节

$\psi = 0°$，即 $\dot{I}$ 与 $\dot{E}_0$ 同相位。图 3 - 22（b）是一台凸极式同步发电机的示意图，转子磁极轴线方向称为直轴（或纵轴、d 轴），与直轴垂直的方向称为交轴（或横轴、q 轴）。以 A 相空载电动势达正最大时的情况来分析，当转子旋转到如图 3 - 22（b）所示位置，即转子直轴超前 A 相轴线 90°位置时，A 相电动势为正最大值。因为 $\psi = 0°$，A 相电流也达正最大值，即 $i_A = I_m$、$i_B = -\dfrac{I_m}{2}$、$i_C = -\dfrac{I_m}{2}$。此时，三相电枢空载电动势 $\dot{E}_0$ 和电枢电流 $\dot{I}$ 的相量图如

图 3 - 22（a）所示，三相电枢电流产生的电枢反应磁动势 $\overline{F}_a$ 如图 3 - 22（b）所示。

电枢反应磁动势 $\overline{F}_a$ 正好位于 A 相绕组的轴线上，即 $\overline{F}_a$ 滞后转子励磁基波磁动势 $\overline{F}_{f1}$ 90°，而与转子交轴重合，故称 $\psi=0°$ 时的电枢反应为交轴电枢反应。

交轴电枢反应的结果是使气隙合成磁场轴线位置从空载时的直轴逆转向位移了一个锐角，其位移角度的大小取决于同步发电机负载的大小。

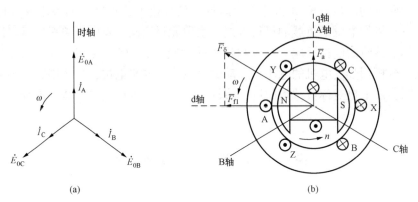

(a)　　　　　　　　　　　　　　(b)

图 3 - 22　$\psi=0°$ 时的电枢反应

（a）时间相量图；（b）空间矢量图

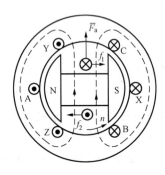

图 3 - 23　交轴电枢磁场与
转子电流的作用

再分析交轴电枢反应对发电机转矩平衡关系的影响。此时，交轴电枢磁场与载有励磁电流的转子励磁绕组相互作用产生电磁力 f_1、f_2，其方向用左手定则确定，如图 3 - 23 所示。f_1 和 f_2 将对转子产生电磁转矩 T，它的转向与转子的转向相反，对发电机转子起制动作用，使发电机的转速下降，从而使发电机的频率下降。若要维持频率不变，就是维持转速不变，此时需要相应地增大汽轮机的进汽量或增大水轮机的进水量，以增大从原动机输入的驱动力矩 T_1。T_1 克服电磁转矩 T 做功，从而将机械能转变为电能输出，实现了有功功率的传递。

综上所述，$\psi=0°$ 时，近似于 $\varphi=0°$（电压与电流同相位），发电机所带负载近似于阻性。阻性电流产生交轴电枢反应，主要作用是在转子上产生制动性质的电磁力矩，其大小的变化使转速发生变化。调节水门和汽门的开度，即调节驱动转矩的大小与制动转矩相平衡，始终保持转速和频率不变，使同步发电机输出的有功功率得到调节。

三、$\psi=90°$ 时的电枢反应及感性无功功率调节

$\psi=90°$，即 $\dot{I}$ 滞后于 $\dot{E}_0$ 90° 相位角。同样以 A 相空载电动势达正最大时的情况来分析，三相 $\dot{E}_0$ 和 $\dot{I}$ 的相量图如图 3 - 24（a）所示，电枢反应磁动势 $\overline{F}_a$ 如图 3 - 24（b）所示。

可以看出，此时 $\overline{F}_a$ 位于转子的直轴，其方向与 $\overline{F}_{f1}$ 的方向相反，起去磁作用，使得气隙磁场减弱，会使发电机端电压降低。若要维持发电机端电压不变，应相应增大转子绕组中的励磁电流，增大主极磁场大小以维持气隙磁场大小不变，即维持发电机端电压不变，从而可实现感性无功功率的传递。

此外，由于负载性质是纯感性的，流过电枢的电流是纯感性无功电流。从图 3-24（c）可见，电枢反应磁场与转子电流产生的电磁力不形成电磁转矩，电枢反应对发电机转子不产生制动作用，所以不会影响电机的转速。

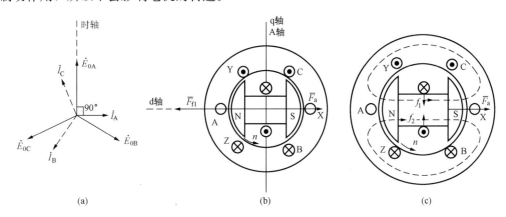

图 3-24　$\psi=90°$时的电枢反应

(a) 时间相量图；(b) 空间矢量图；(c) 直轴去磁电枢磁场与转子电流的作用

综上所述，$\psi=90°$时，近似于 $\varphi=90°$（电流滞后电压 $90°$），发电机所带负载近似于纯感性。纯感性电流产生直轴去磁电枢反应，主要作用是减弱主极磁场，使发电机的端电压降低。调节励磁电流，即调节主极磁场与去磁效应相平衡，始终保持发电机端电压不变，使同步发电机输出的感性无功功率得到调节。

四、$0°<\psi<90°$时的电枢反应及功率调节

一般情况下，发电机的负载为感性，既有电阻又有电感，$0<\psi<90°$，即 $\dot{I}$ 滞后于 $\dot{E}_0$ 一个锐角 ψ。还是以 A 相空载电动势达正最大时的时刻来分析，由于 $\psi\neq0°$，故当 A 相空载电动势达正最大时，A 相电流还未达到正最大值，电枢反应磁动势 $\overline{F}_a$ 的轴线也就不在 A 相绕组轴线上，而在位于 A 相绕组轴线后面 ψ 电角度的位置。

由于 ψ 角的大小不确定，给分析问题带来了困难。解决办法是将 $\overline{F}_a$ 分解为两个分量，一个是直轴分量 $\overline{F}_{ad}$，一个是交轴分量 $\overline{F}_{aq}$。即

$$\overline{F}_a=\overline{F}_{ad}+\overline{F}_{aq} \tag{3-9}$$

$$F_{ad}=F_a\sin\psi \tag{3-10}$$

$$F_{aq}=F_a\cos\psi \tag{3-11}$$

对应的每相的电流分解为两个分量，一个是与空载电动势 $\dot{E}_0$ 同相位的 $\dot{I}_q$（交轴分量）、一个是滞后 $\dot{E}_0$ $90°$的 $\dot{I}_d$（直轴分量）。即

$$\dot{I}=\dot{I}_d+\dot{I}_q \tag{3-12}$$

$$I_d=I\sin\psi \tag{3-13}$$

$$I_q=I\cos\psi \tag{3-14}$$

三相的直轴分量 $\dot{I}_{Ad}$、$\dot{I}_{Bd}$、$\dot{I}_{Cd}$ 产生直轴分量的电枢反应磁动势 $\overline{F}_{ad}$，三相的交轴分量 $\dot{I}_{Aq}$、$\dot{I}_{Bq}$、$\dot{I}_{Cq}$ 产生交轴分量的电枢磁动势 $\overline{F}_{aq}$。

分解后的三相 $\dot{E}_0$ 和 $\dot{I}$ 的相量图如图 3-25（a）所示，磁动势矢量图如图 3-25（b）

所示。

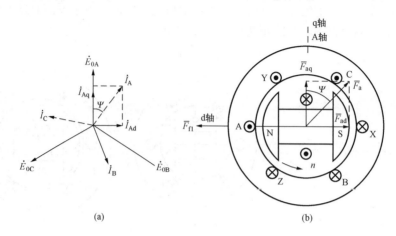

图 3 - 25　0°＜ψ＜90°时的电枢反应

（a）时间相量图；（b）空间矢量图

　　由前面两种 ψ 角分析的结论可以知道，0°＜ψ＜90°时，电枢反应的性质是既有交轴电枢反应又有直轴去磁电枢反应，它对发电机的影响是使发电机的转速和端电压均下降。要想维持转速和端电压不变，应调节原动机的输入功率和转子的励磁电流，即同时进行有功功率和感性无功功率的调节。

　　用同样的分析方法，可以得出另外两种情况下电枢反应性质和功率的调节方法。

　　ψ＝－90°时，产生直轴助磁电枢反应，对发电机的影响是使其端电压升高，不影响其转速。减少励磁电流即进行容性无功功率的调节。

　　0°＞ψ＞－90°时，既有交轴电枢反应又有直轴助磁电枢反应，它对发电机的影响是使其转速下降及使其端电压上升。要想维持转速和端电压不变，应调节原动机的输入功率和转子的励磁电流，即同时进行有功功率和容性无功功率的调节。

▦ 模块小结

　　（1）同步发电机单机空载时 $I_f \rightarrow F_{f1} \rightarrow \dot{\Phi}_0 \rightarrow \dot{E}_0 \rightarrow$ 相电动势 $E = 4.44 f N k_{w1} \Phi_0$；负载时 $I_f \rightarrow F_{f1}$，$\dot{I} \rightarrow \dot{F}_a$，励磁磁动势和电枢磁动势共同作用在电机主磁路上，建立负载时的气隙磁场。

　　（2）在对称负载时，电枢磁场对气隙磁场的影响称为电枢反应（即 F_a 对 F_f 的影响），电枢反应的性质取决于负载的性质和大小及电机的参数，即主要决定于空载电动势 $\dot{E}_0$ 和电枢电流 $\dot{I}$ 之间的夹角 ψ。一般情况下负载是阻感性负载（0°＜ψ＜90°），此时电枢磁动势 $\overline{F}_a$ 可分解为交轴电枢反应磁动势 $\overline{F}_{aq}$ 和去磁的直轴电枢反应磁动势 $\overline{F}_{ad}$。交轴电枢反应是实现机电能量转换的关键。

　　（3）同步发电机单机运行时，要向负载提供稳定的频率和电压，或提供有功功率和无功功率。电枢反应原理解释了其原因和方法：稳定频率就是稳定转速，调节原动机输入的有功功率，即调节输出的有功功率；稳定电压就是调节励磁电流以稳定磁场，即调节无功功率，其中包括感性无功和容性无功。需要说明的是：调节有功功率和无功功率不是随意调节的，是根据频率和电压的变化来调节的。换句话说，单机运行的发电机，其输入的功率大小和性质是由负载功率大小和性质来决定的。

📐 **思考与练习**

(1) 单机运行有功功率和无功功率是依据什么来调节的？怎样调节？

(2) 同步发电机的电枢反应主要决定于什么因素？在下列情况下电枢反应是助磁还是去磁？

1) 三相对称电阻负载；

2) 纯电容性负载 $x_C^* = 0.8$，发电机同步电抗 $x_t^* = 1.0$；

3) 纯电感性负载 $x_L^* = 0.7$。

(3) 在凸极同步发电机的电枢电流一定时，若 φ 在 $0°$ 与 $90°$ 之间变化，其电枢反应电动势 E_a 是否为恒值？若是隐极同步电机，情况又如何？

模块 8 同步电抗、电动势方程式、等效电路和相量图

⚙ **模块描述**

本模块介绍同步发电机的同步电抗的概念，重点介绍隐极式同步发电机的电动势方程式、等效电路和相量图。

一、同步电抗的概念

同步电抗是同步发电机中的一个极为重要的参数，它的大小影响同步发电机端电压随负载波动的幅度、发电机短路电流的大小及在大电网中并列运行的稳定性。同步电机有隐极机和凸极机两种。隐极电机同步电抗 x_t 与凸极电机同步电抗 x_d、x_q 略有差别。

1. 同步电抗的定义

同步电抗是表征同步发电机在三相对称稳定运行时，电枢旋转磁场和电枢漏磁场对一相电路影响的一个综合参数。它的大小等于电枢反应电抗 x_a 和电枢漏电抗 x_σ 之和。

2. 隐极同步发电机的同步电抗

隐极同步发电机带负载运行时，定子绕组建立电枢磁场，该磁场产生的磁通大部分经过气隙进入转子与励磁绕组相交链。这部分磁通称为电枢反应磁通 $\dot{\Phi}_a$，还有一小部分磁通仅与定子绕组本身交链，这部分磁通称为漏磁通 $\dot{\Phi}_\sigma$（包括定子槽漏磁通和绕组端部漏磁通）。它们和变压器一样，可用一个漏电抗 x_σ 来表征漏磁场的作用。在隐极同步发电机中，由于 $\dot{I} \to \bar{F}_a \to \dot{\Phi}_a$，$\dot{\Phi}_a$ 在电枢各相绕组中感应出电枢反应电动势 $\dot{E}_a$，考虑相位后

$$\dot{E}_a = -jx_a\dot{I} \qquad (3-15)$$

其中，x_a 称为电枢反应电抗，是与电枢反应磁通 $\dot{\Phi}_a$ 相对应，x_a 的大小反映了电枢反应的强弱，其物理意义与异步电机的励磁电抗 x_m 相似；另外，漏磁通 $\dot{\Phi}_\sigma$ 在电枢各相绕组中感应出漏磁电动势 $\dot{E}_\sigma$，同理可得 $\dot{E}_\sigma = -j\dot{I}x_\sigma$，$x_\sigma$ 为电枢绕组的每相漏电抗。并有

$$x_a + x_\sigma = x_t \qquad (3-16)$$

式（3-16）中，x_t 称为隐极同步发电机的同步电抗，它是对称稳态运行时表征电枢反

应和电枢漏磁这两个效应的综合参数。漏抗 x_σ 与磁路饱和程度无关，但定子漏磁通对同步电机的运行性能有影响，如槽漏磁通将使导体内的电流产生集肤效应，增加绕组的铜损耗；端部漏磁通将使绕组端部附近的连接片、螺栓等构件产生涡流，引起局部发热。同时，漏抗还影响到端电压随负载变化的程度，也影响到稳定短路电流和暂态过程中电流的大小。而 x_a 和 x_t 随铁心的饱和程度的增大而减小。

3. 凸极同步发电机的同步电抗

凸极同步发电机由于气隙不均匀，极面下气隙较小，两极之间气隙较大，电枢反应磁动势 $\overline{F}_a$ 作用在不同气隙位置上产生的磁通会有所不同，此时将 $\overline{F}_a$ 分解为 $\overline{F}_{ad}$ 和 $\overline{F}_{aq}$ 两个分量，$\overline{F}_{ad}$ 固定作用在直轴磁路上，$\overline{F}_{aq}$ 固定作用在交轴磁路上，分别对应着各自的磁路，且有固定的磁阻，若不考虑铁心磁路的饱和影响，分别研究 $\overline{F}_{ad}$ 和 $\overline{F}_{aq}$ 的作用，再进行叠加得出 $\overline{F}_a$ 的作用。

当不计饱和影响时，将 $\dot{I}$ 分解为直轴电流分量 $\dot{I}_d$ 和交轴电流分量 $\dot{I}_q$，$I_d = I\sin\psi$，$I_q = I\cos\psi$，$I_d \propto F_{ad} \propto \Phi_{ad} \propto E_{ad}$，$I_q \propto F_{aq} \propto \Phi_{aq} \propto E_{aq}$，因此可以用两个电抗来表示电枢反应电动势和电流的关系，它们分别称为直轴电枢反应电抗 x_{ad} 和交轴电枢反应电抗 x_{aq}，电枢反应电动势用电压降表示为

$$\left.\begin{aligned} \dot{E}_{ad} &= -j\dot{I}_d x_{ad} \\ \dot{E}_{aq} &= -j\dot{I}_q x_{aq} \end{aligned}\right\} \tag{3-17}$$

和隐极发电机一样，直轴和交轴电枢反应电抗各和定子漏电抗 x_σ 相加，便得到直轴和交轴同步电抗，即

$$\left.\begin{aligned} x_d &= x_{ad} + x_\sigma \\ x_q &= x_{aq} + x_\sigma \end{aligned}\right\} \tag{3-18}$$

同步电抗与绕组匝数的平方成正比，与所经过磁路的磁阻成反比。凸极同步发电机直轴方向的气隙小，所以 $x_d > x_q$，同步电抗的标幺值 $x_d^* > x_q^*$，一般 $x_q^* \approx 0.6 x_d^*$ 左右。隐极同步发电机的气隙是均匀的，所以有 $x_d = x_q = x_t$。

同步电抗是同步发电机最重要的参数之一，它表征同步发电机在对称稳态运行时，电枢反应磁场和漏磁场对各相电路影响的一个综合参数，同步电抗的大小直接影响同步发电机端电压随负载变化的程度以及运行的稳定性等问题。

二、隐极同步发电机的电动势方程式、等效电路、相量图

1. 隐极同步发电机的电动势方程式

同步发电机与负载的连接如图 3-26 所示。同步发电机在对称负载下运行时，气隙中存在着两种磁场，即转子上直流励磁电流 I_f 产生的励磁旋转磁场 $\overline{F}_f$ 和定子三相对称电流 $\dot{I}$ 产生的电枢旋转磁场 $\overline{F}_a$。若不计及磁路饱和，可以应用叠加原理进行分析，即各个磁动势分别产生对应的基波磁通和电动势，它们之间的关系如下。

$$I_f \rightarrow \overline{F}_f \rightarrow \dot{\Phi}_0 \rightarrow \dot{E}_0$$

$$\dot{I} \rightarrow \overline{F}_a \rightarrow \dot{\Phi}_a \rightarrow \dot{E}_a$$
$$\qquad\qquad\quad \llcorner\!\rightarrow \dot{\Phi}_\sigma \rightarrow \dot{E}_\sigma$$

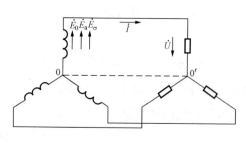

图 3-26　同步发电机与负载的连接电路

若不考虑饱和影响，则 $E_a \propto \Phi_a \propto F_a \propto I$，即电枢反应电动势 $\dot{E}_a$ 正比于电枢电流 $\dot{I}$，且相位上 $\dot{E}_a$ 滞后 $\dot{I}$ 90°。根据基尔霍夫第二定律，可写出电枢任一相的电动势方程式为

$$\sum \dot{E} = \dot{E}_0 + \dot{E}_a + \dot{E}_\sigma = \dot{U} + \dot{I}R_a \tag{3-19}$$

在式（3-12）中，$\dot{E}_a = -j\dot{I}x_a$，$\dot{E}_\sigma = -j\dot{I}x_\sigma$，经整理得隐极同步发电机的电动势方程式为

$$\dot{E}_0 = \dot{U} + \dot{I}R_a + j\dot{I}x_t \tag{3-20}$$

若忽略电枢电阻 R_a，则隐极同步发电机的电动势方程式为

$$\dot{E}_0 = \dot{U} + j\dot{I}x_t \tag{3-21}$$

2. 隐极同步发电机的简化等效电路

根据式（3-21）可以画出隐极同步发电机的简化等效电路，如图 3-27 所示。隐极同步发电机相当于一个具有内阻抗 x_t（同步电抗）和电动势 $\dot{E}_0$ 的电源。

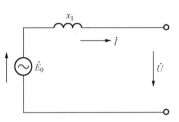

图 3-27　隐极同步发电机的简化等效电路

3. 隐极同步发电机的简化相量图

已知 I、U、$\cos\varphi$ 及 x_t，由式 $\dot{E}_0 = \dot{U} + j\dot{I}x_t$，可作出隐极同步发电机的相量图如图 3-28 所示。相量图的作图步骤如下。

（1）以 $\dot{U}$ 为参考相量，并作出 $\dot{U}$。

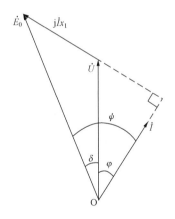

图 3-28　隐极同步发电机带
感性负载的简化相量图

（2）根据负载的功率因数 $\cos\varphi$ 确定 φ 角，作出 $\dot{I}$（选 φ 为滞后角）。

（3）在 $\dot{U}$ 的末端加上同步电抗压降 $j\dot{I}x_t$，它超前于 $\dot{I}$ 90°。

（4）连接原点及 $j\dot{I}x_t$ 的末端即得到 $\dot{E}_0$。在图 3-28 中，$\dot{E}_0$ 与 $\dot{I}$ 的夹角称为内功率因数角 ψ，$\dot{U}$ 与 $\dot{I}$ 的夹角 φ 称为功率因数角，$\dot{E}_0$ 与 $\dot{U}$ 的夹角 δ 称为功率角，且 $\psi = \varphi + \delta$。

相量 $\dot{E}_0$ 除了由式（3-18）求得外，还可用图 3-28 计算得到 $\dot{E}_0$ 值。根据相量图或几何关系有

$$E_0 = \sqrt{(U\cos\varphi)^2 + (U\sin\varphi + x_t I)^2} \tag{3-22}$$

$$\psi = \arctan \frac{x_t I + U\sin\varphi}{U\cos\varphi} \tag{3-23}$$

式（3-22）、式（3-23）中若采用标幺值，有时会使计算更方便。

需要说明的是：在大、中型电机中，定子绕组电阻 R_a 很小，对端电压的影响不大，可略去不计，但小型电机的 R_a 较大，不可忽略，否则，其计算结果误差较大。

【例 3-4】　一台汽轮发电机 $S_N = 2500\text{kVA}$，$U_N = 6.3\text{kV}$，Y 接，忽略电枢电阻，每相同步电抗 $x_t = 10.4\Omega$，求额定负载且功率因数为 0.8（滞后）时的 E_0、ψ、δ、及 ΔU 的值。

解　额定相电压　　　$U_{N\varphi} = U_N / \sqrt{3} = 6300 / \sqrt{3} = 3637.4$（V）

额定相电流　$I_{Nph}=I_N=S_N/\sqrt{3}U_N=2500\times10^3/\sqrt{3}\times6300=229.1$（A）

阻抗基准值　$Z_N=U_{Nph}/I_{Nph}=3637.4/229.1=15.88$（Ω）

同步电抗标幺值　$x_t^*=x_t/Z_N=10.4/15.88=0.655$

方法一：用标幺值计算（应用电动势相量表达式）。

选取额定负载时 $\dot{U}^*=1\angle0°$，$\dot{I}^*=1\angle-36.9°$，$\varphi=\arccos0.8=36.9°$

$$\dot{E}_0^*=\dot{U}^*+j\dot{I}^*x_t^*=1\angle0°+j1\times0.655\angle-36.9°=1.393+j0.524=1.488\angle20.61°$$

$$E_0=E_0^*U_{Nph}=1.488\times3637.4=5412(V)$$

功率角　　　　　　　　　　$\delta=20.61°$

内功率因数角　　　　$\psi=\varphi+\delta=36.9°+20.61°=57.5°$

电压变化率　　　　$\Delta U=\dfrac{E_0^*-U_N^*}{U_N^*}-\dfrac{1.488-1.0}{1.0}-48.8\%$

方法二：利用隐极同步发电机相量图的几何关系求解（参考图 3-28）。

$$\varphi=\arccos0.8=36.9°,\sin36.9°=0.6$$

$$E_0=\sqrt{(U\cos\varphi+R_aI)^2+(U\sin\varphi+x_tI)^2}$$

$$=\sqrt{(3637.4\times0.8)^2+(3637.4\times0.6+10.4\times229.1)^2}=5413.6(V)$$

$$\psi=\arctan\dfrac{x_tI+U\sin\varphi}{U\cos\varphi}=\arctan\dfrac{229.1\times10.4+3637.4\times0.6}{3637.4\times0.8}=57.48°$$

$$\Delta U=\dfrac{E_0-U_{Nph}}{U_{Nph}}\times100\%=\dfrac{5413.6-3637.4}{3637.4}\times100\%=48.8\%$$

$$\delta=\psi-\varphi=57.48°-36.87°=20.61°$$

两种计算方法结果相同。

三、凸极同步发电机的电动势方程式、相量图

1. 凸极同步发电机的电动势方程式

由于凸极同步发电机和隐极同步发电机的磁路结构不同，在对称负载下运行时，凸极同步发电机，由于气隙不均匀，极面下气隙较小，必须将 $\overline{F}_a$ 分解为 $\overline{F}_{ad}$ 和 $\overline{F}_{aq}$ 两个分量，若不考虑铁心磁路饱和影响，可以和隐极同步发电机一样应用叠加定理。

当不计及饱和影响时，将 $\dot{I}$ 分解为直轴电流分量 $\dot{I}_d$ 和交轴电流分量 $\dot{I}_q$，$I_d=I\sin\psi$，$I_q=I\cos\psi$，且 $I_d\propto F_{ad}\propto\Phi_{ad}\propto E_{ad}$，$I_q\propto F_{aq}\propto\Phi_{aq}\propto E_{aq}$，因此，可写出凸极同步电机电枢任一相的电动势方程式为

$$\sum\dot{E}=\dot{E}_0+\dot{E}_{ad}+\dot{E}_{aq}+\dot{E}_\sigma=\dot{U}+\dot{I}R_a$$

将式（3-17）及 $\dot{E}_\sigma=-j\dot{I}x_\sigma$，$\dot{I}=\dot{I}_d+\dot{I}_q$ 代入上式整理后得

$$\dot{E}_0=\dot{U}+\dot{I}R_a+j\dot{I}X_\sigma+j\dot{I}_dX_{ad}+j\dot{I}_qX_{aq}$$

$$=\dot{U}+\dot{I}R_a+j\dot{I}_d(X_\sigma+X_{ab})+j\dot{I}_q(X_\sigma+X_{aq})$$

$$=\dot{U}+\dot{I}R_a+j\dot{I}_dX_d+j\dot{I}_qX_q$$

即

$$\dot{E}_0=\dot{U}+\dot{I}R_a+j\dot{I}_dx_d+j\dot{I}_qx_q$$

若忽略电枢电阻 R_a，则隐极同步发电机的电动势方程式为

$$\dot{E}_0 = \dot{U} + j\dot{I}_d x_d + j\dot{I}_q x_q \qquad (3-24)$$

2. 凸极同步发电机的简化相量图

据式（3-24）可作出凸极同步发电机带感性负载时的相量图，如图 3-29 所示。假设已知 $\dot{U}$、$\dot{I}$、φ、发电机的参数 x_d 和 x_q 及内功率因数角 ψ，则其作图步骤如下。

（1）选电压 $\dot{U}$ 作为参考相量。

（2）根据负载功率因数角 φ，滞后电压 $\dot{U}$ 相量 φ 角作电流相量 $\dot{I}$。

（3）根据 ψ 可确定 $\dot{E}_0$ 的位置线，并将 $\dot{I}$ 分解为 $\dot{I}_d$ 和 $\dot{I}_q$，$\dot{I}_q$ 与 $\dot{E}_0$ 同相位，$\dot{I}_d$ 滞后 $\dot{E}_0$ 90°。

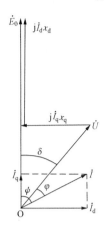

图 3-29　凸极同步发电机带感性负载的简化相量图

（4）在 $\dot{U}$ 的顶点作超前 $\dot{I}_q$ 90°的 $j\dot{I}_q x_q$。

（5）在 $j\dot{I}_q x_q$ 的顶点作超前 $\dot{I}_d$ 90°的 $j\dot{I}_d x_d$。

（6）连接原点和 $j\dot{I}_d x_d$ 的顶点，即得电动势相量 $\dot{E}_0$。

模块小结

同步电抗包括定子漏抗和电枢反应电抗，定子漏抗表征定子漏磁场的作用；电枢反应电抗表征电枢反应磁场的作用。对于隐极同步发电机，直轴和交轴同步电抗相等，用同步电抗 x_t 表示。对于凸极同步发电机，由于直轴和交轴磁路的磁阻不同，电枢反应磁通可分为直轴和交轴电枢反应磁通，它们对应于直轴和交轴电枢反应电抗。故有直轴（x_d）和交轴（x_q）同步电抗之分。

基本方程式和相量图对分析同步发电机各物理量之间的关系非常重要。在不考虑磁路饱和时，可认为各个磁动势分别产生磁通及感应电动势，并由此作出电动势方程式及相量图，利用相量图和电动势方程式可分别描述电机各物理量之间的相互关系。

思考与练习

（1）同步电抗的物理意义是什么？它和哪些因素有关？隐极机和凸极机的同步电抗有何异同？

（2）试分析下列几种情况对同步电抗的影响。

1）定子绕组匝数增加；

2）铁心饱和程度增加；

3）气隙加大；

4）励磁绕组匝数增加。

（3）同步电机对称负载运行时有多少种电抗？从影响电抗值的各种因素分析它们的相对大小，并按从大到小的顺序将它们排列出来。

（4）一台隐极汽轮发电机，$P_N = 300MW$，$U_N = 18kV$，$\cos\varphi_N = 0.85$，$x_t^* = 2.18$，Y 接法，定子绕组电阻忽略不计。试求发电机额定状态运行时的空载电动势 E_0 及功角 δ。

（5）一台三相凸极同步发电机，额定功率 $P_N = 72.5MW$，额定电压 $U_N = 10.5kV$，Y 接法，$\cos\varphi_N = 0.8$（滞后），$x_d^* = 1.3$，$x_q^* = 0.78$，试求发电机在额定负载下的空载电动势 E_0、功角 δ 及 I_d、I_q，（不计定子绕组电阻）。

模块9　同步发电机运行特性

🌐 模块描述

本模块介绍同步发电机几种常用的运行特性。重点介绍空载特性、短路特性和外特性。

同步发电机对称负载下稳定运行时，维持转速（频率）和负载功率因数不变，发电机的端电压 U、负载电流 I、励磁电流 I_f 三个物理量间的相互关系可用特性曲线来表示，三个量中保持一个物理量不变，另外两个物理量便组成一种特性，包括空载特性、短路特性、外特性和调整特性等。从这些特性中可以确定发电机的同步电抗、电压调整率、额定励磁电流等。

一、空载特性

1. 空载运行的概念

同步发电机被原动机拖动到同步转速，励磁绕组中通入直流电流，定子绕组开路的运行方式，称为发电机的空载运行，是一种短时工作方式。空载运行时，只有由于摩擦、风阻等原因引起的很小的制动转矩作用在电机的转子上，因此只需从原动机输入很小的驱动转矩，即可维持发电机保持同步转速稳定运转。

2. 空载磁路及磁场分布

由同步发电机的结构可知，空载时发电机气隙中只有直流励磁电流 I_f 产生的主磁场，此磁场又称为空载励磁磁场。其中经过气隙交链定、转子的磁通 Φ_0 称为主磁通，另一部分不穿过气隙，仅和励磁绕组本身交链的磁通称为主磁极漏磁通，这部分磁通不参与发电机的机电能量转换。主磁通的路径主要由定、转子铁心和两段气隙构成，而漏磁通的路径主要由空气和非磁性材料组成，因此主磁路的磁阻比漏磁路的磁阻小得多，主磁通数值远大于漏磁通，隐极同步发电机的磁场分布如图3-30所示。同步发电机空载运行时，Φ_0 随转子一同旋转，在定子绕组中感应出频率为 f 的三相基波电动势，其有效值为

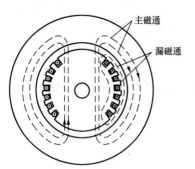

图 3-30　隐极发电机空载磁场

$$E_0 = 4.44 f N_1 k_{w1} \Phi_0 \tag{3-25}$$

3. 空载特性

空载特性指同步发电机电枢绕组开路，电枢电流 $I = 0$，转速保持为同步转速，改变励磁电流 I_f，电枢开路电压 U_0（此时为 E_0）随励磁电流 I_f 的变化关系，称为空载特性 $E_0 = f(I_f)$。

　　空载特性曲线可采用空载试验确定。试验时，应在空载的情况下，原动机把发电机拖到同步转速，并维持不变。然后增加励磁电流 I_f，直到空载电压等于 $1.3U_N$ 为止。在电压上升时记取对应的电压 U_0 和励磁电流 I_f 值，作出空载特性的上升分支，然后逐渐减小励磁电流 I_f，同样记取对应的电压 U_0 和励磁电流 I_f 值，作出下降分支。注意在调节励磁电流时只能单方向变化，否则由于铁心的磁滞现象，将使测量产生很大的误差。

　　由于电机有剩磁，当 I_f 减至零时，空载电压不为零，其值为剩磁电压。实用中常取下降曲线作为发电机的空载特性曲线，将纵坐标向左平行移动 Δi_{f0}，使下降曲线过原点即可，如图 3-31 所示。

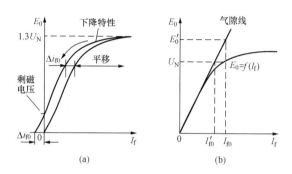

图 3-31　同步发电机空载特性

（a）测量曲线；（b）实用特性曲线

　　空载特性曲线表明了电机磁路的饱和情况，具有磁化曲线的特征，它与电机磁路的磁化曲线相似。由图 3-31 可见，空载特性开始的一段为直线，这时因为磁路中的铁心部分未饱和，延长后所得的直线，称为气隙线。随着磁通的增大，特性曲线开始逐渐弯曲，对应于空载额定电压 U_N，磁路的饱和系数为

$$k_\mu = \frac{I_{f0}}{I_{f1}} = \frac{E'_0}{U_N} \tag{3-26}$$

通常 $k_\mu = 1.1 \sim 1.25$。

二、短路特性

1. 短路特性

　　短路特性指同步发电机保持额定转速下定子三相绕组的出线端短路时，其稳态短路电流 I_k 与转子励磁电流 I_f 的关系。即

$$n = n_N, U = 0 \text{ 时}, I_k = f(I_f)。$$

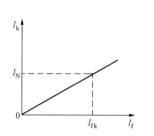

图 3-32　同步发电机短路特性

2. 短路特性曲线的确定

　　短路特性可通过短路试验来获得。试验时，先将发电机定子三相绕组的出线端短接，维持额定转速不变，调节励磁电流 I_f，使定子短路电流从零逐渐增加，直到短路电流等于 $1.2I_N$ 为止。记取对应的 I 和 I_f，作出短路特性曲线 $I_k = f(I_f)$，如图 3-32 所示。

　　稳态短路时，励磁电流加得很小，且短路电流可视为纯感性电流，电枢反应呈直轴去磁作用，因此气隙磁通很弱，电压很低，磁路处于不饱和状态，故短路特性为一直线。

3. 短路比 k_c

　　短路比 k_c 是指空载时建立额定电压所需的励磁电流 I_{f0} 与短路时产生的短路电流等于额定电流所需的励磁电流 I_{fN} 的比值。利用不饱和短路特性和空载特性可求取同步发电机的短路比

$$k_c = I_{f0}/I_{fN} = I_k/I_N = \frac{E_0/x_d}{I_N} = \frac{E_0/U_N}{I_N x_d/U_N} = k_\mu/x_d^* \qquad (3-27)$$

短路比 k_c 等于不饱和 x_d 值的标幺值的倒数乘以饱和系数 k_μ。k_c 小，意味着同步电抗大，发电机负载运行时电枢反应作用强，电压变化大，短路运行时短路电流较小，发电机运行时稳定性较差，但励磁磁动势和转子用铜量可以较小，电机成本降低。k_c 大，情况则相反。汽轮发电机 $k_c = 0.4 \sim 0.7$，水轮发电机 $k_c = 0.8 \sim 1.3$。

三、外特性和电压变化率

1. 外特性

外特性是指发电机保持额定转速不变，励磁电流 I_f 和负载功率因数 $\cos\varphi$ 不变时，发电机端电压 U 和负载电流 I 的关系曲线。即 $n = n_1$，$I_f =$ 常数，$\cos\varphi =$ 常数时，$U = f(I)$。外特性是同步发电机的主要运行特性之一，它反映了同步发电机单机运行时带负载的性能。

图 3-33 表示带有不同功率因数的负载时，同步发电机的外特性。从图中可见，在感性负载和纯电阻负载时，外特性是下降的，这是由于电枢反应的去磁作用和漏阻抗压降所引起。在容性负载且内功率因数角为超前时，由于电枢反应的增磁作用和容性电流的漏抗电压上升，外特性也可能是上升的。

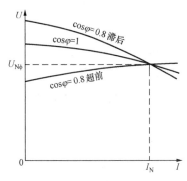

图 3-33　同步发电机的外特性

2. 电压变化率

电压变化率 ΔU 是指单机运行的发电机，保持额定转速和额定励磁电流不变（即 $I = I_N$，$U = U_N$，$\cos\varphi = \cos\varphi_N$ 时的励磁电流）。发电机从额定负载变为空载时，端电压的变化量与额定电压的比值，用百分数表示。即

$$\Delta U = \frac{E_0 - U_N}{U_N} \times 100\% \qquad (3-28)$$

ΔU 是表征同步发电机运行性能的数据之一，凸极同步发电机的 ΔU 在 $18\% \sim 30\%$ 以内，隐极同步发电机由于电枢反应较强，ΔU 通常在 $30\% \sim 48\%$ 这一范围内。

【例 3-5】　一台三相凸极同步发电机，电枢绕组 Y 接法，额定相电压 $U_{N\varphi} = 230V$，额定电流 $I_N = 6.45A$，$\cos\varphi_N = 0.9$（滞后），不计电阻压降，已知同步电抗 $x_d = 18.6\Omega$，$x_q = 12.8\Omega$。试求：

(1) 在额定状态下运行时的 I_d、I_q 和 E_0、δ。

(2) 额定运行时的电压变化率 ΔU。

解　　　　　$\varphi = \arccos 0.9 = 25.84°$，$\sin 25.84° = 0.436$

$$\psi = \arctan \frac{Ix_q + U\sin\varphi}{U\cos\varphi} = \arctan \frac{6.45 \times 12.8 + 230 \times 0.436}{230 \times 0.9} = 41.45°$$

$$\delta = \psi - \varphi = 41.45° - 25.84° = 15.61°$$

$$I_d = I\sin\psi = 6.45 \times \sin 41.45° = 4.27(A)$$

$$I_q = I\cos\psi = 6.45 \times \cos 41.45° = 4.83(A)$$

由图 3-29 可知

$$E_0 = U\cos\delta + I_d x_d = 230 \times \cos 15.61° + 4.27 \times 18.6 = 301(V)$$

$$\Delta U = \frac{E_0 - U_{Nph}}{U_{Nph}} \times 100\% = \frac{301 - 230}{230} \times 100\% = 30.9\%$$

四、调整特性

由图 3-32 可知，当同步发电机负载发生变化时，端电压也随之发生变化，为了保持同步发电机的端电压不变，必须随着负载的变化调节同步发电机的励磁电流。调整特性表示同步发电机的转速为同步转速、端电压为额定电压、负载功率因数不变时，励磁电流 I_f 与电枢电流 I 之间的关系；即 $n = n_N$，$U = U_N$，$\cos\varphi =$ 常值时，$I_f = f(I)$。

图 3-34 表示带有不同功率因数负载时，同步发电机的调整特性。由图 3-34 可见，在感性负载和纯电阻负载时，为了补偿负载电流所产生的电枢反应去磁作用和定子漏阻抗压降，保持发电机端电压 U 不变，随着电枢电流 I 的增加，必须相应地增加励磁电流 I_f，因此，图中特性曲线是上升的，如图 3-34 中 $\cos\varphi = 0.8$（滞后）和 $\cos\varphi = 1.0$ 曲线所示。对于容性负载，为了抵消电枢反应的助磁作用，保持发电机端电压 U 不变，随着电枢电流 I 的增加，

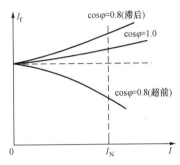

图 3-34 同步发电机的调整特性

必须相应地减少励磁电流 I_f，因此，调整特性曲线是下降的，如图中 $\cos\varphi = 0.8$（超前）的曲线所示。现代同步发电机都安装有快速自动调压装置进行电压的调整。

模块小结

（1）同步发电机的运行特性指 n 及 $\cos\varphi$ 保持常量时，U、I、I_f 三者中任一个固定后，其余两者的关系即为一种特性。空载特性反映磁路的饱和情况；短路特性反映磁路不饱和时，定子电流和转子励磁电流的关系；外特性反映了负载功率因数不变、励磁电流不变时，端电压随负载电流的变化规律。

（2）由空载特性和短路特性可以确定直轴同步电抗的 x_d 不饱和值及短路比 k_c。短路比是同步发电机的一个重要参数，影响电机的造价和运行性能。

思考与练习

（1）同步发电机有哪些运行特性？各有什么用途？

（2）什么叫短路比？它和电机性能及成本的关系怎样？为什么汽轮发电机的短路比允许比水轮发电机小一些？

（3）一台水轮发电机，$x_q^* = 0.554$，$x_d^* = 0.845$，试求该发电机在额定电压、额定电流且额定功率因数为 0.8（滞后）情况下的电压变化率。（不计定子绕组电阻）

模块 10 同步发电机的损耗和效率

模块描述

本模块介绍同步发电机的损耗和效率。

一、同步发电机的损耗

同步发电机在传输功率的过程中，其输出有功功率 P_2 总是小于输入功率 P_1，其主要原因是同步发电机将机械能转换为电能的过程中，要损耗部分功率，这部分功率简称损耗功率。损耗功率一是降低了电机的效率，二是变成热能导致发电机的温度升高。损耗的种类主要有：

（1）定子铜损耗 p_{Cu}。三相电流通过定子绕组时，在绕组电阻中产生的铜损耗。

（2）定子铁损耗 p_{Fe}。主磁通在定子铁心中引起的铁损耗。

（3）励磁损耗 p_{Cuf}。励磁绕组中的电阻及电刷与集电环接触电阻流过励磁电流 I_f 时所产生的损耗。如同轴有励磁机，这些损耗还包括励磁机在内的损耗。

（4）机械损耗 p_Ω。包括转动部分摩擦，如轴承、集电环和电刷摩擦、定转子表面与冷却风之间的摩擦（通风损耗）等引起的损耗。

（5）附加损耗 p_Δ。主要包括电枢漏磁通在电枢绕组和其他金属结构部件中所引起的涡流损耗，高次谐波磁场掠过主磁极表面所引起的表面损耗等。

总损耗为

$$\sum p = p_{Fe} + p_{Cu} + p_{Cuf} + p_\Omega + p_\Delta$$

二、同步发电机的效率

效率是指同步发电机的输出功率与输入功率之比，即 $\eta = P_2/P_1$。总损耗 $\sum p$ 求出后，效率即可确定，即

$$\eta = \frac{P_2}{P_1} \times 100\% = \frac{P_2}{P_2 + \sum p} \times 100\%$$

效率也是同步发电机运行性能的重要数据之一。现代空气冷却汽轮发电机的额定效率大致在 94%～97.8% 这一范围内；空气冷却的大型水轮发电机，额定效率在 96%～98.5% 这一范围内。采用氢气冷却时，额定效率约可增高 0.8%。

对于发电机的效率，需要综合考虑，不能片面追求效率的高低。例如，片面追求效率高，可能需要使用更多的铜和硅钢片等材料；片面追求节省材料，可能导致效率低、运行费用增高。

在大容量的发电机中，要对附加损耗引起足够的重视。由于结构的改进和采用先进的冷却方式，使大容量发电机的电磁负载不断增加，附加损耗增大，可能导致电机局部过热，以致损坏电机。例如使靠近端部的压圈产生过热，其温度有时可达 200～300℃，严重威胁发电机的安全运行。

目前国产的大容量发电机中，已采取了多项措施来减小附加损耗或防止它带来的危害。例如，为了减小附加铜损耗，定子绕组都采用带绝缘的多股扁铜线并绕，还在直线部分进行 360° 或 540° 换位；为了减小定子端部漏磁通引起的附加损耗，采取了使用非磁性钢的转子护环、非磁性材料的压圈及压指，铜屏蔽，定子铁心的端部制成阶梯状等多项措施。

模块小结

同步发电机在生产电能的同时还有损耗产生，主要产生在定子和转子的铁心损耗、绕组的铜损耗、机械损耗和附加损耗等。

现代大型发电机组的效率较高，一般在 95％ 以上。

思考与练习

（1）同步发电机有哪几种损耗？这些损耗产生于发电机哪些部位？

（2）大容量的发电机组除了铁损耗、铜损耗和机械损耗外，还应注重什么损耗？

第三单元　同步发电机并网运行

在发电厂中，一般有多台同步发电机，它们常常并列运行。而更大的电力系统中则由多个发电厂并联而成。因此，研究同步发电机投入并列运行的方法以及并列运行的规律，具有极为重要的意义。

现代发电厂通常采用多台发电机并列运行的方式，而通过升压变压器和高压输电线路又将多个不同类型的发电厂并列运行，它们构成一个巨大的电源共同向用户供电。并网运行的同步发电机比单机运行具有更多的优点，功率调节方式可灵活多变，可提高供电的可靠性和供电质量以及发电厂的运行效率，减少发电机的备用容量，从而保证整个电力系统在最安全稳定和最经济的条件下运行。

模块11　同步发电机并列运行方法

模块描述

本模块重点介绍同步发电机准同步并列运行的条件和并车操作方法。简介自同步并列方法，以及当条件不满足时发电机现象的理论分析。

一、并列的概念和方法

1. 并列的概念

并列运行是指两台及以上的同步发电机三相绕组出线端，分别接到公共的母线上，共同向用户供电的方式。同步发电机的并列过程也称为同步、同期、整步、并车过程。

同步发电机的并列操作，是发电厂经常需要进行的一项重要操作，并列时进行不恰当的操作会产生巨大冲击电流，导致严重后果。为避免发电机并列时发生电磁冲击和机械冲击，将同步发电机投入电网时，必须满足并列条件，方可对同步发电机进行并列操作。

2. 并列的方法

根据待并发电机励磁情况的不同，并列的方法和条件也不同。目前，并列的方法主要有准同步法和自同步法。

准同步法并列是发电机在并列前已进行了励磁，建立了空载电动势，进行并列时，通过调整原动机和发电机满足并列条件后将发电机并入电网同步运行。自同步法是先不给发电机励磁，将发电机转速调节到接近同步转速时并入电网，再给发电机加上励磁将发电机拉入同步运行。现代发电厂在电网正常运行状况时，均采用准同步法将同步发电机并入电网。

二、准同步法并列的条件和方法

1. 准同步法并列的条件

在安装发电机时，根据发电机规定的旋转方向，便可确定发电机的相序，并保证与电网的相序一致。电网的频率 f 和电压 $\dot{U}$ 基本是不变的，因此要对发电机频率 f_F 和电压 $\dot{U}_F$ 进行反复和正确的调节，当待并发电机与电网之间基本满足下列条件时即可进行并列操作。

（1）频率相同。f_F 与 f 的偏差 $\Delta f \leqslant 0.1 \mathrm{Hz}$，通过调节汽门或水门实现。

（2）电压大小相等。$\dot{U}_F$ 与 $\dot{U}$ 大小的偏差 $\Delta U \leqslant 10\% U_N$，通过调节励磁电流实现。

（3）电压相位相同。$\dot{U}_F$ 与 $\dot{U}$ 相位的偏差 $\Delta \varphi \leqslant 10°$，可微调汽门或水门实现。

2. 准同步法并列操作的方法和步骤

发电机的并列操作是一个很复杂的过程，一台发电机从冷备用状态到并入电网运行，水轮发电机只需要几分钟，而汽轮发电机从锅炉点火到发电机并网后带满负载运行，正常情况下需要 7~8h 甚至更长。

发电机的并列方法一般分为三步。

（1）起动前准备。对发电机及相关辅助系统和设备进行检查、测试、送电等准备工作。

（2）起动、升速与升压。如汽轮发电机的起动，对锅炉进行点火、暖管后，开启汽轮机主汽门，冲动汽轮机起动，缓慢增加汽门开度对发电机进行升速。发电机升到额定转速后，转子绕组接通励磁电源，缓慢增加励磁电流升高发电机定子绕组电压。

（3）并列操作。当待并发电机的转速（频率）和电压满足条件时，立即合上并车开关，将待并发电机并入电网。

准同步法并列接线有多种方法，主要有同步表法、旋转灯光法（及暗灯法）等。同步表法是在仪表的监视下调节待并发电机的频率和电压，使之符合与系统并列的条件，其原理接线和同期装置如图 3-35（a）所示。同步表法的并列操作步骤如下。

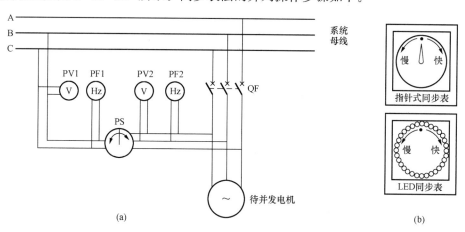

图 3-35　准同步法并列原理接线图

(a) 同步表法并列接线图；(b) 同步表外形

（1）接入电网电压。接入电网电压到同期装置中来，引进电网频率与电压量，电网频率和电压用频率表 PF1 和电压表 PV1 监视。

（2）调频（调速）。调节汽门或水门开度，升高待并发电机原动机的转速，使其接近系统的频率，待并发电机的频率用 PF2 监视。

（3）调压（调励磁）。调节励磁电流 I_f，升高待并发电机电压，使其接近电网电压，电压的大小用 PV2 监视。

（4）微调。同步表电压相位差和频率差可由同步表 PS 监视，图 3-35（b）所示为较早期使用的指针式和现在较多使用的 LED 同步表。当同步表的指针或 LED 亮灯向"快"的方向旋转时（顺时针），表明待并发电机频率高于系统频率，此时应减小原动机转速，反之亦然。若同步表指针或 LED 灯停留在同步点以外较远的地方不动，则说明频率已与电网相同，但电压相位不同。此时可微调汽门或水门，使其变化达到同相位。

（5）并车。当调节到仪表 PV2、PF2 与 PV1、PF1 的读数相同，同步表 PS 的指针顺时针方向缓慢旋转（约 4～10r/min），使同步表指针接近同步点（同步表上中部的圆点）时，表示待并发电机与电网已基本达到同步，此时应迅速合上并车开关 QF，完成并列操作，将发电机并入电网运行。

在这一并列操作过程中，如调频、调压及合闸均由运行人员手动完成则称为手动准同步，全部由自动装置来完成则称为自动准同步。其中任一项或几项由自动装置完成而其余项由手动完成的称为半自动准同步。现代发电厂准同步自动装置应用已十分广泛，新型和大型发电机组均采用自动同步装置来完成发电机的并列操作。

准同步法是把同步发电机调整到符合并列条件后并入电网的方法。该法的优点是投入瞬间发电机与电网间无冲击电流，缺点是操作复杂，需要较长时间进行调整（转速和电压的调整相互有影响、电网和发电机的频率和电压都有小的波动等）。尤其是电网处于异常状态时，电压和频率都在不断地、较大幅度地变化，此时要用准同步法并列就相当困难，故其主要用于系统正常运行时的并列。

三、自同步并列法

用准同步法投入并列的操作复杂且费时，当电网出现事故需迅速将机组投入电网时，可采用自同步法，原理电路如图 3 - 36 所示。

操作步骤如下：先将 QF2 合向电阻侧，同步发电机励磁绕组经限流电阻 R 短接，在发电机与电网相序一致的条件下，当发电机转速升到接近同步转速时，先合上并列开关 QF1，再立即将 QF2 合向励磁电源侧，加上直流励磁，靠定、转子磁场间形成的"自整步"作用自动将发电机牵入同步运行。自同步法操作简单、迅速，不需添加复杂的设备，缺点是合闸及加励磁时都有电流冲击。因此，限流电阻 R 的阻值取约励磁绕组电阻值的 10 倍来限制电流的冲击。

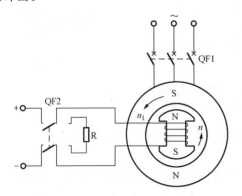

图 3 - 36　自同步法并列原理接线图

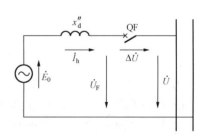

图 3 - 37　发电机并列单线原理图

四、条件不满足时并列的问题

1. 电压大小不等时

图 3 - 37 所示为发电机并列的原理图，QF 为并列断路器（并车开关）。QF 合闸前，待

并发电机的电压等于空载电动势，即 $\dot{U}_F=\dot{E}_0$，在 QF 两端存在着电压差 $\Delta\dot{U}=\dot{U}_F-\dot{U}$。

若没有满足理想条件进行并列，由于 $\Delta\dot{U}$ 的作用，将会在发电机与电网间产生一个冲击环流 $\dot{I}_h$，即

$$\dot{I}_h=\frac{\Delta\dot{U}}{\mathrm{j}x''_d}=\frac{\dot{U}_F-\dot{U}}{\mathrm{j}x''_d}$$

式中　x''_d——次暂态电抗，是发电机合闸过渡过程中的电抗，$x''_d\ll x_d$。

以隐极机为例，由其电动势方程式 $\dot{E}_0=\dot{U}+\mathrm{j}\dot{I}_h x''_d$，可作出相量图如图 3-38 所示。一般情况下，这个冲击电流既有有功分量又有无功分量。当仅仅只是电压大小不等时，$\dot{I}_h$ 是无功性质的，图 3-38（a）所示为 U_F 大于 U 时的相量图，该电流会对发电机定子绕组产生电磁力作用，可能损伤绕组端部。

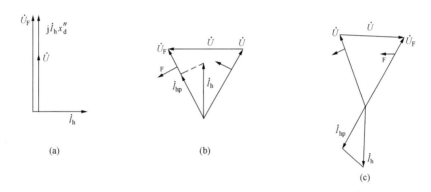

图 3-38　不符合条件并列时的相量图
(a) 电压大小不等；(b) 电压相位不等；(c) 频率不等

2. 电压相位不同时

当仅仅只是电压相位不相同时，其相量图如图 3-38（b）所示，$\dot{I}_h$ 既有有功分量又有无功分量，它既会对发电机定子绕组产生电磁力作用，可能损伤绕组端部；又会对转子产生冲击转矩，使发电机发生振动；当相位相差 180° 时，$\dot{I}_h$ 出现最大值，可达额定电流的十几至二十几倍。

3. 频率不同时

当待并发电机与电网频率不等时，两个电压相量的旋转速度不同，如图 3-38（c）所示。它们之间的相位差在 0°~360°间变动，致使 $\Delta\dot{U}$ 的大小在 0~2U 间变动，称为拍振电压，对应的环流 $\dot{I}_h$ 大小变动，称为拍振电流。它既会使发电机定子绕组受到电磁力作用而损坏，又会使发电机发生振动。若频率差很小，合闸并列后，同步发电机则会在"自整步"作用下，被拉入同步运行。

"自整步"作用是这样产生的：当 $\dot{U}_F$ 超前于 $\dot{U}$ 时，合闸后产生的环流 $\dot{I}_h$ 的有功分量 $\dot{I}_{hp}$ 与 $\dot{U}_F$ 同相位，对发电机产生制动性质的电磁转矩，使发电机减速被拉入与电网同步；当 $\dot{U}_F$ 滞后于 $\dot{U}$ 时，合闸后产生的环流 $\dot{I}_h$ 的有功分量 $\dot{I}_{hp}$ 与 $\dot{U}_F$ 反相位，对发电机产生驱动性质的电磁转矩，使发电机加速被拉入与电网同步。但是，若频率差较大，由于转子的惯性很

大，而电磁转矩的性质变化太快，则无法将发电机拉入同步。

模块小结

（1）并列运行是现代同步发电机的主要运行方式，采用并列运行可提高供电可靠性，改善电能质量，实现经济运行。

（2）并列的方法有准同步法和自同步法。准同步法的并列条件为：待并电机和电网的电压相等、频率相等、相位相同、相序一致。任一并列条件不满足时，必将产生冲击电流或拍振电压，导致电机损坏或无法拉入同步。自同步法主要用于事故状态下的并列，要求合闸瞬间冲击电流不超过允许值。

> **思考与练习**
>
> （1）同步发电机并列运行时需要满足哪些条件？
> （2）为什么通常不采用自同步法并列？为什么在采用自同步法并列时，励磁绕组需串电阻短路？

模块 12   同步发电机有功功率调节和静态稳定

模块描述

本模块着重介绍隐极同步发电机的功角特性、并网同步发电机有功功率的调节方法和静态稳定问题。介绍同步发电机的功率平衡和转矩平衡关系。

一、同步发电机的功角特性

1. 功率平衡方程

同步发电机在对称负载下稳定运行时，原动机从转轴上输入发电机的机械功率为 P_1，这个功率的一部分用来抵偿机械损耗 p_Ω、铁损耗 p_{Fe} 和附加损耗 p_Δ，其余部分以电磁感应的方式传递到同步发电机的电枢绕组，这部分功率称为电磁功率，用 P_M 来表示，其功率转换如图 3-39 所示。

$$P_M = P_1 - (p_\Omega + p_{Fe} + p_\Delta) = P_1 - p_0$$
$$P_1 = P_M + p_0 \tag{3-29}$$

式中 p_0——空载损耗，且 $p_0 = p_\Omega + p_{Fe} + p_\Delta$。

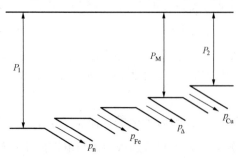

图 3-39   同步发电机的功率流程图

电磁功率是通过转子传递到定子的功率，再扣除电枢绕组中的铜损耗 $p_{Cu} = 3I^2 R_a$，才是输出的电功率 P_2，即

$$P_2 = P_M - p_{Cu}$$

对大、中型同步发电机，定子铜损耗很小，可略去不计，则

$$P_M \approx P_2 = mUI\cos\varphi \tag{3-30}$$

2. 转矩平衡方程

因为功率与转矩之间的关系为 $P = T\Omega$，若

将式（3-29）两边同除以机械角速度 $\Omega=2\pi\dfrac{n_1}{60}$，便得到转矩平衡方程式

$$\frac{P_1}{\Omega}=\frac{P_M}{\Omega}+\frac{p_0}{\Omega}$$
$$T_1=T+T_0 \tag{3-31}$$

式中　T_1——原动机输入转矩（驱动转矩）；

　　T——发电机电磁转矩（制动转矩）；

　　T_0——空载转矩（制动转矩）。

式（3-31）说明同步发电机的驱动转矩与制动转矩大小相等、方向相反。发电机旋转方向与驱动方向相同，发电机处于转矩平衡状态，在额定转速下稳定运行。

3. 同步发电机的功角特性

同步发电机并入无穷大电网后，功率的调节要用到功角特性来讨论。功角特性指的是发电机发出的电磁功率 P_M 与功率角 δ 之间的关系 $P_M=f(\delta)$。

（1）隐极同步发电机功角特性。由隐极同步发电机的简化相量图（如图3-40所示）可推导出

$$Ix_t\cos\varphi=E_0\sin\delta$$
$$I\cos\varphi=\frac{E_0}{x_t}\sin\delta \tag{3-32}$$

将式（3-32）代入式（3-30），可求得

$$P_M=m\frac{E_0U}{x_t}\sin\delta \tag{3-33}$$

由式（3-33）可知：由于无穷大电网电压 U 和频率 f 是恒定的，同步电抗 x_t 为常数，当不调节励磁电流 I_f 时，空载电动势 E_0 也不变。此时同步发电机的电磁功率只决定于 $\dot E_0$ 与 $\dot U$ 的夹角 δ，式（3-33）称为隐极同步发电机的功角特性，描绘成曲线如图3-41所示。

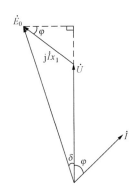
图3-40　带辅助线的简化相量图

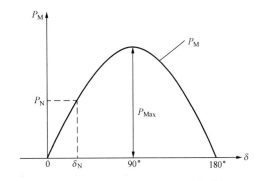
图3-41　隐极同步发电机的功角特性

（2）凸极同步发电机功角特性。由式（3-30）及凸极式同步发电机的相量图可以得到

$$P_M\approx mUI\cos\varphi=mUI\cos(\psi-\delta)$$
$$=mUI\cos\psi\cos\delta+mUI\sin\psi\sin\delta=mUI_q\cos\delta+mUI_d\sin\delta \tag{3-34}$$

其中

$$I_qx_q=U\sin\delta,I_dx_d=E_0-U\cos\delta$$

将上面两个关系式代入式（3-34）中，经整理可得凸极同步发电机的功角特性为

$$P_{\mathrm{M}} = m\frac{E_0 U}{x_{\mathrm{d}}}\sin\delta + m\frac{U^2}{2}\left(\frac{1}{x_{\mathrm{q}}} - \frac{1}{x_{\mathrm{d}}}\right)\sin2\delta \qquad (3-35)$$

式（3-35）中第一项 $m\dfrac{E_0 U}{x_{\mathrm{d}}}\sin\delta$ 称为凸极同步发电机的基本电磁功率，第二项

$m\dfrac{U^2}{2}\left(\dfrac{1}{x_{\mathrm{q}}} - \dfrac{1}{x_{\mathrm{d}}}\right)\sin2\delta$ 称为凸极同步发电机的附加电磁功率。附加电磁功率与 $\dot{E}_0$ 无关，它是由于 $x_{\mathrm{q}} \neq x_{\mathrm{d}}$（交轴与直轴同步电抗）不同而引起的磁阻功率。凸极同步发电机的功角特性，描绘成曲线如图 3-42 所示。

4. 功率角 δ 的物理意义

（1）δ 是 $\dot{E}_0$ 与 $\dot{U}$ 两个相量之间的夹角，如图 3-40 所示。

（2）δ 是励磁磁动势 $\overline{F}_{\mathrm{f1}}$ 和定子合成等效磁动势 $\overline{F}_\delta$ 两个空间矢量之间的夹角。也就是转子磁极轴线与定子合成等效磁极轴线之间的夹角，如图 3-43 所示。

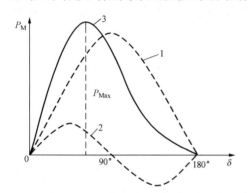

图 3-42　凸极同步发电机的功角特性
1—基本电磁功率；2—附加电磁功率；3—功率特性

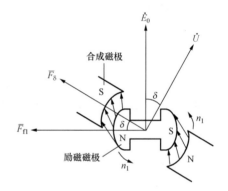

图 3-43　功率角的物理意义

两个磁极都以同步转速 n_1 同方向旋转，夹角 δ 的存在使得转子磁极和定子合成等效磁极间的通过气隙的磁力线被扭斜了，产生了磁拉力，这些磁力线像弹簧一样有弹性地将两磁极联系在一起，如图 3-43 所示。在稳定运行范围内，励磁电流不变时，功率角 δ 越大，则磁拉力也越大，相应的电磁功率和电磁转矩也越大。

二、有功功率的调节

同步发电机向电网输出有功功率 P_2 的大小是通过增加汽门和水门的开度，即增加原动机输入的机械功率 P_1 来实现的。同步发电机并入无穷大电网后，其频率和电压将受到电网的约束而与电网一致，这是并网运行的一个特点。

并网之前发电机处于空载状态，$n = n_{\mathrm{N}}$，$P_1 = p_0$，$\delta \approx 0$，此时只需将汽门或水门开得很小即可。并网之后若不做任何调整，发电机仍处于空载状态，原动机的驱动转矩仅用于克服发电机的空载转矩。

根据能量守恒原理，逐渐加大汽门或水门的开度，增加发电机的有功输入，就能使发电机输出有功功率。原动机的驱动转矩 T_1 增大后，发电机的转子瞬时加速，主磁极超前合成磁极 δ 角度，对应的 $\dot{E}_0$ 超前电压 $\dot{U}$ 一个 δ，产生电枢电流 $\dot{I}$ 和电磁功率 P_{M}，发电机向电网输送有功功率 P_2。同时在转子上受到制动转矩 T 使转子减速，当驱动转矩 T_1 和制动转矩 T

重新取得平衡时，转子转速仍保持为同步转速，此时发电机处于负载运行状态。

调节并网发电机汽门或水门的大小，可以调节发电机向电网输送有功功率的大小。汽门或水门调得越大，δ 角越大，发电机电磁功率 P_M 越大，输出的有功功率 P_2 则越大。直到 $\delta = 90°$ 时，电磁功率 P_M 达到最大值，称为发电机的功率极限 P_{Mmax}，即

$$P_{Mmax} = m\frac{E_0 U}{x_t}$$

同步发电机并入电网后，向电网输送的功率可根据电网的需要随时进行调节，以满足电网中负载变化的需要。发电机输出功率的调节，主要在下述三种运行情况下进行，一是有功负载发生变化，二是为了电网的经济运行，三是解列或停机前转移负载。

三、静态稳定

并列在电网运行的同步发电机，经常会受到来自系统或原动机方面某些微小而短暂的干扰，导致发电机运行状态发生变化。

电网或原动机方面出现某些微小扰动时，同步发电机能在这种瞬时扰动消除后，继续保持原来的平衡运行状态，称同步发电机的运行是静态稳定的。否则，就是静态不稳定。如图 3 - 44 所示中 a 点和 b 点都能发出同样的电磁功率 P_M，但 a 点是静态稳定的，而 b 点是不稳定的。下面对汽轮发电机的扰动发生时（设汽门突然增大），静态稳定分析如下。

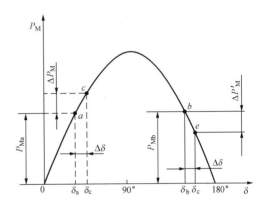

图 3 - 44　静态稳定分析图

（1）a 点运行：当进汽量突然增大时转子加速，使功率角 δ 增大，发电机到达 c 点运行，此时电磁功率增加，制动性质的电磁转矩增大，使转子减速至同步转速稳定运行。当扰动消失，发电机又回到 a 点运行。

（2）b 点运行：当进汽量突然增大时转子加速，使功率角增大，发电机到达 d 点运行，此时电磁功率减小，制动性质的电磁转矩也减小，使转子继续加速，功率角进一步增大使电磁转矩进一步减小，转子转速将越转越快，直到发电机失去同步而不能回到 b 点运行。为保护发电机的安全，发电机组的过速保护动作，将原动机关闭，造成停机事故。

经过分析可知，在功角特性曲线上升部分的工作点，都是静态稳定的，下降部分的工作点，都是静态不稳定的。将电磁功率对功率角求导，便是比整步功率，用 P_{syn} 表示。其数学表达式为

$$P_{syn} = \frac{dP_M}{d\delta} = m\frac{E_0 U}{x_t}\cos\delta \qquad (3 - 36)$$

式（3 - 36）是用来判定同步发电机静态稳定的理论判据，对于隐极同步发电机来说，功率角和电磁功率同时增大时（即图 3 - 44 所示曲线的上升部分），此时 $\frac{dP_M}{d\delta} > 0$，即 $0° < \delta < 90°$，发电机的运行是稳定的；当功率角增大而电磁功率减小时（即图 3 - 44 所示曲线的下降部分），此时 $\frac{dP_M}{d\delta} < 0$，即 $\delta > 180°$，发电机的运行是不稳定的；在 $\frac{dP_M}{d\delta} = 0$ 处于临界状态，就是同步发电机的静态稳定极限。比整步功率还表明发电机静态稳定的能力，式（3 - 36）

说明 δ 值越小，P_{syn} 越大，发电机越稳定。

为了使同步发电机正常运行时远离不稳定区域，发电机的额定功率应小于最大电磁功率，以预留足够的稳定空间。最大电磁功率与额定功率之比称为同步发电机的静态过载能力 k_m

$$k_m = \frac{P_{Mmax}}{P_N} = \frac{m\dfrac{E_0U}{x_t}}{m\dfrac{E_0U}{x_t}\sin\delta_N} = \frac{1}{\sin\delta_N} \qquad (3-37)$$

k_m 值越大，说明发电机越稳定。式（3-37）中若取额定功率角 δ_N 为 30°时，k_m 的值为 2，即额定功率为最大电磁功率的一半，如图 3-40 所示。一般要求 $k_m=1.7\sim3$ 之间，与此对应的发电机额定运行时的功率角 δ_N 在 25°~35°之间。

【例 3-6】 一台并网运行的汽轮发电机 $S_N=375MVA$，$U_N=20kV$，$\cos\varphi_N=0.8$（滞后），Y 接法，同步电抗 $x_t=1.5\Omega$，忽略定子绕组电阻。试求：

（1）发电机带额定负载时输出的电流 I_N 和有功功率 P_N；

（2）功率角 δ_m 及过载能力 k_m。

解　（1）求发电机输出的有功功率

额定负载时　　　　　　　$\cos\varphi=0.8$，$\varphi=36.9°$，$\sin\varphi=0.6$

额定电流　　　　$I_N = \dfrac{S_N}{\sqrt{3}U_N} = \dfrac{375\times10^6}{\sqrt{3}\times20} = 10825$（A）

额定相电压　　　$U_{Nph} = U_N/\sqrt{3} = 20000/\sqrt{3} = 11547$（V）

额定有功功率　　$P_N = S_N\cos\varphi = 375\times10^6\times0.8 = 300$（MW）

（2）求功率角和过载能力

$$\psi = \arctan\frac{I_{Nph}x_t + U_{Nph}\sin\varphi}{U_{Nph}\cos\varphi} = \arctan\frac{10825\times1.5 + 11547\times0.6}{11547\times0.8} = 68.3°$$

功率角　　　　　　$\delta_N = \psi - \varphi = 68.3° - 36.9° = 31.4°$

过载能力　　　　　$k_m = \dfrac{1}{\sin\delta_N} = \dfrac{1}{\sin31.4°} = 1.92$

▥ 模块小结

功角特性反映同步发电机有功功率和电机本身参数及内部电磁量的关系。

隐极机的功角特性　$P_M = \dfrac{mE_0U}{x_t}\sin\delta$

凸极机的功角特性　$P_M = m\dfrac{E_0U}{x_d}\sin\delta + m\dfrac{U^2}{2}\left(\dfrac{1}{x_q} - \dfrac{1}{x_d}\right)\sin2\delta$

功角 δ 既是时间相量 $\dot{E}_0$ 与 $\dot{U}$ 之间的相位差，又是转子磁场轴线与合成磁场轴线间的空间相位差。功角 δ 在 0°~δ_{max}（对应 P_{Mmax} 的功角）之间时，发电机的运行是静态稳定的；静态稳定性与励磁电流、同步电抗及所带的有功功率大小有关。

并列于无穷大容量电网上的同步发电机，可通过调节原动机的输入功率来调节输出的有功功率。功角 δ 的改变反映了定、转子磁场间作用力的改变及机电能量转换数量的改变。在调节有功功率的同时，即使 I_f 不变，无功功率的输出也会随之改变。

📐 思考与练习

（1）功率角 δ 在时间及空间上各表示什么含义？

（2）一台三相汽轮发电机，额定功率 $P_N = 600MW$，额定电压 $U_N = 22kV$，$x_t^* = 2.0$，电枢绕组电阻忽略不计，Y 接法，$\cos\varphi = 0.9$（滞后），$f_N = 50Hz$，发电机并列在额定状态下运行，试求：

1）每相空载电动势 E_0；

2）额定运行时的功角 δ；

3）最大电磁功率 P_{Mmax}；

4）过载能力 k_m。

（3）一台汽轮发电机并入无穷大电网，额定负载时的功率角 $\delta = 20°$，现因外部线路发生故障，电网电压降为 $0.6U_N$，问欲使 δ 角保持在 $25°$ 范围内，应使 E_0 上升为原来的多少倍？

模块 13　同步发电机无功功率调节和 V 形曲线

🌐 模块描述

本模块介绍同步发电机的无功功率调节和 V 形曲线。了解同步发电机调节无功功率对有功功率的影响，了解 V 形曲线及其作用，掌握同步发电机与无穷大电网并列时无功功率的调节方法。

电力系统的负载包含有功功率和无功功率，并列在无穷大容量电力系统上的同步发电机，若只向电力系统输送有功功率，而不能满足电力系统对无功功率的要求时，将会导致电力系统的电压降低。因此，并网后的同步发电机，不仅要向电网输送有功功率，还应向电网输送无功功率。

电网的负载绝大多数是异步电动机等感性负载，其功率因数均为滞后性，消耗的无功功率均为感性无功功率，以下所述的无功功率，不加特殊说明的均指感性无功。

一、同步发电机的三种励磁状态

同步发电机并入电网后，不增加有功输入，即发电机不带有功功率时，通过调节励磁电流，可使发电机工作在三种励磁状态。

（1）正常励磁状态。调节励磁电流 $\dot{I}_f$ 产生的空载电动势 $\dot{E}_0$ 等于输出电压 $\dot{U}$，无电流 $\dot{I}$ 输出，此时发电机处于空载状态，如图 3 - 45（b）所示。

（2）过励磁状态。增大励磁电流 $\dot{I}_f$，$\dot{E}_0$ 升高，使发电机输出感性电流和感性无功，由于此时的励磁电流大于正常励磁状态时的励磁电流，故称为过励磁状态，简称过励，如图3 - 45（c）所示。

（3）欠励磁状态。在正常励磁状态下减小励磁

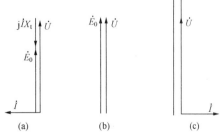

图 3 - 45　三种励磁状态

（a）欠励磁；（b）正常励磁；（c）过励磁

电流 $\dot{I}_\mathrm{f}$，$\dot{E}_0$ 降低，使发电机输出容性电流和容性无功，由于此时的励磁电流小于正常励磁状态时的励磁电流，故称为欠励磁状态，简称欠励，如图 3-45（a）所示。

二、无功功率的调节

下面以隐极同步发电机为例，分析调节励磁电流时电枢电流及无功功率的变化情况。

由于 $R_\mathrm{a} \approx 0$，故 $P_2 \approx P_\mathrm{M}$ 为常数。且

$$P_\mathrm{M} = \frac{mE_0U}{x_\mathrm{t}}\sin\delta = 常数，即\ E_0\sin\delta = 常数$$

$$P_2 = mUI\cos\varphi = 常数，即\ I\cos\varphi = 常数$$

图 3-46 给出了保持 $E_0\sin\delta=$ 常数，$I\cos\varphi=$ 常数，调节励磁电流 I_f 时同步发电机的相量图。

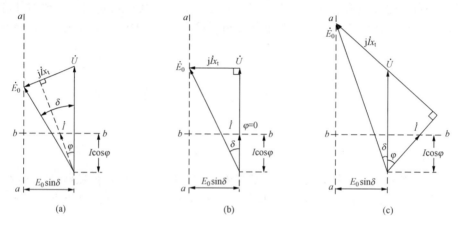

图 3-46　不同励磁电流时的相量图

（a）欠励磁电流时；（b）正常励磁电流时；（c）过励磁电流时

由图 3-46 可见，由于 $I\cos\varphi=$ 常数，相量 $\dot{I}$ 末端的变化轨迹为水平虚线 $b-b$，由于 $E_0\sin\delta=$ 常数，相量 $\dot{E}_0$ 末端的变化轨迹线为垂直虚线 $a-a$。

（1）正常励磁时，由正常励磁电流产生的电动势为 $\dot{E}_0$，$\dot{U}$ 和 $\dot{I}$ 同相位，电枢电流全为有功分量，发电机只输出有功功率。

（2）增加励磁电流进入过励状态时，电动势 $\dot{E}_0$ 升高，则电枢电流 $\dot{I}$ 中除有功电流外，还出现一个滞后的无功电流分量，向电网输出感性无功功率。

（3）减少励磁电流进入欠励状态时，电动势 $\dot{E}_0$ 降低，电枢电流 $\dot{I}$ 中除有功分量外，还出现一个超前的无功电流分量，向电网输出容性无功功率，即从电网吸收感性无功功率。如果进一步减少励磁电流，E_0 将更小，功率角将增大，当 $\delta > 90°$ 时，发电机将失去同步。

综上所述，发电机调节励磁电流可以调节输出无功的大小性质，而不能调节有功输出。励磁电流越大，向电网输出的无功越大。若调节到一定小的值时，则向电网输出容性无功。

三、V 形曲线

无功的调节还可用 V 形曲线来描述。在有功功率保持不变时，表示电枢电流和励磁电流变化关系的曲线 $I = f(I_\mathrm{f})$，称为 V 形曲线，如图 3-47 所示。

V 形曲线是一簇曲线，每一条 V 形曲线对应一定的有功功率。各条曲线都有一个最低

点，此点对应于 $\cos\varphi = 1$ 的电枢电流值，与此电流值相对应的励磁电流叫正常励磁电流。将所有的最低点连起来将得到与 $\cos\varphi = 1$ 对应的线，该线左边为欠励，功率因数为超前，右边为过励，功率因数为滞后。

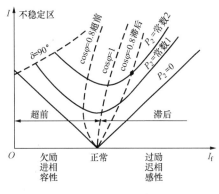

图 3 - 47　V 形曲线

由于电力系统的负载主要为感性，故发电机一般都采用过励运行（设输出有功功率 P_2 = 常数 2，运行点如图 3 - 47 中圆点所示）。减少励磁电流，输出电流减小，发电机减少无功输出。继续减少励磁电流，输出电流又增加，发电机由过励经过正常励磁变为欠励（由迟相变为进相），输出感性无功变为输出容性无功，变化轨迹为 P_2 = 常数 2 的 V 形曲线。

从图 3 - 47 中还可看出，欠励运行接近 $\delta > 90°$ 的不稳定区，若短时进相运行时应特别注意避免发电机失步。

四、无功功率与有功功率调节的相互影响

同步发电机与电网并列运行时，有功功率和无功功率都要进行调节。

当调节有功功率时，由于功率角 δ 大小发生变化，无功功率 Q 也随之改变。例如，原来发电机运行在过励状态，保持励磁电流 I_f 不变，当增大输出有功功率 P_2 时，其输出的感性无功功率会相应减少。若需保持无功不变，则需加大励磁电流来维持，反之亦然。

如果仅调节无功功率，只需要调节励磁电流即可，根据能量守恒原理，对发电机输出的有功功率不会产生影响。但调节无功功率将改变发电机的功率极限值 P_{Mmax} 和功率角 δ 的大小，从而影响静态稳定度。

五、进相运行的限制

随着电力系统的不断扩大，输电线路电压等级的提高，输电距离的延长，配电网络使用电缆的增多，线间及线对地的电容增大，引起电力系统电容电流和容性无功功率的增长。在节假日、午夜等低负载时段，线路所产生的容性无功过剩，使得电网电压上升，如果不能有效地吸收剩余的无功，可能会导致电网电压超过容许范围。利用大容量同步发电机进相运行，以吸收剩余的无功并进行电压调整，是我国电力行业正在广泛开展试验研究的课题之一。

同步发电机进相运行，从理论上讲是可行的，但由于发电机的类型、结构、冷却方式及容量不同，容许其输出多少无功或吸收多少无功，理论上的计算还不够精确。因此，1982 年部颁《发电机运行规程》中规定："发电机是否能进相运行应遵守制造厂的规定。制造厂无规定的应通过试验来确定"。例如，某电机制造厂规定其出产的 QFSN—300—2 型汽轮发电机可以长期连续地在 $\cos\varphi = 0.95$（超前）的情况下进相运行，并同时可带 300MW 的有功功率。

现代的同步发电机额定运行时，励磁电流的额定值都是指过励状态，一般额定功率因数为 0.8～0.85（滞后），部分大容量发电机额定功率因数为 0.9（滞后）。通常规定 $\cos\varphi$ 不得超过迟相 0.95 运行，即输出的无功功率不应低于有功功率的 1/3。满足一定条件下，才允许大容量发电机在 $\cos\varphi = 1$ 或 0.95（超前）的情况下运行。对进相运行限制严格，主要受到两个问题的约束：一个是进相运行时，静态稳定性降低；另一个是进相运行时发电机端部

漏磁通引起定子发热。后一个问题产生的原因是，发电机端部漏磁通密度进相运行时比迟相运行时增大，它在定子端部铁心、连接片、转子护环中引起的损耗增大。在功率因数一定的情况下，端部漏磁通大致与发电机的视在功率成正比。因此，要保持一定的静态稳定储备及使端部发热限制在一定范围内，就要限制进相运行的深度。或者说，随着进相运行深度的加大，发电机的有功输出就应相应降低。

【例 3 - 7】 一台汽轮发电机并列于大电网，$P_N = 300\text{MW}$，额定电压 $U_N = 20\text{kV}$，$\cos\varphi_N = 0.85$（滞后），定子三相绕组 Y 接法，同步电抗 $x_t^* = 2.0$，不计电枢电阻。试求：

(1) 发电机额定运行时，功角 δ_N、过载倍数 k_m 和输出的无功功率 Q_N 的大小；

(2) 保持额定运行时的励磁电流不变，减小原动机的输入功率，使发电机输出的有功功率 $P_2 = 150\text{MW}$，功角 δ 及输出的无功功率 Q 的大小。

解 (1) 因为 $U_N^* = 1$ $I_N^* = 1$

$$\varphi_N = 31.8°\quad \sin\varphi_N = \sqrt{1 - 0.85^2} = 0.53$$

所以

$$\psi_N = \arctan\frac{U_N^*\sin\varphi + I_N^* x_t^*}{U_N^*\cos\varphi} = \arctan\frac{1\times0.53 + 1\times2.0}{1\times0.85} = 71.4°$$

$$\delta_N = \psi_N - \varphi_N = 71.4° - 31.8° = 39.6°$$

$$k_m = \frac{1}{\sin\delta_N} = \frac{1}{\sin39.6°} = 1.57$$

$$Q_N = S_N\sin\varphi_N = \frac{P_N}{\cos\varphi_N}\sin\varphi_N = \frac{300}{0.85}\times0.53 = 187(\text{Mvar})$$

(2) 因为 $P_M = P_2 = \frac{1}{2}P_N$，$U_N^*$、$x_t^*$ 大小不变，因励磁不变使 E_0^* 大小保持不变，所以有下列标幺值关系式成立

$$P_M^* = \frac{E_0^* U_N^*}{x_t^*}\sin\delta = \frac{1}{2}\frac{E_0^* U_N^*}{x_t^*}\sin\delta_N$$

即

$$\sin\delta = \frac{1}{2}\sin\delta_N = \frac{1}{2}\sin39.6° = 0.319$$

$$\delta = 18.6°$$

因为

$$E_0^* = \sqrt{(U_N^*\cos\varphi)^2 + (U_N^*\sin\varphi + I_N^* x_t^*)^2}$$
$$= \sqrt{1\times0.85^2 + (1\times0.53 + 1\times2.0)^2} = 2.67$$

根据隐极机的相量图及三角形余弦定理可得

$$I^* x_t^* = \sqrt{E_0^{*2} + U_N^{*2} - 2E_0^* U_N^*\cos\delta}$$
$$= \sqrt{2.67^2 + 1 - 2\times2.67\times1\times\cos18.6°} = 1.74$$

即

$$I^* = 1.74/x_t^* = 1.74/2 = 0.87$$

由

$$P_2^* = I^*\cos\varphi = \frac{1}{2}P_N^* = \frac{1}{2}\times0.85 = 0.425$$

得

$$\cos\varphi' = 0.425/0.87 = 0.49,\ \varphi' = 60.8°,\ \sin\varphi' = 0.873$$

所以

$$Q^* = I^*\sin\varphi' = 0.87\times0.873 = 0.76$$

$$Q = Q^* S_N = 0.76\times\frac{300}{0.85} = 268.2\ (\text{Mvar})$$

【例 3 - 8】 一台隐极同步发电机与无穷大电网并列运行，电网电压为 380V，发电机定

子绕组为 Y 接，每相同步电抗 $x_t=1.2\Omega$，此发电机向电网输出线电流 $I=69.5A$，空载相电动势 $E_0=270V$，$\cos\varphi=0.8$（滞后）。若减小励磁电流使相电动势 $E_0=250V$，保持原动机输入功率不变，不计定子电阻，试求：

(1) 改变励磁电流前发电机输出的有功功率和无功功率；

(2) 改变励磁电流后发电机输出的有功功率、无功功率、功率因数及定子电流。

解　(1) 求改变励磁电流前的有功和无功。

输出的有功　　$P_2=\sqrt{3}UI\cos\varphi=\sqrt{3}\times380\times69.5\times0.8=36595$（W）

输出的无功　　$Q=\sqrt{3}UI\sin\varphi=\sqrt{3}\times380\times69.5\times0.6=27446$（var）

(2) 求改变励磁电流后的有功和无功。

由　　　　　　　$$P_2=P_M=\frac{3E_0U}{x_t}\sin\delta$$

得到　　　　　$$\sin\delta=\frac{P_2x_t}{3E_0U}=\frac{36600\times1.2}{3\times250\times220}=0.266$$

和　　　　　　　　　　$$\delta=15.4°$$

由隐极发电机的相量图得

$$\psi=\arctan\frac{E_0-U\cos\delta}{U\sin\delta}=\arctan\frac{250-220\cos15.4°}{220\times0.266}=32.9°$$

$$\varphi'=\psi-\delta=32.9°-15.4°=17.5°$$

故　　　　　　　$$\cos\varphi'=\cos17.5°=0.954$$

有功功率不变，即　　　$I\cos\varphi=I'\cos\varphi'=$常数

故改变励磁电流后，定子电流为　$I'=\frac{I\cos\varphi}{\cos\varphi'}=\frac{69.5\times0.8}{0.954}=58.3$（A）

有功功率不变，则　$P_2=\sqrt{3}\times380\times58.3\times0.954=36607$（W）

向电网输出的无功功率　$Q=\sqrt{3}UI\sin\varphi'=\sqrt{3}\times380\times58.3\sin17.6°=11602$（var）

模块小结

通过调节励磁电流 I_f 也就是改变空载电动势 $\dot{E}_0$，即可调节同步发电机输出的无功功率。正常励磁时，发电机不输出无功功率，只输出有功功率；过励时，输出感性无功功率；欠励时，输出容性无功功率。

相量图和 V 形曲线反映保持同步发电机输出功率不变时，调节励磁电流，空载电动势和定子电流随励磁电流变化的关系。

同步发电机调节有功功率时会影响无功功率的输出，调节无功功率时不会影响有功功率的输出。

思考与练习

(1) 什么是正常励磁、过励、欠励？同步发电机一般运行在什么状态下？为什么？

(2) 同步发电机的功率因数，在并列运行时由什么因素决定？在单机运行时，由什么因素决定？

（3）同步发电机的功率调节是怎样实现的？有功功率和无功功率的调节相互间有何影响？

（4）试比较下列情况下同步发电机的静态稳定性。

1）正常励磁、过励、欠励；

2）轻载、满载。

（5）试完成下面的单项选择题。

1）并列于无穷大电网的同步发电机，$\cos\varphi=0.8$（滞后），保持励磁电流不变，减少其输入的机械功率，则会使其（   ）。

A. 功角 δ 减小、输出的无功功率增大

B. 功角 δ 增大、输出的无功功率减小

C. 功角 δ 减小、输出的有功功率增大

2）并列于无穷大电网的同步发电机，$\cos\varphi=0.8$（滞后），保持其输入的机械功率不变，减小其励磁电流，则会使其（   ）。

A. 输出的有功功率不变、静态稳定性提高

B. 输出的有功功率增大、静态稳定性降低

C. 输出的有功功率不变、静态稳定性降低

3）并列于无穷大电网的同步发电机，$\cos\varphi=0.8$（滞后），保持其输入的机械功率不变，减小其励磁电流，则会使其定子电流（   ）。

A. 增大   B. 减小   C. 先减小、后增大

（6）一台汽轮发电机的铭牌数据如下：$P_N=100MW$，$U_N=18kV$，$\cos\varphi_N=0.8$（滞后），同步电抗标幺值 $x_t^*=2.0$，不计电枢绕组电阻，定子三相绕组 Y 接。试求：

1）发电机额定视在功率 S_N、无功功率 Q_N、功角 δ_N、过载倍数 k_m 的大小。

2）保持额定运行时的励磁电流不变，减小原动机的输入功率，使发电机输出的有功功率 $P_2=60MW$ 时，功角 δ、视在功率 S 及无功功率 Q 的大小。

3）保持发电机有功输出为额定值不变，减小励磁电流为额定励磁电流的 95% 时，功角 δ' 的大小。

模块 14   同步发电机调相运行及同步电动机

📋 模块描述

本模块主要介绍同步电机的可逆原理和同步发电机调相运行方法，介绍同步调相机和同步电动机的应用。

电力系统中的多数负载都是感性的，如变压器及交流异步电动机等。它们运行时需要从电网吸收大量的感性无功，若仅靠同步发电机提供无功，往往不能满足负载对无功的需求。因此，需要采取如电力电容器、调相机、静止无功补偿器等无功电源来满足电力系统负载对无功功率的需求。

接在电网上的同步发电机大多数情况是作发电运行，主要向电网输送有功功率，同时也

输送无功功率。但在特殊情况下可作调相运行，即主要向电网输送无功功率。专门向电网输送无功功率的同步电机称为同步调相机。

一、同步电机的可逆原理

同步电机和其他旋转电机一样具有可逆性，同步电机运行于哪一种方式完全由它的输入功率是机械功率还是电功率决定。

同步电机运行在发电机状态时，$0°<\delta<90°$，其转子主磁极轴线超前于气隙合成磁场等效磁极轴线一个功率角δ，它可以想象成为转子磁极拖着合成等效磁极以同步转速旋转，如图 3 - 48 （a）所示。这时发电机产生的电磁制动转矩与输入的驱动转矩相平衡，把机械功率转变为电功率输送给电网。此时 P_{M} 和 δ 均为正值，$\dot{E}_{0}$ 超前于 $\dot{U}$ 一个 δ 角。

当同步发电机的输出有功为零时，$\delta=0°$，$P_{M}=0$，$P_{1}=p_{0}$，此时运行于发电机空载状态。调节励磁电流 I_{f}，同步电机只向电网输送无功，如图 3 - 48 （b）所示。

当同步电机接上三相交流电源，从定子输入电功率，P_{M} 变为驱动转矩，同步电机运行在电动机状态，此时 $-90°<\delta<0°$，气隙合成等效磁场超前于转子主极磁场一个功率角 δ，它可以想象成为合成等效磁极拖着转子磁极以同步转速旋转，如图 3 - 48 （c）所示。

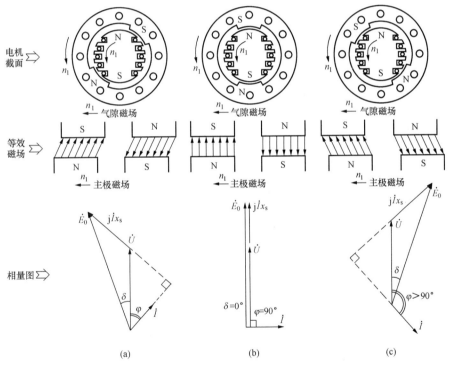

图 3 - 48　同步电机的三种运行状态
（a）发电机状态；（b）空载状态；（c）电动机状态

二、同步发电机调相运行

调相运行是指同步发电机向电网提供无功功率的运行方式。同步发电机处于空载运行状态，由原动机提供少量有功功率，补偿电机运转时的各种损耗，并向电网送出无功功率，即为同步发电机的调相运行。

同步发电机正常运行时同时向电网输送有功和无功，额定功率因数 $\cos\varphi_{N}=0.85\sim0.9$

（滞后）。若将发电机改为调相运行方式，首先将进汽量或进水量减小，使输入功率减小，电磁功率 P_M 和 δ 变小，无功增加，发电机达到空载状态，发电机只向电网输出无功，如图3-48（b）所示。在不超过总视在功率的前提下，可增加励磁电流，增加无功输出。

　　水轮发电机组由于起停快、操作简便，由发电运行转为调相运行时，只需将水轮导水叶关闭，卸去机组有功功率，调节励磁电流即可。汽轮发电机组由于受热力系统的控制，由发电运行转为调相运行比较困难。所以水轮发电机用来作调相运行的较多，而汽轮发电机作调相运行的较少。

三、同步调相机

　　同步发电机可作调相运行，但发电机的主要作用是向电网输入有功功率，调相运行浪费了发电机资源。将专门发出无功的同步电机称为同步调相机，也称为补偿机，用来调节和改善电网的功率因数。

　　电网的负载主要是异步电动机和变压器，它们从电网吸取感性无功而使电网功率因数降低，导致线路损耗增大，发电设备利用率降低。若在负载中心地区装上同步调相机供给感性无功，则可减小输电线路上的损耗，提高输电效率，提高电网运行的经济性和供电质量。

　　同步调相机实际上是一台在空载运行情况下的同步电动机，用一台同轴安装的异步电动机（或在转子上装有笼式绕组）起动，并网后从电网吸收少量的有功功率维持电机本身的损耗，在很小的电磁功率和低功率因数的情况下运行。

四、同步电动机的作用

　　同步电动机应用于大型泵站、水厂、电厂等较稳定负载场所，同步电动机拖动的主要负载为空气压缩机、风机、水泵、球磨机等。

　　根据对同步电动机的分析，从图3-46（c）中可知，调节同步电动机的励磁电流，使其工作在过励状态，可使同步电动机在拖动有功负载的同时，吸收电网的容性无功，向电网输出感性无功功率，用以改善电网的功率因数。现代同步电动机的额定功率因数一般为 $1\sim0.8$（超前）。

📖 模块小结

　　（1）同步发电机作为发电机运行时，$\delta>0°$；作电动机运行时 $\delta<0°$，向电网吸取有功功率；作调相运行时，$\delta\approx0°$，向电网输出感性或容性无功功率。同步调相机实质上就是空载运行的同步电动机。

　　（2）作为无功功率电源，同步调相机对改善电网的功率因数，保持电压稳定及电力系统的经济运行起着重要的作用。

📐 思考与练习

　　（1）从同步发电机过渡到同步电动机时，功率角、电枢电流、电磁转矩的大小和方向有何变化？

　　（2）为改善功率因数而增设调相机应装设在何处比较合适？为什么？

　　（3）为什么说同步电动机可以改善电网的功率因数？

　　（4）某工厂自 6000V 的电网上吸取 $\cos\varphi_N=0.6$ 的电功率 2000kW，现装一台同步电动机，容量为 720kW，效率 0.9，Y 连接，求功率因数提高到 0.8 时，同步电动机的额定功率和 $\cos\varphi_N$。

第四单元　同步发电机异常状态及维护

模块 15　同步发电机异常运行

模块描述

本模块着重介绍同步发电机不对称运行、失磁异步运行对发电机的影响、危害和处理措施。介绍同步发电机不对称运行的分析方法、同步发电机失磁后的物理状况。

一、同步发电机的不对称运行

三相同步发电机在实际运行中经常会出现三相负载不对称的情况，如发电机相负载不平衡（如单相负载）或发生不对称故障（如单相或两相短路），断路器或隔离开关一相开合不良，某条输电线路非全相运行，发电机、变压器、供电线路一相断线等。不对称运行时，发电机的三相电流、三相电压大小不相等，它们的相位差也可能不对称，此时发电机中除正序系统外，还存在负序和零序分量，从而使电机的损耗增加、效率降低、温度升高，并且对电网中运行的变压器和电动机产生不良的影响。因此要对同步发电机的负载不对称度给予一定的限制。我国国家标准 GB 755—2008《旋转电机定额和性能》规定，对普通同步电机（采用导体内部冷却方式者除外）若各相电流均不超过额定值，则其负序电流分量不超过额定电流的 8%（凸极发电机）或 10%（隐极机和凸极电动机）时，可允许长期运行。

1. 不对称运行对发电机的影响

（1）引起发电机端电压不对称。不对称运行时，由于负序电流的存在，致使发电机存在负序电抗压降，造成发电机的相电压与线电压均不对称。

（2）引起转子表面发热。发电机不对称运行时，负序电流产生的负序旋转磁场以 $2n_1$ 的相对转速扫过转子表面，在转子铁心和绕组中感应出两倍频率的电动势和电流。引起附加铁损耗和附加铜损耗，使转子过热，影响同步发电机的出力。因频率较高，集肤效应较强，在转子的表面薄层中形成环流，如图 3-49 所示。

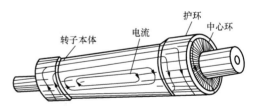

图 3-49　负序磁场引起的转子表面环流

环流流经齿、护环与转子本体搭接的区域，造成转子温升的提高。

（3）引起发电机振动。不对称运行时，因负序磁场与励磁磁场之间有 $2n_1$ 的相对转速，会在转子上产生 100Hz 的交变附加电磁转矩，引起机组的振动并产生噪声。

综上所述，对电机造成不良影响的根本原因是不对称运行时出现的负序电流和负序磁场。在电机转子上装设阻尼绕组后，由于其漏阻抗很小且装在励磁绕组外侧，故可有效地削弱负序磁场，减小负序电抗，从而削弱不对称运行带来的不良影响，因此中型以上的同步电机大都装有阻尼绕组。

2. 不对称运行的分析方法

分析同步发电机的不对称运行常采用对称分量法。对称分量法是将任一组不对称的三相系统，分解为三相对称的正序、负序、零序三个分量，每一个分量各自构成一个对称的独立系统。分别根据三个相序电动势、电流和阻抗计算出对称系统各分量，然后根据叠加原理合成不对称系统各物理量。

(1) 相序电动势。由于同步电机三相绕组结构的对称性，三相励磁电动势 $\dot{E}_0$ 是对称的正序系统，当转子励磁磁场按规定的方向旋转，在定子绕组中感应的三相电动势便是正序电动势，即正常运行时的空载电动势。由于发电机不存在反转的转子励磁磁场，因此不会有负序电动势，也不会有零序电动势。

(2) 相序电抗。每个相序电流系统都将建立自己的气隙磁场和漏磁场，并具有相应的相序阻抗。若忽略阻抗中的电阻分量，则变为相序电抗。相序电抗有正序电抗、负序电抗、零序电抗之分。

1) 正序电抗 x_+。所谓正序电抗，就是转子通入励磁电流正向同步旋转时，电枢绕组中所产生的正序三相对称电流所遇到的电抗。所以正序电抗就是发电机正常运行时的同步电抗，即 $x_+ = x_t$。

2) 负序电抗 x_-。负序电抗是转子正向旋转，但励磁绕组短路时，电枢绕组中流过的负序三相对称电流所遇到的电抗。

电枢绕组中通入负序三相对称电流后，将产生反向旋转磁场，其与转子的相对转速为 $2n_1$，因而转子励磁绕组和阻尼绕组都将以 $2n_1$ 的速度切割负序磁场感生电动势和电流，其频率为定子的两倍额定频率（$f_2 = 2f_1$），反过来转子负序电流又建立转子反磁动势，它把定子负序磁场排挤到励磁绕组和阻尼绕组漏磁路上去，此情况与突然短路时次暂态过程非常相似。因此负序电抗与次暂态电抗相类似。

由于负序旋转磁场的轴线与转子的直轴和交轴交替重合，因此，负序电抗的阻值是变化的，但工程上为简便计算，将其取之为交、直轴两个典型位置的数值的平均值，即 $x_- = \dfrac{x_{d-} + x_{q-}}{2}$，为方便起见，常取 $x_- = x_d''$。

3) 零序电抗 x_0。零序电抗是转子正向同步旋转、励磁绕组短路时，电枢中通入零序电流所遇到的电抗。由于三相零序电流是一组大小相等、相位相同的相量，不能形成旋转磁场。而只能产生定子绕组的漏磁场。故零序电抗实质上为一漏电抗。零序电抗的数值与绕组节距有关。对于单层和双层整距绕组（$y = \tau$），任一瞬间每槽内线圈边中电流方向总是相同的，故零序电抗等于正序漏电抗，$x_0 = x_\sigma$。

对于双层短距绕组，有一些槽的上、下层线圈属于不同相，它们流过的电流大小相等、方向相反，这些槽的零序漏磁通互相抵消，所以零序漏电抗小于正序漏电抗，即 $0 < x_0 < x_\sigma$。

(3) 相序电动势方程式和等值电路。对于各相序仍可利用电压方程式和等效电路表示电量之间的关系。对任意一相，各序电动势方程式的通用形式为（忽略定子绕组电阻）

$$\left.\begin{array}{l}\dot{E}_0 = \dot{U}_+ + j\dot{I}_+ \, x_+ \\ 0 = \dot{U}_- + j\dot{I}_- \, x_- \\ 0 = \dot{U}_0 + j\dot{I}_0 x_0\end{array}\right\} \qquad (3-38)$$

根据电动势方程式，可作出各序等值电路，如图 3-50 所示。

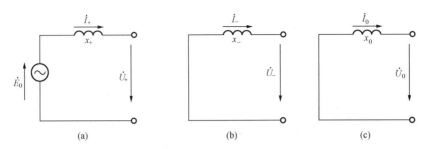

图 3-50　同步发电机各序等值电路

（a）正序等值电路；（b）负序等值电路；（c）零序等值电路

最后可用叠加定理求出各相电压、电流的实际值。

二、同步发电机的失磁运行

同步发电机的失磁运行是指发电机失去励磁后，仍输出一定的有功功率，以低转差率与电网并联运行的一种特殊运行方式。发电机的直流励磁电流下降或完全消失称为失磁。一般将前者称为部分失磁或低励，将后者称为完全失磁。

当发电机出现失磁故障时，若能允许短时异步运行，电气人员便可借此机会寻找失磁原因，迅速消除失磁故障，恢复励磁实现再同步，恢复发电机正常运行，提高电力系统的稳定性、可靠性和经济性。

1. 失磁运行的影响

失磁后对发电机本身及电网的影响主要有以下几点。

（1）引起发电机过热。

1）发电机失磁后变为异步运行，定子旋转磁场在转子表面产生差频电流，产生附加损耗，引起附加温升，严重的过热会危及转子的安全运行。

2）发电机失磁后欠励运行，使定子绕组端部漏磁通增大，引起定子端部发热。

3）发电机失磁后，由于从电网吸收大量无功功率，使定子绕组的电流增大、温度升高。

（2）引起发电机振动。同步发电机异步运行，将在定子绕组中出现脉动电流，它将产生交变的机械力矩，使机组产生振动。

（3）影响系统的稳定运行。发电机失磁前向系统送出感性无功功率，失磁后，从系统吸取感性无功功率，造成系统的感性无功功率不足，导致系统电压下降，影响了系统的稳定运行。

2. 失磁的原因

失磁一般是由于励磁回路短路或开路所造成。例如，主励磁机换向故障、副励磁机回路断线、励磁调节失误、励磁接触器开路、自动励磁调节器故障、集电环过热故障、转子绕组匝间短路等，均可造成励磁回路失磁故障。

3. 失磁后的处理方法

发电机发生失磁后，各电厂应结合本厂机组的运行情况及实际试验数据进行处理，并遵循以下原则：一是对于不允许无励磁运行的发电机立即从电网上解列，以避免损坏设备或造成系统事故；二是对于允许无励磁运行的发电机应按无励磁运行规定执行。

如水轮发电机由于是凸极式转子，需要较大的转差才能产生一定的异步转矩，转子有过热的危险，故不允许失磁运行。对于大型汽轮发电机，例如额定功率为 300、600MW 的机组，由于其单机容量大，对系统影响较大，因此不允许失磁运行。

对经过试验允许失磁运行的发电机，失磁后，应在规定时间（如 3min）内将负载降至 40％额定值以下，允许运行 10～30min；同时监视定子电流不要超过 110％I_N，定子端电压不小于 90％U_N，各部件温度小于规定值；设法恢复励磁拉入同步，否则解列。

4. 失磁的物理过程

当同步发电机失磁后，发电机的感应电动势将随励磁电流的减少而减少，因 P_M 与 E_0 成正比，发电机的电磁转矩逐渐减小。而当电磁转矩小于驱动转矩时，出现过剩的转矩使转子加速，脱出同步。在此同时，由于 E_0 的减小，发电机变为欠励，从电网吸收感性无功功率，以维持气隙磁场。

由于转子与定子旋转磁场之间有了相对速度，出现了转差率 s，于是在励磁绕组、阻尼绕组、转子表面等处感应出频率与转差率相应的交变电流。该电流和定子磁场作用产生制动性质的异步转矩。此时，从原动机输入的驱动转矩在克服异步转矩的过程中做功，将机械能转变为电能，向电网送出有功功率。随着转差率的增大，异步转矩也增大，当驱动转矩和异步转矩相等时，即达到新的平衡。此时发电机处于无励磁的异步运行状态。

综上所述，在失磁运行状态下，发电机吸收无功功率，送出有功功率。发电机内部的磁场由电网的无功励磁，转子和定子旋转磁场异步运行。实际上，这时同步电机处于异步发电机运行状态。

模块小结

发电机的不对称运行不仅会造成转子过热以及电机振动，而且会影响负载的正常工作。同步发电机的不对称稳态运行可以采用对称分量法进行分析。分析步骤是：①根据负载端的边界条件分解出电流、电压的各相序分量；②由各相序的基本方程式求解出各相序分量；③用叠加定理求出各相电压、电流的实际值。

并列于大电网的同步发电机失磁时，会造成电网无功功率的不足，电压显著降低，电机定、转子发热，引起机组振动，影响电网的稳定运行。对于允许失磁运行的发电机，必须在规定时间内恢复励磁，否则应将发电机从电网中解列。

思考与练习

（1）同步发电机的不对称运行造成哪些不良影响？应采取哪种应对措施？

（2）同步发电机失磁后应如何处理？

模块 16　同步发电机突然短路

模块描述

本模块着重介绍三相突然短路对同步发电机的影响和危害。介绍暂态电抗、次暂态电抗的物理意义及突然短路时电流增大的原因、突然短路电流衰减的过程。

同步发电机发生三相突然短路，通常指发电机在原来正常稳定运行的情况下，发电机出线端发生的三相突然对称短路。发电机发生突然对称短路将从原来的某种稳定运行状态过渡到稳定短路状态。实际上在发电机端发生突然短路的可能性很小，但是一旦发生会对发电机造成很大的影响。

一、突然短路电流对发电机的影响

（1）定子绕组端部承受巨大的电磁力作用。

突然短路时冲击电流的峰值可达 $20I_N$，这意味着将要产生巨大的电磁力，电磁力的作用趋向于使定子绕组端部向外张开，最危险区域在线棒伸出的槽口处。如电机端部的支撑和固定不良，会使线圈变形，绝缘受损，对绕组的端部造成破坏，严重时会造成永久性损坏。

（2）电机受到强大电磁转矩的冲击。在突然短路时，气隙磁场变化不大，而定子电流却增大很多，因此所产生的电磁转矩也很大，可达 $10T_N$。此电磁转矩会引起电机振动；对其结构部件，如转轴颈部分、基础螺杆，产生很大的冲击机械应力。

突然短路时，各绕组都出现较大的电流，致使绕组铜损耗增加。但由于短路电流衰减较快，故各绕组的温升实际增加不多，受到热破坏的情况很少。

为了减小或避免突然短路对发电机的影响，一是在电机的结构设计和制造时加强相应部件的机械强度，二是配置合适的继电保护装置。

二、突然短路的分析

分析突然短路的物理过程时，通常应用超导体闭合回路磁链守恒原理，先将各绕组看成超导体闭合回路，导出各绕组突然短路电流的最大值，再计入绕组电阻，考虑暂态分量的衰减，从而得出实际电流的变化规律。

同步发电机正常稳态运行时，电枢磁场是一个恒幅值、恒转速的旋转磁场，它与转子同转速、同方向旋转，与转子之间无相对运动，旋转磁场的存在不会在励磁绕组和阻尼绕组中感生电动势和电流。由楞次定律可知，当闭合线圈内磁通量发生变化时，将在该线圈内产生感生电流。感生电流的方向是使该电流产生的磁场阻碍原来磁场的变化，即闭合线圈的磁链守恒。发生突然短路时，定子电流及相应的电枢磁场都将发生突然变化，并在转子励磁绕组和阻尼绕组中感生电动势和电流，转子各绕组感应的电流将建立各自的磁场，反过来又影响电枢磁场。这种定、转子绕组之间的相互影响，致使定子绕组的电抗减小电流增大。

1. 突然短路时定子绕组电抗的变化

为了分析方便，特作如下假设：①短路发生在出线端，短路时电机空载；②电机转速不变；③磁路不饱和；④不计绕组电阻的影响。

突然短路发生后，定子电枢绕组实际为一个闭合的电感线圈，它维持突然短路发生瞬间交链的磁链守恒。三相突然短路初瞬（$t=0$），由于转子与定子某相绕组的相对位置不同，该相绕组交链的磁通数值会有所不同，导致各相绕组突然短路电流大小有差别。设突然短路恰好发生在转子磁极轴线与 A 相绕组轴线相重合的瞬间，则其磁链初始值 $\psi_A(0)=\varPsi_m$，如图 3-51 所示。

由于发生突然短路的时刻是随机的，为简化分析，取短路瞬间作为计时起点（即 $t=0$），则励磁电流产生的主磁通 $\varPhi_0$ 在三相绕组引起的磁链 ψ_A、ψ_B、ψ_C 会随时间做余弦变化，其表

达式为

$$\left.\begin{array}{l} \psi_A = \Psi_m\cos(\omega t + \alpha_0) \\ \psi_B = \Psi_m\cos(\omega t + \alpha_0 - 120°) \\ \psi_C = \Psi_m\cos(\omega t + \alpha_0 + 120°) \end{array}\right\} \tag{3-39}$$

式中　α_0——转子磁极的轴线超前 A 相绕组轴线的电角度，当二者重合时 $\alpha_0 = 0°$；

　　　　Ψ_m——定子一相绕组交链主磁通 Φ_0 的最大值。

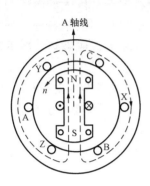

图 3-51　$\alpha_0 = 0°$突然短路

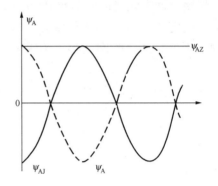

图 3-52　A 相绕组磁链

先分析 A 相绕组的磁链。为维持 A 相绕组的磁链守恒，在电枢绕组中感应的电流必定由两部分磁链组成，一部分磁链数量上等于电枢绕组突然短路发生瞬间时的不变磁链 Ψ_{AZ}，另一部分磁链用来抵消突然短路后转子励磁磁通与电枢绕组继续交链所产生的交变磁链 Ψ_{AJ}，如图 3-52 所示。对应的电枢绕组电流也包含有直流分量 i_{AZ} 和交流分量 i_{AJ}。

同理，对于 B 相和 C 相电枢绕组也都出现两个分量电流。但由于突然短路发生瞬间转子与它们的相对位置不同，会导致其直流分量电流的大小值不同。三相电枢绕组直流分量电流产生一个空间位置固定的电枢磁场，三相电枢绕组交流电流分量产生一个旋转的电枢磁场，其性质为直轴去磁。下面仅分析三相电枢绕组交流电流分量的过渡过程。

由于三相绕组发生突然短路后，电枢绕组的磁链不变，则其空载电动势也不变，即 $\dot{U} = 0$ 时，定子短路电流大小只与电枢绕组电抗有关。根据电枢绕组电抗的变化状态，突然短路产生的过渡过程可分为次暂态、暂态、稳态三个阶段。

(1) 次暂态过程及电抗。设发电机短路发生前为空载运行，电机内仅有励磁绕组产生的主磁通 Φ_0 及励磁绕组漏磁通 $\Phi_{f\sigma}$。突然短路发生后，三相电枢绕组的交流电流分量所产生的旋转电枢磁场，将产生突变的直轴电枢反应磁通 Φ_{ad} 及定子漏磁通 Φ_σ。Φ_{ad} 企图穿过转子铁心、励磁绕组和阻尼绕组。而励磁绕组和阻尼绕组都是自行闭合的电感线圈，这两个绕组都会产生感应电流，并产生相应的磁通抵制 Φ_{ad} 穿过，以维持原来的磁链不变。于是 Φ_{ad} 被迫从阻尼绕组和励磁绕组的漏磁路通过，如图 3-53 所示。这种状态称为次暂态。对应的电抗称为次暂态直轴电抗 x_d''。

由于 Φ_{ad} 所经磁路为漏磁路，磁阻比稳态短路时的 Φ_{ad} 所经磁路的磁阻大得多，因此相对应的电抗 x_{ad}'' 比稳态短路时的 x_{ad} 小得多，而定子漏电抗 x_σ 与稳态时一样，突然短路初瞬，定子绕组直轴次暂态电抗 $x_d'' = x_{ad}'' + x_\sigma \ll x_d$，因此，在次暂态状况下，定子电枢绕组会流过很大的短路电流。

（2）暂态过程及电抗。实际上同步发电机的各个绕组都存在有电阻，励磁绕组和阻尼绕组中的感应电流会随时间而衰减。阻尼绕组匝数少电流衰减快，可认为阻尼绕组中的感应电流先衰减到零，然后励磁绕组中的电流才开始衰减为 I_f。暂态过程是指当阻尼绕组的感应电流衰减到零时，电枢反应磁通穿过阻尼绕组，但仍被排挤到励磁绕组外侧的漏磁路通过的状态，对应的电抗称为暂态直轴电抗 x'_d。此时电枢反应磁通 Φ_{ad} 经过的磁阻明显小于次暂态时的磁阻。因此暂态电抗 x'_d 比次暂态电抗 x''_d 大，在暂态下，定子电枢绕组的短路电流虽有所减小，但仍然很大，如图 3-54 所示。

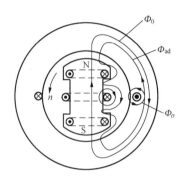 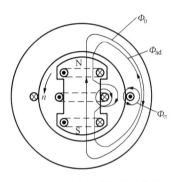

图 3-53　次暂态时的磁通分布　　　　　图 3-54　暂态时的磁通分布

（3）稳态过程及电抗。由于励磁绕组电阻的存在，最后感应电流将衰减到零，电枢反应磁通 Φ_{ad} 将穿过阻尼绕组和励磁绕组，发电机进入短路稳定状态运行，此时，对应的电枢磁通即为直轴同步电抗 x_d 或 x_t，如图 3-55 所示。

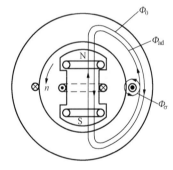

由以上分析可见，同步发电机从正常运行到稳定短路运行状态，一般需经历次暂态（有阻尼绕组）到暂态、再进入稳态的过渡过程。同步发电机发生突然短路后，由于要维持磁链守恒，转子阻尼绕组和励磁绕组都将感生电流并产生磁通，排挤突然出现的电枢反应磁通，迫使电枢反应磁通沿气隙和转子绕组的漏磁路闭合。由于漏磁路的磁阻较大，导致对应的电抗比稳态时的同步电抗小得多，且

图 3-55　稳态时的磁通分布

随转子绕组电流的衰减而变化，导致过渡过程中同步发电机的定子电流发生相应的变化。

2. 突然短路电流的表达式及衰减

（1）突然短路电流的最大值。综合前面的分析可知，定子三相绕组的短路电流有直流和交流两个分量，由于发生短路的时刻不同，直流分量的数值也不同。假设突然短路正好发生在转子磁极的轴线与 A 相绕组轴线重合的瞬间，因此，A 相短路电流交流分量 i_{kAd} 的初始值为 $-\dfrac{E_{0m}}{x''_d}$，而直流分量 i_{kAa} 的最大值为 $\dfrac{E_{0m}}{x''_d}$，所以 A 相绕组的电流将是三相中最大的。不考虑衰减时的电流波形如图 3-56 所示。

从图 3-56 中可见，经过半个周期，当交流分量达正的幅值时，A 相短路电流达最大值，它们为两个分量之和。考虑到衰减，则为 $k\dfrac{E_{0m}}{x''_d}$，k 为冲击系数，一般为 1.8～1.9。

例如，一台 300MW 的汽轮发电机，$E_0^* = 1.05$，$x_d''{}^* = 0.20$，则其三相突然短路电流的最大值为

$$i_{kmax}^* = 1.8 \frac{E_{0m}^*}{x_d''{}^*} = 1.8 \times \frac{\sqrt{2} \times 1.05}{0.20} = 13.4$$

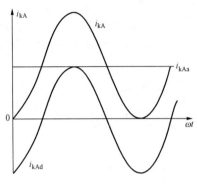

图 3-56　A 相绕组不考虑衰减的短路电流（$\alpha_0 = 0°$）

即在突然短路发生后的 0.01s，最大突然短路冲击电流可达额定电流的十几到二十几倍。

根据国家标准规定，同步发电机必须能够承受空载电压等于 105% 额定电压下的三相突然短路电流的冲击。

（2）突然短路电流的衰减。实际上，定子绕组、励磁绕组和阻尼绕组都存在着电阻，会消耗能量，因此短路电流的交直流分量都会按对应绕组的时间常数逐渐衰减。衰减的快慢，与绕组时间常数 $T = \dfrac{L}{r}$ 有关，此式中的电阻 r 是该绕组的电阻，电感 L 是该绕组与其他绕组有磁耦合情况下的等效电感。

从前面分析可以知道，定子绕组交流分量电流的衰减，在次暂态过程中，其幅值由 $\dfrac{E_{0m}}{x_d''}$ 变到 $\dfrac{E_{0m}}{x_d'}$，其衰减速度取决于阻尼绕组的时间常数 T_d''；在暂态过程中，其幅值由 $\dfrac{E_{0m}}{x_d'}$ 变到稳态短路电流 $\dfrac{E_{0m}}{x_d}$，其衰减速度取决于励磁绕组的时间常数 T_d'。定子绕组直流分量电流的衰减则取决于定子绕组本身的时间常数 T_a。A 组绕组考虑衰减的短路电流波形如图 3-57 所示。

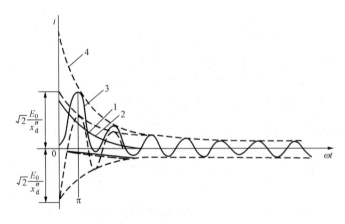

图 3-57　有阻尼绕组的同步发电机 $\Psi_A(0) = \Psi_m$ 时
三相突然短路的 A 相电流波形
1—交流分量；2—直流分量；3—短路电流；4—包络线

🔲 模块小结

突然短路是危害同步发电机安全的故障之一。分析发电机突然短路的理论基础是闭合线

圈的磁链不能突变，同步电机突然短路发生后，阻尼绕组和励磁绕组中将感生电流，抵制电枢反应磁通对其的穿越，迫使电枢反应磁通经阻尼绕组和励磁绕组的漏磁路通过，磁路的磁阻增大，故过渡过程中电枢绕组的电抗比稳态时同步电抗小很多。

突然短路电流变大，可达额定电流的十几倍。突然短路对发电机的危害主要有：①定子绕组受到巨大电磁力的冲击；②电机受到强大电磁转矩的冲击；③定、转子绕组发热。

思考与练习

（1）突然短路为什么会出现很大的短路电流？什么类型的发电机突然短路电流最大？

（2）突然短路会对发电机造成怎样的危害？

（3）同步发电机转子装设阻尼绕组与不装阻尼绕组，x''_{d*} 与 x'_{d*} 之间的大小关系有什么变化？

（4）同步发电机三相突然短路时，定子绕组中的电流各有哪些分量？哪些分量的电流会衰减？为什么会衰减？

模块 17　同步发电机的运行监视

模块描述

本模块介绍同步发电机运行监视的常规内容，以及运行中绕组铁心温度、冷却介质、绝缘介质等的监视内容。

同步发电机并列于电网时，使其有功负载、无功负载、电压、电流、温度等参数都在允许范围内的运行状态，称为正常运行方式。正常运行方式又有两种不同的情况，一种是额定运行方式，一种是允许运行方式。

同步发电机按制造厂铭牌上的额定参数运行，称为额定运行方式。额定运行时，发电机的三相电压和电流对称、损耗小、效率高、转动平稳，是最理想的运行方式，一般情况下，发电机应尽量保持在额定或接近额定工作状态下运行。

由于电网负载是不断变化的，使得某些发电机需要偏离额定参数运行，或者发电机及相关设备的状况的变化，也使得某些发电机必须偏离额定参数运行。发电机的运行参数偏离额定值，但在允许的范围内的运行方式称为允许运行方式。现代大型发电机组一般不采用允许运行方式。

因此，运行值班人员要时刻监视发电机的运行参数，以便作出相应的调整，保证发电机长期安全运行。以水氢氢 300MW 汽轮发电机为例，经常监视的部位、内容及参数有以下一些。

一、常规运行监视内容

（1）监视发电机的运行参数。发电机装有测量装置，通过仪表或计算机 CRT 画面显示各种运行参数，如有功功率、无功功率、定子电压和电流、转子电压和电流、自动励磁调节器（AVR）的输出电压和电流、手动励磁的输出电压、频率、相关部位温度、冷却介质的温度、压力等。应严密监视各参数，看其是否符合规定要求，并按规定时间间隔（例如每小时一次）记录数据，如发现异常，应加强监视，缩短记录间隔时间。

（2）发电机运行的声音应正常，无金属摩擦或撞击声。用手触摸发电机，观察有无异常振动与过热。

（3）监视线圈运行情况。通过机端窥视孔检查发电机端部，是否出现异常，例如绕组变形、流胶、绑线垫块松动、焦糊、放电火花、渗水、漏水及结露。

（4）定期检查有无漏水、漏油现象。

二、对发电机绕组和铁心温度的监视

发电机绕组和铁心的长期运行允许温度，与采用的绝缘等级有关。表3-4列出了我国国家标准中对采用B级或F级绝缘的水氢氢汽轮发电机的允许温度值。

表3-4　　　　　　　　　　　发电机绕组和铁心温度允许值

发电机部位	温度测量位置与方法		温度允许值（℃）	
			B级绝缘	F级绝缘
定子铁心	埋置检温计法		120	
	温度计法			140
定子绕组	定子槽内上下层线棒间埋置检温计		120	140
转子绕组	电阻法 按氢气在转子全长上径向出风区的数目	1～2	100	115
		3～4	105	120
		5～7	110	125
		8及以上	115	130

三、对冷却介质的监视

发电机的冷却介质是水和氢气，为保证发电机能在允许的温度下长期运行，必须保证其冷却介质的温度、压力和流量在规定的数值内，其质量也要符合要求。

1. 氢气

为防止氢气爆炸，氢气纯度应在96%及以上，低于此值应排污及补充新鲜氢气。氢气湿度在额定气压下，含水量不大于$4g/m^3$。氢气压力应保持在额定值0.30MPa，过低会减弱其传热能力，影响发电机的出力。冷却后的氢气温度在30～46℃之间，温度太低机内容易结露，温度过高会影响发电机的出力以及会引起绝缘老化加快等问题。

2. 定子绕组冷却水

用除盐水冷却定子绕组，冷却水的水质对发电机的运行有很大影响，一般要求导电率≤1.5μΩ/cm（20℃）、硬度≤2μg/L、酸碱度（pH）＝6.5～8。如果水的导电率大于规定值，会引起较大泄漏电流，使绝缘引水管老化加快，严重的还会引起相间闪络；水的硬度过大，则水中含钙、镁离子多，易使管路结垢，影响冷却效果，甚至堵塞管道。

冷却水的温度、压力、水量对发电机的运行影响也很大。一般要求，绕组入口水温为35～40℃±5℃，太低则会使定子绕组与铁心的温差过大或使汇水管表面结露，过高则影响发电机的出力；进出口的水温差不超过30～50℃，以便当入口水温为45℃时，出口水温低于85℃，以防止出口处产生汽化使绕组超温烧坏。为防止定子绕组漏水，水压应小于氢压。要求冷却水的水量在额定值±10%范围内。

四、对轴密封的监视

当发电机充满氢气时，监视密封瓦中供油应不中断。密封油的压力、流量和温度符合规定。定期检查出油管和主油箱中氢气的含量，大于规定值时，应查出原因加以排除。

五、对集电环和电刷的监视

电刷应无发热、冒火、接触不良、破损、过短、刷辫脱落或磨断现象，在刷握内应无跳动、卡住现象，各电刷电流分布均匀，刷握和刷架应无油垢、碳粉和尘埃。集电环表面应清洁、无金属磨损痕迹、无过热变色现象。

六、对发电机绝缘状况的监视

在运行中，还需要定期（如每班一次）对定子及转子绕组的绝缘状况进行测量，以便及时处理，消除隐患。有多种方法测量绕组绝缘，如可采用电压表测量法或磁场接地检测装置来监视发电机转子和励磁机转子的绝缘状况，可通过测量各相对地电压或测量定子回路零序电压来监视定子绕组的绝缘状况。

模块小结

同步发电机有额定运行和允许运行两种运行方式。为保证发电机的安全，一般大型同步发电机不采用允许运行方式。

为保证发电机长期安全运行，值班人员要时刻监视发电机的运行参数，除常规运行监视内容外，还要对发电机绕组和铁心温度、冷却介质、轴密封、集电环和电刷绝缘状况进行监视。

思考与练习

（1）什么是同步发电机的额定运行方式和允许运行方式？
（2）常规运行监视有哪些内容？

模块 18　同步发电机常见故障原因及处理方法

模块描述

本模块介绍同步发电机常见故障和原因，以及处理方法。

同步发电机的故障原因是多方面的，但主要原因多是由于制造上的缺陷、安装和检修质量不良、绝缘老化、运行人员的误操作、大气过电压和操作过电压以及外部短路所造成，较常见的故障有转子绕组故障、定子绕组故障、定子铁心故障以及冷却系统故障等。现将部分故障产生的原因和处理方法列于表 3-5。

表 3-5　　　　　　　　　同步发电机常见故障、原因和处理方法

故障现象	故障原因	处理方法
轴承过热	（1）安装不良或轴承损坏； （2）润滑油（脂）牌号不符合要求，装入数量级不合要求，润滑油（脂）变质或含杂质； （3）轴承绝缘损坏	（1）重新安装或更换轴承； （2）清洗轴承，更换符合要求的润滑油（脂）； （3）有绝缘结构的轴承，应定期测量绝缘电阻，经常清除绝缘物附近的杂质

续表

故障现象	故障原因	处理方法
电刷冒火	(1) 电刷或刷盒不清洁； (2) 导电环面有污渍，锈蚀或粗糙不平； (3) 电刷与集电环的接触面积太小； (4) 电刷过度磨损或破裂，弹簧压力过小	(1) 清除刷盒附近的炭粉、污物； (2) 用 00 号细布研磨集电环面，使其光滑清洁； (3) 研磨电刷，使电刷有 80% 以上的面积与集电环面良好接触； (4) 更换电刷、刷握弹簧
转子绕组绝缘电阻降低或绕组接地	(1) 长期停用受潮； (2) 灰尘积淀在绕组上； (3) 集电环下有碳粉和油污堆积； (4) 集电环、引线绝缘损坏； (5) 转子绝缘损坏	(1) 进行干燥处理； (2) 进行检修清扫； (3) 清理油污并擦拭干净； (4) 修补或重包绝缘； (5) 修补或更换绝缘
转子绕组匝间短路	(1) 匝间绝缘因振动或膨缩被磨损、脱落或位移； (2) 匝间绝缘因膨胀系数与导线不同，破裂或损坏； (3) 垫块配置不当，使绕组产生变形； (4) 通风不良，绕组过热，绝缘老化损坏	(1) 进行修补； (2) 进行修补； (3) 重新配垫块和对绕组进行修复； (4) 修补绝缘、疏通通风
发电机失去励磁	(1) 接触不良或断线； (2) 磁场线圈断线、自动励磁调整装置故障	(1) 迅速减小负载，使电流在额定值范围，检查灭磁开关有无跳闸，如跳闸应迅速合上； (2) 查明自动励磁调整装置是否失灵，并改用手动加大励磁；对不允许失磁运行的发电机应解列停机检查处理；对允许失磁运行的发电机，应在允许的时间内恢复励磁，否则应解列停机检查
定子槽楔和绑线松弛	(1) 槽楔干缩； (2) 运行中的振动或经短路电流的冲击力的作用； (3) 制造工艺和制造质量的缺陷	(1) 更换槽楔； (2) 在槽内加垫条打紧； (3) 重新绑扎
定子绕组过热	(1) 冷却系统不良，冷却及通风管道堵塞； (2) 绕组端头焊接不良； (3) 铁心短路	(1) 检修冷却系统，疏通管道； (2) 重新焊接； (3) 清除铁心故障
定子绕组绝缘击穿	(1) 雷电过电压或操作过电压； (2) 绕组匝间短路、绕组接地引起的局部过热； (3) 绝缘受潮或老化； (4) 绝缘受机械损伤； (5) 制造工艺不良	(1) 更换被击穿的线棒； (2) 消除引起绝缘击穿的原因； (3) 修复被击穿的绝缘和被击穿时电弧灼伤的其他部分
定子绝缘老化	(1) 自然老化； (2) 油浸蚀，绝缘膨胀； (3) 冷却介质温度变化频繁，端部表面漆层脱落； (4) 绕组温升太快，绕组变形使绝缘裂缝	(1) 恢复性大修，更换全部绕组； (2) 除油污、修补绝缘、表面涂漆； (3) 表面涂漆； (4) 局部修补绝缘或更换故障线圈，表面涂漆

故障现象	故障原因	处理方法
电腐蚀	（1）定子线棒与槽壁嵌合不紧存在气隙（外腐蚀）； （2）线棒主绝缘与防晕层黏合不良存在气隙（内腐蚀）	（1）槽内加半导体垫条； （2）采用黏合性能好的半导体漆
铁心硅钢片松动	（1）铁心压得不紧或不均匀； （2）片间绝缘层破坏或脱落； （3）长期振动	在铁心缝中塞进绝缘垫或注入绝缘漆；消除振动的原因
定子铁心短路	硅钢片间绝缘因老化、振动磨损或局部过热而被破坏	消除片间杂质和氧化物，在缝中塞进绝缘垫或注入绝缘漆、更换损坏的硅钢片
氢冷发电机漏氢	（1）制造中有缺陷； （2）检修质量不良； （3）绝缘垫老化； （4）冷却器泄漏	查漏、堵漏、更换绝缘垫
水冷发电机漏水	（1）接头松动； （2）绝缘引水管老化破裂； （3）转子绕组引水管弯脚处拆裂； （4）焊口开裂； （5）空心导线质量不良； （6）冷却器泄漏	（1）拧紧接头、更换铜垫圈； （2）更换引水管； （3）更换引水管弯脚； （4）焊补裂口； （5）更换线棒； （6）检查堵漏
空气冷却漏水	水管腐蚀损坏	少量水管漏水时将该管两头堵死，大量水管漏水时更换空气冷却器

🖢 模块小结

（1）发电机故障的主要原因多是由于制造上的缺陷、安装和检修质量不良、绝缘老化、运行人员的误操作、大气过电压和操作过电压以及外部短路所造成。

（2）常见的故障有转子绕组、定子绕组、定子铁心以及冷却系统故障。

📐 思考与练习

（1）同步发电机轴承过热是什么原因造成的？怎样进行处理？

（2）转子绕组接地的故障原因是什么？怎样进行处理？

第四部分 其他形式电机

电力系统中除汽轮发电机、水轮发电机、电力变压器和异步电动机等常用的电机以外，还有许多其他形式的电机。如近年来飞速发展的风力发电机、蓄能电厂的电动发电机等，用于电力拖动的直流电动机、单相异步电动机等，以及控制电机中的伺服电动机、步进电动机等。本部分简单介绍这些电机的基本结构、铭牌参数和工作原理。

第一单元 风力发电机

图 4-1 风力发电机

风是人类最常见的自然现象之一，太阳辐射到地球的热能中有大约 2% 被转变成风能。风能资源的储量非常巨大，全球大气中总的风能量约为 10^{14} MW（10 亿亿 kW），其中可被开发利用的风能理论值约有 3.5×10^9 MW（3.5 万亿 kW），比世界上可利用的水能大 10 倍。一年之中风所产生的能量大约相当于 20 世纪 90 年代初全世界每年所消耗的燃料的 3000 倍。19 世纪末，风能开始用于发电。风力发电环保清洁，无废弃物排放，施工周期短，风电技术是可再生能源技术中最成熟的一种能源技术。风力发电机如图 4-1 所示。

模块 1 风力发电机结构

📎 模块描述

本模块简述风力发电的基本知识，主要介绍常用双馈异步发电机的结构、工作原理和特点，简单介绍风电场变压器的配置。

一、风力发电概述

1. 风力发电过程及特点

风力发电就是利用风力机获取风能并转化为机械能，再利用发电机将风力机输出的机械能转化为电能输出的生产过程。

风力机有很多种类型，用于风力发电的发电机也呈现出多样性，但是其基本能量转换过程都是一样的，如图 4-2 所示。

图 4-2 风力发电能量转换过程

用于实现该能量转换过程的成套设备称为风力发电机组。

与常规电厂相比,风力发电场具有发电机组单机容量小、数目多,输出电压等级低,发电机组类型多样化和功率输出特性复杂等特点。

2. 典型风力发电机

目前风电场中应用的风力发电机,多数为三相交流发电机。按其转速又可分为异步发电机系统和同步发电机系统。

风电场异步发电机系统包括:定速笼式异步风力发电机、转子电流受控的异步风力发电机、双馈异步风力发电机、转子电流混合控制的异步风力发电机、变速笼式异步风力发电机等。

风电场同步发电机包括:电励磁直驱同步风力发电机、永磁直驱同步风力发电机、混合励磁直驱同步风力发电机、横向磁通永磁同步风力发电机等。

风力发电机机舱概览图如图4-3所示。下面介绍双馈异步风力发电机的基本结构和特点。

图 4-3 风力发电机机舱概览图

1—导流罩;2—叶片轴承;3—轴承座;4—主轴;
5—油冷却器;6—齿轮;7—液压停车制动器;
8—热交换器;9—通风孔;10—转子轮毂;
11—偏航驱动;12—联轴器;13—控制柜;
14—底座;15—发电机

二、双馈异步发电机的基本结构

1. 总体结构概况

双馈异步发电机总体结构如图4-4所示。

双馈异步发电机是一种绕线式感应发电机,该发电机主要由电机本体和冷却系统两大部分组成。电机本体由定子、转子和轴承系统组成,冷却系统分为水冷、空空冷和空水冷三种结构。

2. 主要部件

双馈异步电机的结构类似于绕线式异步电机,主要部件包括定子和转子,如图4-5所示。

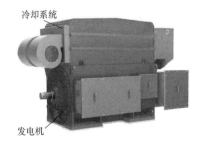

图 4-4 双馈异步发电机

(a)　　　　　　　　(b)

图 4-5 双馈异步发电机定子和转子
(a) 定子;(b) 转子

双馈异步发电机的定子和转子铁心槽中均安放三相对称绕组。其定子与普通交流电机定子相似,定子绕组通以具有固定频率的对称三相电源。转子绕组通以具有可调节频率的对称三相电源。发电机定子和转子的极数相同。

3. 其他零部件

双馈异步发电机其他部件包括：前端盖、后端盖、集电环、刷架、接线盒和冷却器。

三、双馈异步发电机的特点

双馈电机就是将电能分别馈入电机的定子绕组和转子绕组。一般将定子绕组直接接入工频电网，转子绕组通过双向可逆专用励磁变频器与电网连接。转子绕组电源的频率、电压、幅值和相位按运行要求由该变频器来进行自动调节，机组可以在不同的转速下实现恒频发电，满足用电负载和并网的要求。由于采用了交流励磁，发电机和电力系统构成了"柔性连接"，即可以根据电网电压、电流和发电机的转速来调节励磁电流，精确地调节发电机的输出电压和频率，使其能满足电网要求。

在风力发电站中，双馈发电机可以在不同的风速下运行，其转速可以随风速的变化作相应调整，使风力机的运行始终处于最佳状态，提高了风能的利用率。同时，通过控制馈入转子绕组的电流参数，不仅可以保持定子输出的电压和频率不变，还可以调节输入到电网的功率因数，提高系统的稳定性。

四、双馈电机与异步电机、同步电机的区别

(1) 与异步电机的区别：异步电机是通过定子从电网吸收励磁电流产生磁场，而双馈电机通过定子和转子同时从电网吸收励磁电流；异步发电机的转速高于同步转速，而双馈发电机转速低于同步转速时也可发电；异步电机无法改变功率因数，而双馈发电机可以改变功率因数；异步电机的转速随负载变化而变化，而双馈发电机的转速不随负载变化。

(2) 与同步电机的区别：同步电机励磁只可调节电流的幅值，因此只能对无功功率进行调节，而双馈电机可以调节励磁电流的幅值、频率和相位。改变励磁电流频率，可以调节电机转速；改变励磁电流相位，可以调节发电机电动势和电网电压相量的相对位置；改变电机功率角，可以调节电机的有功功率和无功功率。

模块 2　双馈异步发电机工作原理和铭牌

模块描述

本模块介绍双馈异步发电机的工作原理和铭牌，包含双馈异步发电机的型号和主要技术数据。

一、双馈异步发电机工作原理

1. 双馈异步发电机基本工作原理

在发电机转子中通以某一频率（转差频率）的三相交流电时，会产生一个相对转子旋转的磁场，转子的实际转速加上交流励磁产生的旋转磁场所对应的转速等于同步转速，则在电机气隙中形成一个同步旋转磁场，在定子侧感应出同步频率的感应电动势。

从定子侧看，这与同步发电机直流励磁的转子以同步转速旋转时，在电机气隙中形成一个同步旋转的磁场是等效的。

如果按电机的转子转速是否与同步转速一致来区分异步发电机或同步发电机，则双馈发

电机应当被称为异步发电机。但是，从外特性来看，双馈发电机在很多地方又与同步发电机类似。

变速恒频双馈发电机运行时，电机转速与定转子绕组电压频率关系为

$$f_1 = (p/60) \times n \pm f_2 \qquad (4-1)$$

式中　f_1——定子电压频率；

$\quad\quad\ p$——电机的极对数；

$\quad\quad\ n$——转子转速；

$\quad\quad\ f_2$——转子励磁电压频率。

由式（4-1）可知，当转速 n 发生变化时，若调节转子电压频率 f_2，可使定子电压频率 f_1 保持恒定不变，实现双馈发电机的变速恒频控制。

2. 双馈异步发电机的两种运行状态

（1）亚同步发电运行。当风速较小时，$n < n_1$，$0 < s < 1$，由式（4-1）可知 f_2 取正号，如果忽略各种损耗，则发电机的能量关系为

$$P_{上网} = P_{电磁} = P_{机械} + P_{转差}$$

此时，转子（经变频器）提供励磁，定子输出电能（定子馈电）。

（2）超同步发电运行。当风速较大时，$n > n_1$，$s > 1$，f_2 取负号，如果忽略各种损耗，则发电机的能量关系为

$$P_{上网} = P_{机械} = P_{电磁} + P_{转差}（定子馈电＋转子馈电）$$

二、双馈异步发电机的铭牌

双馈异步发电机的铭牌主要标明型号、额定工况和主要技术数据等。

1. 型号

双馈异步发电机型号由产品代号和规格代号两部分组成。产品代号用"SKYF"表示，代表双馈异步发电机，规格代号以数字表示总功率等级和极数，总功率等级以 kW 为单位。

示例1：型号为 SKYF 1500-4 表示 1.5MW 双馈异步风力发电机，4 极。

示例2：

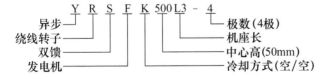

2. 额定工况

额定工况是指额定功率、额定电压、额定频率、功率因数为 1 的工况。

3. 主要技术数据

U_N：发电机额定电压，V；

P_N：发电机输出总有功功率，kW；

P_{mech}：发电机输入机械功率，kW；

P_S：定子输出有功功率，kW；

P_r：转子有功电功率，kW；

U_T：电机绕组匝间绝缘冲击试验电压峰值，V；

U_G：定子或转子绕组对地绝缘工频耐电压试验值（有效值），V；

I_1：定子电流，A；

U_2：转子电压，V；

I_2：转子电流，A；

n 为转速；r/min。

4. 主要参数系列

发电机的电压等级、功率等级和中心高参数系列值见表 4-1。

表 4-1　　　　　　　　电压等级、功率等级和中心高参数系列

电压等级（V）	输出功率等级（kW）	中心高（mm）
690	850、1250、1500、2000、2500、3000、3500、4500、5000	450、500、560、600、630、710、800、850

注　超出本表以外的中心高尺寸及电压、功率等级，由电机制造商与用户协商确定。

模块 3　风力发电场用电力变压器

🌀 **模块描述**

本模块简单介绍风力发电场用电力变压器，包括风力发电场升压结构、集电变压器和主变压器。

大型风电场中常采用二级或三级升压的结构，如图 4-6 所示。风电机组出口电压一般为 690V，每台风电机组配置一台升压变压器将 690V 提升至 10kV 或 35kV，多台变压器将电能汇集后送至风电场中心位置的升压站，经过升压站的升压变压器变换为 110kV 或 220kV 将电能送至电力系统。如果风电场装机容量更大，达到几百万千瓦的规模，可以进一步升压至 500kV 或更高，送入电力主干网。

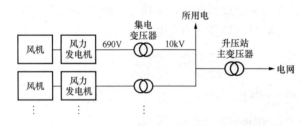

图 4-6　风力发电机与电网连接示意图

风机出口的变压器一般归属于风电机组，需要将电能汇集后送给升压站，也称为集电变压器。升压站中的升压变压器，其功能是将风电场的电能送给电力系统，因此也被称为主变压器。

为满足风电场和升压站自身用电需求，还设置有场用变压器或所用变压器，由 10kV 或 35kV 连接到所用电变压器。

📶 **单元小结**

双馈异步风力发电机是典型的风电场用异步发电机，该发电机是一种绕线式感应发电机，结构类似于绕线式异步电机，主要部件包括定子和转子。

双馈电机将电能分别馈入绕线转子异步电机的定子绕组和转子绕组，一般将定子绕组直接接入工频电网，而转子绕组通过双向可逆专用励磁变频器与电网连接。

双馈异步发电机有两种运行状态，当 $n<n_1$ 时，为亚同步发电运行状态；当 $n>n_1$ 时，

为超同步发电运行状态。

双馈异步发电机的铭牌主要标明型号、额定工况和主要技术数据。

大型风电场中常采用二级或三级升压的结构，风机出口的变压器称为集电变压器，升压站中的变压器称为主变压器。

思考与练习

（1）典型风力发电机有哪些种类？

（2）简述双馈异步风力发电机主要部件及其作用。

（3）与普通异步电机和同步电机相比，双馈异步发电机具有哪些特点？

（4）试简述双馈异步发电机的工作原理。

（5）双馈异步发电机有几种运行状态？不同运行状态下，发电机的能量关系有何不同？

（6）简述大型风电场中常采用的升压结构。

第二单元 电 动 发 电 机

电动发电机组常用于抽水蓄能电站。抽水蓄能电站不同于一般的水力发电站。一般的水

图 4-7 电动发电机组

力发电站是只安装发电机，将高水位的水一次使用后弃之东流，而抽水蓄能电站安装有抽水—发电可逆式机组，既能抽水，又能发电。在白天和前半夜，水库放水，高水位的水通过可逆式机组，此时机组作为发电机，将高水位水的机械能转化为电能，向电网输送，缓解用电高峰时电力的不足。到后半夜，电网处于用电低谷，电网中不能储存电能，这时将机组作为抽水机（可逆式机组可作反向旋转），将低水位的水抽入到高水位的水库中。这样，在用电低谷时把电能转化为水的机械能储存在水库中。到用电高峰，水库放水，又将水的机械能通过发电机转化为电能向电网输送。水库中的水多次使用，与可逆式机组一起，完成能量的多次转化。将低水位的水提升到高水位水库储存，相当于储存了电网中的电能。图 4-7 所示为电动发电机组。

模块 4 电动发电机结构

📀 模块描述

本模块介绍抽水蓄能电站的基本知识，以及常用电动发电机的基本结构。

一、抽水蓄能电站概述

1. 抽水蓄能电站工作原理

抽水蓄能水电站与常规水电站不同，它具有上、下两个水库将水循环利用，该电站的机组实质就是既可以作水泵又可以用来发电的水轮发电机组，即抽水蓄能电站的机组既要发电，又要用电。

抽水蓄能电站的工作原理如图 4-8 所示。

2. 抽水蓄能电站在电网中的作用

抽水蓄能电站是具有多种作用的特殊电源，有起停灵活、增减出力快的优点，对确保电力系统安全、稳定和经济运行具有重

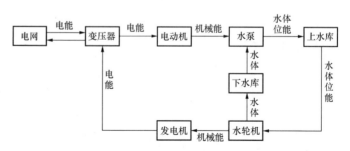

图 4-8 抽水蓄能电站的工作原理

要作用。其主要作用包括以下几个方面。

（1）抽水填谷。在电网用电低谷期，为使核电和电网大机组安全经济运行，利用电网低谷电量抽水蓄能，减少电网负荷峰谷差。

（2）调频。抽水蓄能机组的出力能按负荷要求瞬时变化进行调整，迅速适应系统负荷需要，从而使电网频率保持在规定范围内。

（3）调相。抽水蓄能机组在发电工况和抽水工况都可以作同步调相运行，为系统提供无功或吸收无功，从而提高电网功率因数。

（4）负荷调整。抽水蓄能机组具有能随时将出力在 $50\%\sim105\%$ 的范围内进行调整，以适应电网需求的特点。抽水蓄能机组起停可以非常频繁，如 1998 年某抽水蓄能电站 4 台机组全年共起停 1580 次，平均每台机组起停 395 次。

（5）备用。电网一般需准备 20% 以上的备用容量，为此系统往往需付出很大的代价。而用抽水蓄能机组作为备用容量，来应付不可预见的发电或负荷需要，可节省机组起动费用，替代备用热能机组低出力期间运行费用。例如，某区域电网的电厂两回线路同时跳闸，输送功率由 1460MW 减至 0，电网频率由事故前的 50Hz 下降到 49.44Hz，紧急抢开蓄能电站 1 台抽水蓄能机组，使系统电网频率迅速恢复到 50Hz。

（6）提高电网可靠性。由于抽水蓄能电站的高度灵活性和快速起动能力，可减少系统中强迫停运的次数和时间，从而提高电能质量，增加系统的可靠性。

二、电动发电机基本结构

用于抽水蓄能电站的机组既能作发电机用，又能作电动机用，称为电动发电机，其结构与水轮发电机基本相同，主要分为定子和转子。

1. 电动发电机主要结构

（1）定子。为了提高机组的运行可靠性，定子采用现场叠片和下线的整圆叠装结构。定子底座与基础板组合面之间装有径向通键，处于浮动状态，这种结构的特点是允许由温度引起的定子径向膨胀。定子由机座、铁心、绕组三部分组成。

为了满足电磁设计以及运输的需要，定子机座分成多瓣，运至工地焊接组装。定子铁心采用低损耗的优质冷轧硅钢片，铁心叠片全部交错叠制，并采用多段分层压紧法。

定子绕组为成型的单匝双层叠绕组。绕组绝缘采用符合规定的 F 级绝缘和真空加压浸渍的方法，使绝缘和线棒成为无空隙的严密而均匀的整体。绕组所有的接头和连接采用了银—铜焊接工艺，端部绝缘采用环氧浇注。

主引出线有三个引出端，在风洞内有可拆卸的连接装置，以便将引出线和外部连接断开供试验等用。

中性点接地采用变压器—电阻接地方式，这一方式可改变接地电流的相位，加速泄放回路中的残余电荷，促使接地电弧自熄，从而降低弧光间隙接地过电压，同时可提供足够的电流和零序电压，使接地保护可靠动作。

（2）转子。转子由中心体、磁轭、磁极等组成。磁极对称分布在磁轭圆周上，由铁心、阻尼绕组和线圈组成。线圈连接采用"Ω"形紫铜软接头连接，阻尼绕组间采用多层紫铜片制成的连接片柔性连接。磁极与磁极之间通过上、中、下三层挡块定位，形成一个整体，防止磁极在高速旋转时有异常串动。每个磁极用四只挡块焊接在磁轭鸽尾键槽底部，保证在同一高程。磁极通过磁极键与磁轭连接。

（3）推力轴承。推力轴承应能承受发电电动机和水泵水轮机转动部分的总重量和水泵水轮机转轮的最大水推力的综合负载。

（4）导轴承。导轴承主要由巴氏扇形轴瓦、抗重螺栓、抗重环、挡油板、油冷却器、油盆组成。导轴承为油浸、自润滑、可调的分块瓦型，在两个旋转方向（正转或反转）都有相同的润滑特性。

2. 电动发电机附属设备

（1）上机架。上机架由一个中心轮毂和径向辐射状支臂构成。每条支臂的外端连有拉杆和配有支撑杆。有两个主要功能：第一个功能是支持转动部件重量和水推力产生的轴向负荷，第二个功能是在上导轴承高程为轴系提供径向支撑。

（2）下机架。下机架为一钢结构型式，主要由一中心轮毂和径向支臂组成。下机架具有两个主要功能，一是在下导轴承高程为轴系提供径向支撑，二是在检修时顶起过程中支撑发电电动机和水泵水轮机转动部分的重量。

此外，机组还配备有高压油顶起系统、通风冷却系统、制动系统、灭火系统、油水管路系统、测量和监测系统等。

模块 5　电动发电机工作原理和技术参数

模块描述

本模块分别介绍电动发电机在发电机工况和电动机工况下的转动原理，举例说明铭牌中的主要技术参数和电磁设计参数。

一、电动发电机的转动原理

电动发电机是既可用作发电机也可用作电动机的同步电机。

1. 作发电机运行时

当电动发电机转子上的励磁绕组通以直流电源后，电机内就会产生恒定磁场。当水泵水轮机带动转子转动，恒定磁场成为旋转磁场（励磁磁场），则磁场与定子线棒之间有相对运动，就会在定子线棒中感应出交流电动势，如图 4-9 所示。当定子线棒连成三相绕组，则可在绕组出线端产生三相交流电压。此时电动发电机为发电机运行工况，并网后即可向电网输出电能。

发电机交流电压的频率 f 取决于电机的磁极对数 p 和水轮机转速 n，即 $f=pn/60$。如果同步电机磁极对数为 6 对，若要发出频率为 50Hz 的交流电，则抽水蓄能电站水泵水轮机转速应达到 500r/min。

2. 作同步电动机运行时

若改由电网向电机定子输送电能，三相电压产生的三相交流电流就会在电机内形成一个旋转磁场（电枢磁场），当转子绕组加上励磁电流，转子绕组受到电磁力矩的作用，使转子旋转，其旋转方向和转速与旋转磁场的方向和转速相同，如图 4-10 所示。此时电动发电机转为电动机运行工况，带动水泵抽水蓄能。

电动机转子的转速 n 取决于电机的磁极对数 p 和交流电频率 f，即 $n=60f/p$。若电机磁极对数为 6 对，而系统频率 f 为 50Hz，转子带动水泵的转速 n 为 500r/min。

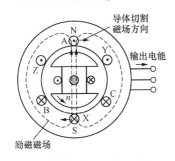

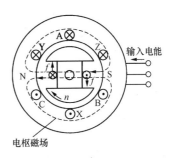

图 4-9 作发电机运行
的工作原理

图 4-10 作电动机运行
的工作原理

值得注意的是，由于水泵水轮机两种运行工况的水流方向相反，因此发电电动机两种运行工况旋转方向必须相反。为此应使电动机运行时其旋转磁场的旋转方向与发电机运行时的旋转磁场方向相反，这就需要改变三相绕组相序排列，所以电动发电机需加装相应的换相设备 PRD，将 A、C 相互换，而 B 相不变。如图 4-9 中所示三相相序，发电机转子为逆时针旋转；如图 4-10 中所示三相相序反向，电动机转子顺时针旋转。

二、电动发电机的主要技术数据举例

1. 参数和特性

（1）型式：立轴、悬式、三相、50Hz 空冷可逆式同步电机。

（2）额定容量。发电机工况额定容量（电气输出）333MVA；电动机工况额定容量（轴输出）336MW。

（3）发电机工况允许连续过负荷能力 350MVA（功率因数 $\cos\varphi=0.95$ 滞后）。

（4）额定电压：18kV（调压范围±5%）。

（5）额定功率因数。发电机工况为（滞后）0.9；电动机工况为（超前）0.975。

（6）运行频率。发电工况：49～51Hz（正常范围）；47～52Hz（异常范围，短时）。电动工况：49.8～50.5Hz（正常范围）；49～51Hz（异常范围，短时）。

（7）额定转速：500r/min。

（8）调相和进相。当电动发电机在额定转速、额定电压、励磁绕组温升允许下作同步调相运行时，其持续出力不小于 220Mvar。当电动发电机在发电工况从电网吸收感性无功功率发送有功功率时，其 $\cos\varphi$ 值不得超过 0.95，最大充电容量 250Mvar。

（9）效率。额定效率即电动发电机在额定容量、额定电压、额定功率因数、额定转速时的效率。

发电工况不小于 98.7%；电动工况不小于 98.9%。

加权平均效率：发电工况不低于 98.56%；电动工况不低于 98.83%。

（10）绝缘。定子及转子绕组的绝缘等级均为 F 级。绕组的绝缘击穿耐受电压大于 105kV（AC）。

2. 电磁设计参数

（1）极数：12。

（2）槽数：228。

（3）并联支路数：4。

（4）短路比：0.93。

（5）气隙长度：38.5mm。

（6）极距（槽）：19。

（7）绕组节距（槽）：21。

（8）发电电动机总重：750t。

（9）发电额定工况机组总损耗：3737.94kW。

单元小结

（1）电动发电机常用于抽水蓄能水电站。电动发电机组实质就是既可以作水泵又可以用来发电的水轮发电机组，既要发电，又要用电。

（2）电动发电机基本结构与其他旋转电机相同，主要分为定子和转子。

（3）电动发电机是既可用作发电机也可用作电动机的同步电机，该电机在电动机状态下运行时其旋转磁场的旋转方向与在发电机状态下运行时的旋转磁场方向相反，所以电动发电机需加装相应的换相设备。

思考与练习

（1）抽水蓄能水电站与常规水电站有何不同？

（2）试简述电动发电机的工作原理。

（3）电动发电机在电动机工况下运行时，其旋转磁场的旋转方向与在发电机工况下运行时的旋转磁场方向是否相同？为什么？

（4）电动发电机有哪些主要技术数据？

第三单元　单相异步电动机

单相异步电动机是指使用单相电源供电的异步电动机，其结构原理与三相异步电动机存在一定的差别。单相异步电动机的功率不大，额定功率一般都在 1kW 以下。它广泛用于只有单相交流电源供电的场所，如家用电器、办公场所、鼓风机、空气压缩机、医疗器械、各种自动装置和电动工具等。图 4-11 所示为部分单相异步电动机。

图 4-11　单相异步电动机

模块 6　单相异步电动机基本结构和工作原理

模块描述

本模块介绍单相异步电动机的基本结构和转动原理，主要介绍单相异步电动机常用的几种起动方法。

一、单相异步电动机基本结构

单相异步电动机结构与三相笼式异步电动机相似，其转子也为笼式结构，定子绕组嵌放在定子铁心槽内，除罩极式单相异步电动机的定子具有凸出的磁极外，其余各类单相异步电动机定子与普通异步电动机相似。其结构如图 4-12 所示。

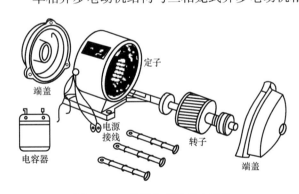

图 4-12　单相电动机基本结构

二、单相异步电动机转动原理

1. 起动问题

当异步电动机只有一个绕组时，通入单相交变电流，只能产生一个脉振磁动势。单相脉振磁动势可以分解成两个幅值相同、转速大小相等、方向相反的旋转磁动势 $\overline{F}_+$ 和 $\overline{F}_-$，从而在气隙中建立正转和反转磁场，它们分别在转子绕组上产生两个大小相等、方向相反的感应电动势和电流，这两个电流与定子磁场相互作用，产生两个大小相等、方向相反的电磁转矩。其转矩特性如图 4-13 所示。图中曲线 1 表示 $T_+ = f(s)$ 的关系，曲线 2 表示 $T_- = f(s)$ 的关系，曲线 3 是 $T_+ = f(s)$ 和 $T_- = f(s)$ 两根特性曲线叠加而成。从曲线上可以看出单相异步电动机的几个主要特点。

（1）起动时无起动转矩。在起动时，由于 $n=0$，$s=1$，$T=T_+ + T_- = 0$，单相异步电动机无起动转矩，因此不能自行起动。

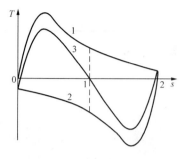

图 4 - 13　单相电动机 $T = f(s)$ 曲线

（2）合成转矩曲线对称于 $s=1$ 点。故单相异步电动机没有固定的旋转方向。其旋转方向取决于电动机起动时的方向。若外力使电机正向旋转，则合成转矩为正，电机正向旋转；反之，若外力使电机反向旋转，合成转矩为负，电机反向旋转。即电动机的旋转方向取决于起动瞬间外力矩作用于转子的方向。

（3）由于反方向转矩的制动作用，使合成转矩减小，最大转矩也随之减小，致使电动机过载能力较低。

（4）反方向旋转磁场在转子中产生的感应电流，增加了转子铜损耗，降低了电动机的效率。因此，单相异步电动机的效率约为同容量三相异步电动机效率的 $75\%\sim90\%$。

2. 转动原理

从三相异步电动机转动原理分析得知，异步电动机转动必须要具备旋转磁场，而产生旋转磁场的条件是：电动机绕组在定子空间上有角度差值，绕组通以的电流在时间上有相位差值。显然，在单相绕组上通以单相交流电流只能产生一个脉动磁场，因此电动机不能旋转。

为了使单相异步电动机获得起动转矩，必须设法将脉振磁场变为旋转磁场。解决的办法：一是在其定子铁心内放置两个有空间角度差的绕组，即起动绕组和工作绕组；二是使这两个绕组中流过的电流相位不同，也称为分相。这样，就可以在电机气隙内产生一个旋转磁场，有了旋转磁场就能产生起动转矩，电动机即可自行起动旋转。

三、电动机类型及起动方法

单相异步电动机的起动方法，主要是在起动时设法建立一个旋转磁场。根据获得旋转磁场方式的不同，单相异步电动机可分为分相式和罩极式等几种类型。

1. 分相式电动机

（1）电容起动电动机。电动机转子仍采用笼式结构，在定子铁心中嵌入两个在空间上互差 $90°$ 电角度的工作绕组 1 和起动绕组 2。在起动绕组中串入电容器，并通过离心式开关 S 与工作绕组一起并联到同一电源上，如图 4 - 14（a）所示。

串联电容器可以改变起动绕组的电流相位，若电容量选择得恰当，可使 $\dot{I}_1$ 与 $\dot{I}_2$ 之间的相位相接近 $90°$，如图 4 - 14（b）所示。从而满足产生旋转磁场的条件，建立起一个椭圆度较小的旋转磁场，电动机转子获得较大的起动转矩，使其自行起动转动。

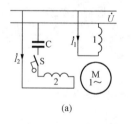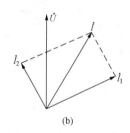

（a）　　　　　　（b）

图 4 - 14　电容起动单相异步电动机

（a）电路图；（b）相量图

当电动机转速达到同步转速的 $75\%\sim80\%$ 时，由离心开关将起动绕组断开，此时只有工作绕组作单相运行。由于起动时间较短，故起动绕组按短时工作方式设计，导线较工作绕组细些。

（2）电容运转电动机。在电容起动电动机的基础上去掉离心开关 S，把起动绕组按连续方式设计长期运行，故起动绕组与工作绕组的导线相同。由于电动机起动后不切除串有电容器的起动绕组，因此称为电容运转电动机。它相当于两相异步电动机，过载能力和功率因数都相对得到提高。

（3）电阻起动电动机。若起动绕组回路中不是串电容器，而是串电阻器来分相，则此单相电动机就是电阻起动电动机。由于起动绕组与工作绕组中电流的相位差较小，因此，电阻起动电动机的起动转矩较小，只适应于比较容易起动的场合。

2. 罩极式电动机

（1）罩极式电动机的结构。罩极式电动机的转子仍为笼式，定子结构有隐极式和凸极式两种。由于凸极式结构较为简单，因此罩极式电动机的定子铁心一般为凸极式，且用硅钢片叠压而成，如图 4-15（a）所示。定子磁极上有两个绕组，其中一个套在凸出的磁极上，称为工作绕组。在极面上约 1/3～1/4 的地方开有小槽，套上一短路铜环做起动绕组，故称之为罩极式异步电动机。

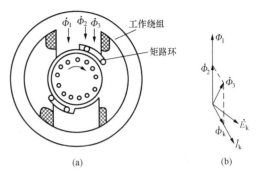

图 4-15　罩极式单相异步电动机
（a）结构示意图；（b）磁通相量图

（2）罩极式单相异步电动机的转动原理。当工作绕组通入单相交流电流后产生脉振磁场，交变磁通穿过磁极，其中大部分为穿过未罩极部分的磁通 $\dot\Phi_1$，另一小部分磁通 $\dot\Phi_2$ 将穿过短路铜环，由于 $\dot\Phi_1$ 和 $\dot\Phi_2$ 都是由工作绕组中的电流所产生的，因此同相位，且 $\dot\Phi_1 > \dot\Phi_2$。由于 $\dot\Phi_2$ 脉振的结果，在铜环中将产生感应电动势 $\dot E_k$ 和感应电流 $\dot I_k$，并产生磁通 $\dot\Phi_k$。$\dot\Phi_2$ 与 $\dot\Phi_k$ 叠加后形成通过短路铜环的合成磁通 $\dot\Phi_3$，即 $\dot\Phi_3 = \dot\Phi_2 + \dot\Phi_k$。最后短路铜环内的感应电动势应为 $\dot\Phi_3$ 所产生，所以 $\dot E_k$ 应滞后 $\dot\Phi_3$ 90°。而 $\dot I_k$ 滞后 $\dot E_k$ 一个相位角，$\dot\Phi_k$ 与 $\dot I_k$ 同相位，如图 4-15（b）所示。由此可见，由于短路环的作用，未罩极部分的磁通 $\dot\Phi_1$ 与被罩极部分磁通 $\dot\Phi_3$ 之间不仅在空间上，而且在时间上均存在有一定的相位差，因此，它们的合成磁场将是一个由超前相转向滞后相的旋转磁场，即由未罩极部分转向罩极部分。由此产生的电磁转矩，其方向也是由未罩极部分转向罩极部分。在旋转磁场的作用下，电动机自行起动运转。

四、单相异步电动机的反转及调速

1. 单相异步电动机的反转

（1）反转原理。单相异步电动机的反转，就是改变其旋转磁场的方向。因为异步电动机的转向是从电流相位超前的绕组向电流相位落后的绕组旋转的，如果将其中的一个绕组反接，这个绕组的电流相位则改变 180°。假如一个绕组电流相位超前另一个绕组 90°，改接后则变成了滞后 90°，旋转磁场的方向随之反向，使电动机转子反向旋转。

（2）反转方法。对于分相异步电动机，把工作绕组或起动绕组中任意一个绕组的首端和末端对调，单相电动机即实现反转。

部分电容运行单相电动机是通过改变电容器的接法来改变电动机转向的，家用洗衣机的正反转运行接线如图 4-16 所示。当定时器开关处于图中所示位置时，电容器串联在 AX 绕组上，电流 $\dot I_{AX}$ 超前于 $\dot I_{BY}$ 约 90°，电动机正转。经过一定时间后，定时器开关将电容从 AX

绕组切断，串接到 BY 绕组，则电流 i_{BY} 超前于 i_{AX} 约 90°，故旋转磁场反向旋转，从而实现了电动机的反转。这种单相电动机的工作绕组与起动绕组可以互换，所以工作绕组、起动绕组的线圈匝数、粗细、占槽数均相同。

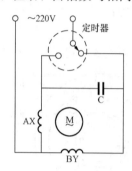
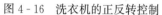

图 4-16　洗衣机的正反转控制

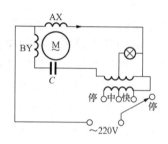

图 4-17　单相电动机串电抗器调速

另外，对于罩极式电动机其外部接线无法改变，因为它的转向是由内部结构决定的，所以它一般用于不需要改变转向的场合。

2. 单相异步电动机的调速

单相异步电动机和三相异步电动机一样，平滑调速比较困难。若采用变频无级调速，则设备复杂、成本太高，故一般采用有级调速，通常有以下几种方法。

（1）串电抗器调速。将电抗器与电动机定子绕组串联，利用电抗器上产生的电压降，使加到电动机定子绕组上的电压下降，从而将电动机转速由额定转速往下调，如图 4-17 所示。该调速方法的优点是调速方法简单、操作方便；缺点是只能有级调速，且电抗器上功率消耗较大。

（2）绕组内部抽头调速。电动机定子铁心嵌放有工作绕组 AX、起动绕组 BY 和中间绕组 LL，通过开关改变中间绕组与工作绕组及起动绕组的接法，从而改变电动机内部气隙磁场的大小，使电动机的输出转矩也随之改变，在一定的负载转矩下，电动机的转速发生变化。常有 L 形和 T 形两种接法，如图 4-18 所示。该调速方法的优点是调速方法不需电抗器、省料、省电；缺点是绕组嵌线和接线复杂，电动机和调速开关接线较多，且是有级调速。

（3）晶闸管调速。利用改变晶闸管的导通角，来改变加在单相异步电动机的交流电压，从而调节电动机的转速，如图 4-19 所示。这种调速方法可以做到无级调速，节能效果好；但会产生一些电磁干扰，多用于电风扇调速。

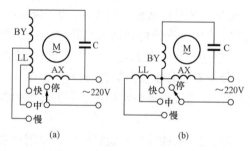

图 4-18　单相电动机绕组内部抽头调速
(a) L形接法；(b) T形接法

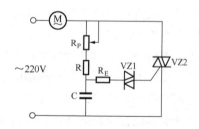

图 4-19　双向晶闸管调速原理图

（4）变频调速。改变电动机的频率进行调速的调速范围宽、平滑性好，适合各种类型的负载，但变频装置成本较高。随着交流变频调速技术的发展，单相变频调速已在家用电器上应用，如变频空调器等，它是交流调速控制的发展方向。

模块7　单相异步电动机的常见故障类型及分析

模块描述

本模块介绍单相异步电动机的常见故障现象及产生原因，简单介绍单相异步电动机修复后的检验方法。

一、单相异步电动机常见故障原因

单相异步电动机的维护与三相电动机相类似，即通过看、听、闻、摸等手段观测电动机的运行状态。下面简单介绍单相异步电动机常见故障现象以及产生的原因。

1. 通电无法起动

（1）通电即断熔丝，电动机可能有短路。

（2）电源电压过低，而电动机的转矩与电压的平方成正比，造成起动转矩太小而无法起动。

（3）电动机定子绕组断路，绕组正常直流电阻一般为几欧或几十欧，太大则疑为断路。

（4）电容器损坏或断开。

（5）离心开关触头闭合不上，正常时停转状态下用万用表测量可量出起动绕组的直流电阻。

（6）转子卡住或过载，正常时转子负载应能用手平滑转动。

2. 起动转矩很小或起动迟缓且转向不定

（1）离心开关触头接触不良。

（2）电容器容量减小。

3. 电动机转速低于正常转速

（1）电源电压偏低。

（2）绕组个别匝间短路，造成电动机气隙磁场不强，电动机转差率增大。

（3）离心开关触头无法断开，起动绕组未切断。正常运行时，起动绕组磁场干预工作绕组磁场。

（4）运行电容器容量变化。

（5）电动机负载过重。

4. 电动机过热

（1）工作绕组或电容运行电动机的起动绕组个别匝间短路或接地。

（2）电容起动电动机的工作绕组与起动绕组相互接错，两个绕组在设计时，电流密度相差很大，接错则起动绕组易过热。

（3）电容起动电动机离心开关触头无法断开，使起动绕组长期运行而发热。

（4）轴承发热，润滑油中的油脂挥发，润滑油干涸，降低润滑性能。

5. 电动机转动时噪声大或振动大

(1) 绕组短路或接地。

(2) 轴承损坏或缺少润滑油。

(3) 定子与转子空隙中有杂物。

(4) 电动机的风扇风叶变形、不平衡。

(5) 电动机固定不良或负载不平衡。

二、单相异步电动机修复后的检验

单相异步电动机的检验主要包括以下几个方面。

(1) 直流电阻的测量。测量主、副绕组的电阻值与原有数据比较并记录存档备查。正反转的洗衣机主副绕组参数相同。

(2) 绝缘电阻的测量。在主、副绕组未被连接之前,用 500V 绝缘电阻表检查绕组对地的绝缘电阻应不小于 30MΩ,主、副绕组之间的绝缘电阻应为∞。

(3) 测量电容器的端电压。对于单相电容运转、双电容电动机,额定状态下运行时电容器两端的电压值不应超过电容器额定电压的一半。

(4) 测量空载电流。电动机外加额定电压,正常运转后,测量一次侧空载电流;空转 $15\sim20\text{min}$ 后,再测量一次空载电流,两次测量值应基本相同。

(5) 交流耐压试验。单相异步电动机如有离心开关,电容器与绕组的连接应处于正常工作状态。对主绕组回路试验时,副绕组回路应和铁心及机壳相连接;对副绕组试验时,高电压只能加在副绕组回路的绕组端,主回路应和铁心及机壳相连接。

▐ 单元小结

(1) 单相异步电动机广泛应用于单相电源供电的较小功率的场合。单相异步电动机以不同的起动方法分成不同的类型。

(2) 单相绕组电动机的特点是没有起动转矩,没有固定的转向,其性能较三相异步电动机差。因此单相异步电动机广泛应用于单相电源供电的较小功率的场合。

单相异步电动机有分相式和罩极式两大类,分相式又分为电容起动、电阻起动、电容运转电动机。

单相异步电动机为了产生起动转矩,定子上需两套绕组,它们在空间和时间上都存在着差值,从而产生旋转磁场和起动转矩。

▐ 思考与练习

(1) 单相异步电动机有哪些基本类型?

(2) 单相异步电动机与三相异步电动机在起动上有什么不同?

(3) 起动单相异步电动机有哪些方法?

(4) 单相异步电动机的调速方法有哪几种? 分别比较其优缺点。

(5) 一台电容运行台式风扇,通电时只有轻微振动,但不转动。如用手拨动风扇叶能转动,但转速很慢,这是什么故障? 应如何检查?

(6) 对于修复后的单相异步电动机如何进行检验?

第四单元 直 流 电 机

输入或输出为直流电的旋转电机，称为直流电机。直流电机也是能量转换的机械，分为直流发电机和直流电动机两种。直流发电机把机械能转换成直流电能，而直流电动机则把直流电能转换成机械能。

图 4-20 直流电机

由于直流电动机的调速性能好，起动及制动转矩大，过载能力强，又易于控制，可靠性高，因此广泛用于驱动电力机车、船舶机械、轧钢机、机床、电气铁道牵引、高炉送料、造纸、纺织、挖掘机械、卷扬机和起重设备中。图 4-20 所示为各种常用直流电动机。

▶ 模块8 直 流 电 机 结 构

🌀 模块描述

本模块介绍直流电机的基本结构，包括直流电机的定子和转子结构。

图 4-21 所示为直流电机结构图。它由定子（静止部分）和转子（转动部分）两大部分组成。定子由主磁极、换向极、机座、端盖和电刷装置等部件组成，其作用是产生磁场、电机换向和机械支撑。转子由电枢绕组和电枢铁心组成，称为电枢，其作用是感应电动势和实现能量的转换。另外转子上还装有换向器、转轴和风扇等部件。直流电机的横剖面如图 4-22 所示。

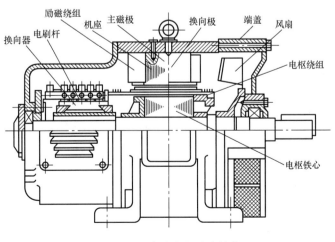

图 4-21 直流电机基本结构

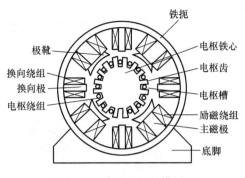

图 4-22　直流电机的横剖面

一、定子结构

1. 主磁极

主磁极由铁心和励磁绕组两大部分组成，其结构如图 4-23 所示。铁心一般由 1~1.5mm 厚的低碳钢板冲片叠压而成（为的是减小主磁极磁通变化而产生的涡流损耗），叠片用铆钉铆成整体。铁心下部称为极靴或极掌，它比极身（套绕组的铁心部分）宽，这样设计是为了让气隙磁场分布更合理。在铁心上绕有励磁绕组，通以直流电流产生恒定磁场。

主磁极的作用是在定转子之间的气隙中建立磁场，使电枢绕组在磁场的作用下感生电动势或产生电磁转矩。

2. 换向极

换向极的作用是改善直流电机的换向，减小换向时的火花。结构如图 4-24 所示。换向极由换向极铁心和套在铁心上的换向极绕组构成，换向极铁心用整块扁钢或硅钢片叠成，对于换向要求高的场合，也需用钢片经绝缘叠装而成。换向极绕组一般用几匝粗的扁铜线绕成，并与电枢绕组电路相串联。换向极装在两相邻主磁极之间并用螺钉固定于机座上。

3. 电刷装置

电刷装置的作用是把转动的电枢绕组与静止的外电路相连接，引入（或引出）直流电。电刷装置由刷杆座、刷杆、刷握、电刷和汇流条等组成。刷杆座固定在端盖或轴承内盖上，电刷组的数目一般等于主磁极的数目，各电刷组在换向器表面均匀分布，电刷的位置通过电刷座的调整进行确定。电刷的后面有一铜辫，是由细铜丝编织而成，其作用是引入、引出电流。如图 4-25 所示。

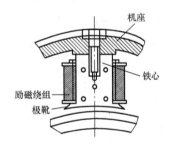
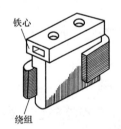
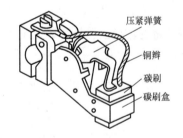

图 4-23　直流电机主磁极结构　　图 4-24　直流电机换向极　　图 4-25　电刷装置结构

4. 机座

机座有两个作用：一是作为电机主磁路的一部分，二是用来固定主磁极、换向极和端盖等部件，起机械支承作用。机座通常用铸钢或厚钢板焊接而成。

5. 端盖

端盖装在电机机座两端，其作用是用来支撑转子、固定电刷架，同时具有保护电机免受外部机械破坏的作用。

二、转子结构

直流电机的转子称为电枢，由电枢铁心、电枢绕组、换向器、转轴、轴承、风扇等部件组成。

1. 电枢铁心

电枢铁心是磁路的一部分，用来嵌放电枢绕组。电枢铁心一般用厚 0.5mm 的低硅钢片或冷轧硅钢片叠压而成，两面涂有绝缘漆，如有氧化膜可不用涂漆，这样是为了减少磁滞和涡流损耗，提高效率。每张冲片冲有槽和轴向通风孔。叠成的铁心两端用夹件和螺杆紧固成圆柱形，在铁心的外圆周上有均匀分布的槽；槽内嵌有电枢绕组。

2. 电枢绕组

电枢绕组是由许多按一定规律连接的线圈组成，它是直流电机的主要电路部分，也是通过电流，感应电动势实现机电能量转换的关键性部件。线圈用漆包线绕制而成，嵌放在电枢铁心槽内，每个线圈有两个出线端，分别接到换向器的两个换向片上。所有线圈连接成一闭合回路。

3. 换向器

在直流电动机中，换向器的作用是将电刷上的直流电流转换为绕组内的交流电流；在直流发电机中，它将绕组内的交流电动势转换为电刷端上的直流电动势。

换向器由许多梯形铜排制成的换向片组成，每片之间用云母绝缘，如图 4 - 26 所示。

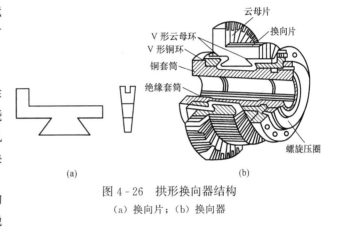

图 4 - 26 拱形换向器结构
(a) 换向片；(b) 换向器

模块 9 直流电机工作原理和铭牌

🌀 模块描述

本模块着重介绍直流电动机转动原理，简单介绍直流电动机的铭牌参数。

一、直流电机工作原理

直流电机既可作电动机，又可作发电机。直流电动机将外部电源的直流电借助于换向装置变成交流电送至电枢绕组，利用载流导体在磁场中受到力的作用而旋转。

直流电动机定子绕组通以直流励磁电流建立主磁场，在转子（电枢）绕组中通以直流电流，若电流由电刷 A 经线圈 abcd 的方向从电刷 B 流出，根据左手定则判定，处在 N 极下的导体 ab 受到一个向左的电磁力作用，处在 S 极下的导体 cd 受到一个向右的电磁力作用。两个电磁力形成一个使转子按逆时针方向旋转的电磁转矩，如图 4 - 27 (a) 所示。当电枢转过 180°时，外部电路的电流均不变，线圈中的电流改变了方向，电流由电刷 B 经线圈 dcba 的方向从电刷 A 流出，但电磁力的方向不变，如图 4 - 27 (b) 所示。因此电机转子在电磁转矩的作用下仍按原方向旋转。

由此可见，在直流电动机中，电枢绕组中的电流是交变的，但产生的电磁转矩的方向是不变的。

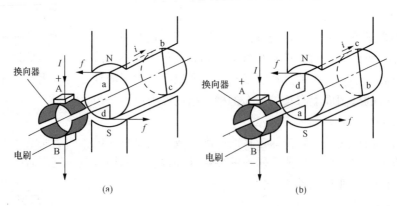

图 4-27　直流电动机转动原理图

(a) 导体 ab 处于 N 极下；(b) 导体 cd 处于 N 极下

二、直流电机的铭牌

直流电机的铭牌标明了直流电机的型号及额定使用数据，包括电机的型号、额定值、绝缘等级、励磁电流及励磁方式、厂商和出厂数据等。

1. 型号

国产直流电机的型号一般采用大写的汉语拼音字母和阿拉伯数字表示。其中汉语拼音字母是根据电机的全名称，选择有代表意义的汉字，再从该汉字的拼音中得到。

例如，型号"Z2—32"的意义是：Z 为产品代号，表示直流电动机；2 为设计序号，表示该型号是第二次设计；"—"后面的第一位数字 3 为机座号（数字越大机座尺寸越大），第二位数字 2 为铁心长度代号（1 为普通铁心，2 为长铁心）。

Z 系列电机除 Z2 系列外，还有 Z3、Z4 等多个系列。

2. 额定值

（1）额定功率。指电机额定运行时的输出功率，单位为 W 或 kW。

额定功率对直流发电机和直流电动机来说是不同的。直流发电机的功率是指电刷间输出的供给负载的电功率，$P_N = U_N I_N$；而直流电动机的额定功率是指轴上输出的机械功率，$P_N = U_N I_N \eta_N$。

（2）额定电压。指额定运行时电刷两端的电压，单位为 V。

（3）额定电流。指额定运行时经电刷输出（或输入）的电流，单位为 A。

（4）额定转速。指额定状态下运行时转子的转速，单位为 r/min。

（5）额定励磁电流。指额定运行时励磁电流的大小，单位为 A。

（6）励磁方式。指直流电机励磁电流的供给方式。如他励、并励、串励和复励等方式。

除以上标志外，电机铭牌上还标有额定温升、工作方式、出厂日期、出厂编号等。

三、直流电机的励磁方式

直流电机的励磁方式是指供给励磁绕组励磁电流的接线方式，可分为他励和自励两大类。他励是指励磁绕组由其他独立的直流电源供电，自励是指励磁绕组的励磁电流由发电机自身提供。自励又分为并励、串励和复励三种。其接线方式如图 4-28 所示。

（1）他励。励磁电流由独立电源供给，如图 4-28（a）所示。其特点是电枢电流与励磁电流无关，对电动机而言，输入电流等于电枢电流，即 $I=I_a$。

（2）并励。励磁绕组与电枢绕组并联，如图 4-28（b）所示。电动机输入电流等于电枢电流与励磁电流之和，即 $I=I_a+I_f$。

（3）串励。励磁绕组与电枢绕组串联，如图 4-28（c）所示。电动机输入电流与电枢电流和励磁电流都相等，即 $I=I_a=I_f$。

（4）复励。其励磁绕组一个与电枢绕组并联，一个与电枢绕组串联，如图 4-28（d）所示。当串励与并励产生的磁场方向相同时，称为积复励，相反时称为差复励。

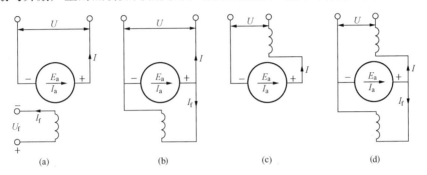

图 4-28　直流电机励磁方式

(a) 他励；(b) 并励；(c) 串励；(d) 复励

📖 单元小结

直流电机的结构包括定子和转子两大部分。定子的主要部件有主磁极、换向极、机座、端盖、电刷装置，主磁极的作用是产生主磁场；而换向极的作用则是改善换向。转子的主要部件是换向器、电枢铁心和电枢绕组。换向器与电刷配合起整流作用；电枢绕组在运行时产生感应电动势和电磁转矩，实现机电能量的相互转换。

直流电动机的转动原理是载流导体在磁场中会受到电磁力的作用。将电枢绕组接通直流电源，直流电借助于换向器和电刷的变流作用，变成交流电送至电枢绕组，电流流过电枢导体，载流的电枢导体在磁场中受到电磁力的作用，从而产生电磁转矩驱使转子旋转。

直流电机的铭牌是正确使用电机的依据，铭牌上标注的数据主要有：电机的型号、额定值、绝缘等级、励磁电流及励磁方式等。

直流电机的励磁方式有四种：他励、并励、串励和复励。

✍ 思考与练习

（1）直流电机有哪些主要部件？各用什么材料制成？其作用是什么？

（2）直流电机的铭牌主要有哪些参数？

（3）简述直流电动机的转动原理。

（4）直流电机中，换向器起什么作用？

（5）为什么说直流电机电枢电流是交变的？

（6）直流电机有哪几种励磁方式？各有什么特点？

第五单元　伺　服　电　机

伺服电机是一种常用的执行用控制电机，其任务是根据不断变化的指令快速准确地动作，带动负载完成规定的工作。控制电机是指具有某些特殊功能和作用的小功率旋转电机，它们大多数用于自动控制系统和计算机装置中做检测、放大、执行、校正、解算、转换或放大功能。控制电机与普通电机从电磁感应原理作用上看，没有本质上的差别。普通电机功率大，侧重于对电机起动、运行、调速及制动等方面性能指标的要求；而控制电机输出功率小，侧重于电机的高可靠性、高精度和快速响应。

图 4-29　伺服电动机

　　伺服电动机（即执行电动机）通常分为两类，直流伺服电动机和交流伺服电动机。伺服电动机如图 4-29 所示。

模块10　直流伺服电动机

🌐 **模块描述**

　　本模块介绍直流伺服电动机的基本结构及其工作原理。

一、结构与分类

　　直流伺服电动机是指使用直流电源的伺服电动机。直流伺服电动机的结构和普通他励直流电动机一样，所不同的是直流伺服电动机的电枢电流很小，换向并不困难，因此不装换向

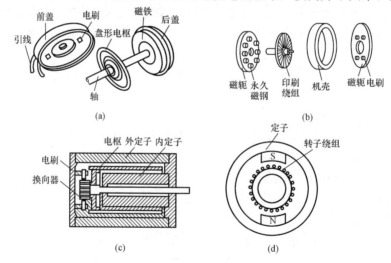

图 4-30　盘形电枢直流伺服电动机结构

（a）盘形电枢结构；（b）印刷绕组结构；（c）空心杯电枢结构；（d）无槽电枢结构

磁极,并且转子做得细长,气隙较小,磁路不饱和,电枢电阻较大。

按励磁方式不同,可将直流伺服电动机分为电磁式和永磁式两种。电磁式直流伺服电动机的磁场由励磁绕组产生,一般用他励式;永磁式直流伺服电动机的磁场由永久磁铁产生,无需励磁绕组和励磁电流,可减小体积和损耗。直流伺服电动机按结构可分为盘形电枢直流伺服电动机、印刷绕组直流伺服电动机、空心杯电枢直流伺服电动机和无槽电枢直流伺服电动机等种类,如图 4-30 所示。

二、直流伺服电动机的特点和应用范围

不同种类的直流伺服电动机有着不同的特点和性能,应用范围也不一样,各类直流伺服电动机的特点和应用范围见表 4-2。

表 4-2　　　　　　　　　　各类直流伺服电动机的特点和应用范围

名称	励磁方式	产品型号	结构特点	性能特点	适用范围
一般直流伺服电动机	电磁或永磁	SZ 或 SY	与普通直流电动机相同,但电枢铁心长度与直径之比稍大,气隙较小	具有下降的机械特性和线性的调节特性,对控制信号响应迅速	一般直流伺服系统
无槽电枢直流伺服电动机	电磁或永磁	SWC	电枢铁心为光滑圆柱体,电枢绕组用环氧树脂粘在电枢铁心表面,气隙较大	具有一般直流伺服电动机的特点,转动惯量和机电时间常数小,换向良好	需要快速动作,功率较大的直流伺服系统
空心杯形电枢直流伺服电动机	永磁	SYK	电枢绕组用环氧树脂浇注成环型,置于内、外定子之间,内、外定子分别用软磁材料和永磁材料制成	具有一般直流伺服电动机的特点,转动惯量和机电时间常数小,低速运转平滑,换向好	需要快速动作的直流伺服系统
印刷绕组直流伺服电动机	永磁	SN	在圆盘型绝缘薄板上印刷裸露的绕组,构成电枢,磁极轴向安装	转动惯量小,机电时间常数小,低速运行性能好	低速和起动、反转频繁的控制系统
无刷直流伺服电动机	永磁	SW	由晶体管开关电路和位移传感器代替电刷和换向器,转子用永久磁铁制成,电枢绕组在定子上做成多相式	既保持了一般直流伺服电动机的优点,又克服了换向器和电刷带来的缺点。寿命长,噪声低	要求噪声低,对无线电不产生干扰的系统

模块 11　交 流 伺 服 电 动 机

● **模块描述**

本模块介绍交流伺服电动机的基本结构及其工作原理。

一、交流伺服电动机的结构

交流伺服电动机实际上是两相异步电动机,由定子和转子两部分组成。定子绕组为两相绕组（励磁绕组和控制绕组），结构完全相同，它们在空间互差90°电角度；定子绕组一相为励磁绕组，另一相为控制绕组，如图4-31所示。转子结构有笼式和空心杯式两种，空心杯式转子伺服电动机如图4-32所示。

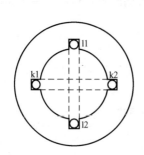

图4-31　交流伺服电动机
的两相绕组结构

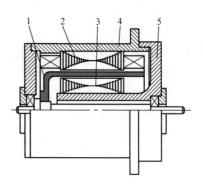

图4-32　空心杯式转子伺服电动机
1—杯形转子；2—外定子；3—内定子；
4—机壳；5—端盖

二、基本工作原理

交流伺服电动机工作时，励磁绕组接交流电压U_f，控制绕组接控制信号电压U_c，这两个电压同频率，相位互差90°。若控制电压和励磁电压的幅值相等，则在空间形成圆形旋转磁场（若控制电压和励磁电压的幅值不相等，则在空间形成椭圆形的旋转磁场）从而产生电磁转矩，使转子在磁场的作用下旋转。其特点为调速范围宽、转动惯量小、动作快且灵敏。

三、交流伺服电动机控制方式

交流伺服电动机的控制方式有幅值控制、相位控制以及幅值—相位控制三种。

1. 幅值控制

通过调节控制电压的大小来改变伺服电动机转速的控制方法称为幅值控制。幅值控制始终保持控制电压U_c和励磁电压U_f的相位差为90°。励磁电压保持为额定值，当控制电压在零到最大值之间变化时，伺服电动机的转速在零和最大值之间变化。

2. 相位控制

通过调节控制电压和励磁电压之间的相位角α来改变伺服电动机转速的控制方法称为相位控制。当相位角$\alpha=0°$时，控制电压和励磁电压同相位，气隙磁动势为脉振磁动势，因此$n=0$，电动机停转。当相位角$\alpha=90°$时，磁动势为圆形旋转磁动势，电机转速最高。当相位角$\alpha=0°\sim90°$变化时，电动机的转速由低向高变化。如图4-33所示。

3. 幅值—相位控制

幅值—相位控制（简称幅相控制）是对幅值和相位差都进行控制，即通过改变控制电压的幅值及控制电压与励磁电压的相位差α来控制电动机转速，如图4-34所示。当改变控制电压的幅值时，励磁电流随之改变，励磁电流的改变引起电容两端的电压变化，此时控制电压和励磁电压的相位差发生变化。

幅相控制设备简单，不需要移相器（利用串联电容分相），成本低，实际应用广泛。

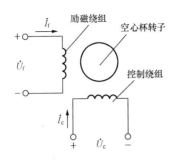
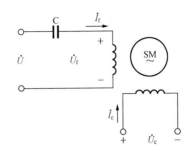

图 4 - 33   幅值和相位控制接线图   图 4 - 34   幅相控制接线图

单元小结

    伺服电动机把输入的电压信号变换为电动机转轴上的角位移或角速度等机械信号进行输出,在自动控制系统中主要作为执行元件(执行电机)。

    伺服电动机分为直流伺服电动机和交流伺服电动机两类。直流伺服电动机的工作原理与普通直流电动机相同,交流伺服电动机的工作原理和两相交流电动机相同。

    直流伺服电动机的控制方式简单,可通过控制电枢电压实现对直流伺服电动机的控制。交流伺服电动机的控制方式包括幅值控制、相位控制和幅值—相位控制。

思考与练习

    (1)简述伺服电动机的用途。

    (2)简述直流伺服电动机实现调速的两种控制方法。

    (3)简述交流伺服电动机的工作原理和控制方法。

    (4)交流伺服电动机在运行上与普通异步电动机的根本区别是什么?

第六单元 步 进 电 动 机

图 4 - 35 步进电动机

步进电动机是一种用电脉冲信号进行控制，并将电脉冲信号转换为角位移的控制电机。步进电动机由专用的驱动电源供给电脉冲，每输入一个电脉冲，电动机就转动一个角度或前进一步，因此也称为脉冲电动机。随着数控技术的发展，步进电动机的应用十分广泛。步进电动机可分为磁阻式、感应式和永磁式三种。图 4 - 35 所示为一种步进电动机。

▶ 模块 12 步进电动机的结构和工作原理

🌀 模块描述

本模块主要介绍磁阻式步进电动机的基本结构及其工作原理。

一、磁阻式步进电动机

1. 基本结构

磁阻式步进电动机也称为反应式步进电动机，定子铁心由硅钢片叠成，三相磁阻式步进电动机定子上装有六个均匀分布的磁极，最常用的一种小步距角三相磁阻式步进电动机的结构如图 4 - 36 所示。它的转子上均匀分布 40 个小齿，定子每个极面上有 5 个小齿。定、转子小齿的齿距相等。当 A 相控制绕组通电时，电动机中产生沿 a 极轴线方向的磁通，磁通沿磁阻最小的路径构成闭合回路，使转子受到磁阻转矩的作用而转动，直至转子齿和定子 a 极面上的齿对齐为止。由于转子上有 40 个齿，每个齿的齿距为 $360°/40 = 9°$，而每个定子磁极的极距为 $360°/6 = 60°$，因此每个极距所占的齿距数不是整数。当 a 极极面下的定、转子齿对齐时，b 极和 c 极极面下的齿就分别和转子齿相错 1/3 的转子齿距，即为 3°角。

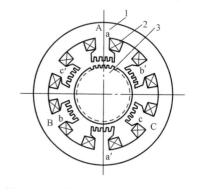

图 4 - 36 磁阻式步进电动机的结构图
1—定子铁心；2—定子绕组；3—转子

2. 工作原理

图 4 - 37 所示的是一种步距角较大的步进电动机。在定子的每个磁极上都绕有控制绕组，绕组一般接成三相星形接法，其中每两个相对的磁极组成一相。转子上没有绕组，由硅钢片或软磁材料叠成，转子具有四个均匀分布的齿。

当 A 相绕组通入电脉冲时，气隙中产生一个沿 a—a′ 轴线方向的磁场，由于磁通总是要沿磁导最大的路径闭合，于是产生磁拉力，使转子铁心齿 1 和齿 3 与轴线对齐，如图 4-37（a）所示。此时，转子只受沿 a—a′轴线上的拉力作用而具有自锁能力。

如果将通入的电脉冲从 A 相换到 B 相绕组，则由于同样的原因，转子铁心齿 2 和齿 4 将与轴线 b—b′对齐，即转子顺时针转过 30°角，如图 4-37（b）所示。当 C 相绕组通电而 B 相绕组断电时，转子铁心齿 1 和齿 3 又转到与 c—c′轴线对齐，转子又顺时针转过 30°角。如定子三相绕组按 A→B→C→A…的顺序通电，则转子就

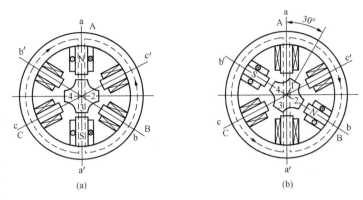

图 4-37　三相磁阻式步进电动机工作原理（三相单三拍）
（a）A 相绕组通电；（b）B 相绕组通电

沿顺时针方向一步一步转动，每一步转过 30°角。每一步转过的角度称为步距角 θ。从一相通电换接到另一相通电称为一拍，每一拍转子转过一个步距角。如果通电顺序改为 A→C→B→A…，则步进电动机将反方向一步一步转动，转动方向取决于相序。步进电动机的转速取决于脉冲频率，频率越高，转速越高。

上述的通电方式称为三相单三拍，"单"是指每次只有一相绕组通电，"三拍"是指一个循环只换接三次。对于三相单三拍通电方式，在一相控制绕组断电而另一相控制绕组开始通电时容易造成失步，而且单一控制绕组通电吸引转子，也容易造成转子在平衡位置附近产生振荡，运行的稳定性比较差，所以很少采用。

通常将通电方式改为三相双三拍，即每次有两组控制绕组同时通电，如图 4-38 所示。若按 AB→BC→CA→AB…顺序进行，当 A、B 两相同时通电时，磁通轴线与未通电的 C 相绕组的轴线 c、c′重合，此时转子铁心齿 3 和齿 4 间的槽轴线与轴线 c、c′对齐，如图 4-38（a）所示；当 B、C 两相同时通电时，转子齿 4 和齿 1 间的槽轴线与轴线 a、a′对齐，如图 4-38（c）所示。由此可见，双三拍运行和单三拍运行的原理相同，步距角仍为 30°角，但双三拍运行更稳定。

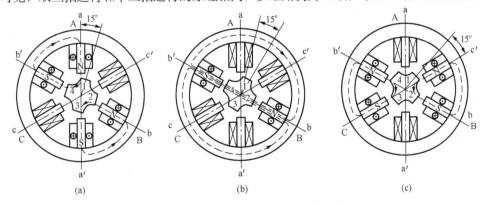

图 4-38　三相双三拍和三相六拍方式
（a）AB 相同时通电；（b）B 相通电；（c）BC 相同时通电

若步进电动机按 A→AB→B→BC→C→CA→A→…顺序通电，则称为三相六拍运行方式，即为每相通电和两相通电相间，每循环共六拍。当 A 相通电时，转子槽轴线在 a、a′轴线上；当 A、B 两相通电时，转子槽轴线在 c、c′轴线上，如图 4 - 38（a）所示；当 B 相通电时，转子槽轴线在 b、b′轴线上，如图 4 - 38（b）所示；当 B、C 两相通电时，转子槽轴线与轴线 a、a′对齐，如图 4 - 38（c）所示。每拍转过 15°角，即步距角θ＝15°，步距角减小一半。

步进电动机的步距角 θ 为

$$\theta = \frac{360°}{mZ_r} \tag{4-2}$$

式中　m——电机运行拍数；

　　　Z_r——转子齿数。

步进电动机的控制精度由步距角 θ 决定，θ 越小精度越高。图 4 - 36 所示步进电动机的步距角可达到 1.5°角。

当脉冲频率为 f 时，步进电机的转速为

$$n = \frac{60f\theta}{360°} = \frac{60f}{mZ_r} \tag{4-3}$$

步进电动机必须由专门的驱动电源供电。普通的步进电动机驱动电源是由逻辑电路与功率放大器组成，近年来微处理器与微型计算机技术给步进电动机的控制开辟了新的途径。驱动电源和步进电动机是一个整体，步进电动机的功能和运行性能都是两者配合的综合结果。

磁阻式步进电动机在脉冲信号停止输入时，转子将因惯性而可能继续转过某一角度，因此需解决停车时的转子定位问题。一般是在最后一个脉冲停止时，在该绕组中继续通以直流电，即采用带电定位的方法。

3. 优缺点

磁阻式步进电动机具有结构简单，维修方便，性能可靠，反应灵敏，调速范围大，转速只决定于电源频率，其步距角不受电压波动与负载变化的影响，在不丢步的情况下其角位移或直线位移误差不会长期积累且精度高等优点。

4. 用途

常用于数控机床、计数指示装置、阀门控制、纺织机、工业缝纫机等开环数控系统中。目前，我国生产的磁阻式步进电动机一般为 BF 系列。

二、永磁爪极式步进电动机

永磁爪极式步进电动机结构如图 4 - 39 所示。

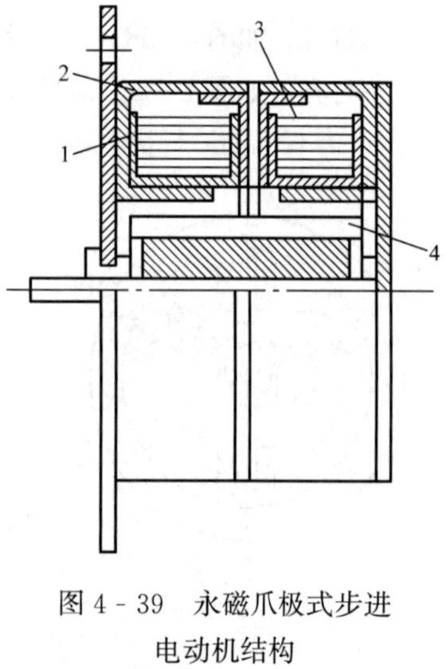

其定子沿轴向分为完全相同的两段，两段间相互错开一个步距角。每段定子由机壳、端盖和定子绕组组成。转子采用环形磁钢，沿径向多极充磁，一般采用铁氧体、钕铁硼永磁材料。定子爪极磁极形成的定子磁场与转子磁场作用产生电磁转矩使电动机步进旋转。

永磁爪极式步进电动机具有体积小、质量轻、控制功率小、断电后有定位转矩等优点，常用于打印机和传真机的送纸机构、打印头、字盘系统、磁头驱动装置等，

图 4 - 39　永磁爪极式步进
电动机结构
1—机壳；2—端盖；3—定子
绕组；4—转子

还用于数字仪器、仪表及空调器等设备中。我国生产的永磁爪极式步进电动机为 BY 系列。

▊▊ 单元小结

步进电动机是一种将电脉冲信号转换为角位移或直线位移的执行元件。每输出一个电脉冲，步进电动机就前进一步。

步进电动机定子上装有磁极，磁极上有控制绕组，转子上没有绕组只有齿槽。

步进电动机的转速取决于脉冲频率，频率越高，转速越高。转动方向取决于相序。

步进电动机必须由专门的驱动电源供电。

◢◣ 思考与练习

(1) 简述步进电动机的基本结构。

(2) 试简述步进电机的工作原理。

(3) 如何改变三相磁阻式步进电动机的转向？

(4) 永磁爪极式步进电动机具有哪些优点？

参 考 文 献

[1] 许实章. 电机学. 3 版. 北京：机械工业出版社，1995.

[2] 涂光瑜. 汽轮发电机及电气设备. 北京：中国电力出版社，1998.

[3] 电机工程手册编辑委员会. 电机工程手册. 2 版. 北京：机械工业出版社，1996.

[4] 张全元. 变电运行现场技术问答. 北京：中国电力出版社，2003.

[5] 辜承林. 电机学. 3 版. 武汉：华中科技大学出版社，2010.

[6] 王爱霞. 电机学. 北京：中国电力出版社，2005.

[7] 魏涤非，戴源生. 电机技术. 北京：中国水利水电出版社，2004.

[8] 李元庆. 电机技术与维修. 北京：中国电力出版社，2008.

[9] 叶水音. 电机学. 2 版. 北京：中国电力出版社，2011.

[10] 刘景峰. 电机与拖动基础. 北京：中国电力出版社，2006.

[11] 许晓峰. 电机与拖动. 3 版. 北京：高等教育出版社，2008.

[12] 王志新. 现代风力发电技术及工程应用. 北京：电子工业出版社，2010.

[13] 许顺隆，许朝阳. 轻松学电机. 北京：中国电力出版社，2008.